数据中心

的网络互联结构和流量协同传输管理

郭得科　陈涛　罗来龙　李妍　著

清华大学出版社

北　京

内 容 简 介

本书对数据中心及其网络互联结构的现状和发展趋势进行了深度剖析,深入介绍了一些新型网络互联结构的设计与优化方法,力求满足数据中心网络的高带宽、高容错、高可扩展性等方面的需求,并通过引入数据中心内关联性流量的协同传输机制,实现对数据中心现有传输能力的高效利用。

本书可用作高等学校计算机专业、软件工程专业、信息系统工程专业以及其他相近专业的教材或教学参考书,也可供这些专业的研究人员和工程技术人员阅读。

图书在版编目(CIP)数据

数据中心的网络互联结构和流量协同传输管理/郭得科等著.—北京:清华大学出版社,2016

ISBN 978-7-302-44810-5

Ⅰ.①数… Ⅱ.①郭… Ⅲ.①计算机网络-网络结构-研究②计算机网络-流量-研究　Ⅳ.①TP393

中国版本图书馆 CIP 数据核字(2016)第 200801 号

责任编辑:薛　慧
封面设计:何凤霞
责任校对:王淑云
责任印制:王静怡

出版发行:清华大学出版社
　　　　　网　　　址:http://www.tup.com.cn,http://www.wqbook.com
　　　　　地　　　址:北京清华大学学研大厦 A 座　　邮　　编:100084
　　　　　社 总 机:010-62770175　　　　　　　　　邮　　购:010-62786544
　　　　　投稿与读者服务:010-62776969,c-service@tup.tsinghua.edu.cn
　　　　　质量反馈:010-62772015,zhiliang@tup.tsinghua.edu.cn
印 装 者:三河市金元印装有限公司
经　　销:全国新华书店
开　　本:170mm×240mm　　印　　张:17.75　　插　　页:1　　字　　数:318千字
版　　次:2016 年 11 月第 1 版　　　　　　　　　　印　　次:2016 年 11 月第 1 次印刷
印　　数:1~1500
定　　价:59.00 元

产品编号:062164-01

前言

1. 背景

数据中心的出现源于人们对海量数据的高效存储和处理需求。互联网的蓬勃发展和社会的数字化变革，导致网络上的数据呈爆炸式增长，出现了越来越多需要进行大规模数据存储和处理的应用需求。数据中心的规模和应用领域不断扩展，已经渗透到经济、科技、军事以及人们日常生活等各个方面。总体而言，数据中心旨在依据特定网络结构互联大规模服务器和网络设施等硬件资源，形成计算、存储、网络等资源的规模效应和整体优势，进而面向各类上层应用提供网络化存储、网络化计算等弹性服务。

现代社会信息量的爆炸式增长、资源复用技术的成熟和宽带网络的普及，共同促进了云计算的诞生和发展。数据中心可为云计算提供大规模可扩展的基础物理资源，并在云平台的辅助下为用户提供多种类型的云服务。云计算模式的出现拓展了数据中心的使用方式，而数据中心的建设和发展也为云计算的推广和应用奠定了坚实的基础。另外，随着大数据时代的来临，如何从类型多样、规模巨大的大数据中快速提取有价值的信息成为关键。数据中心可为大数据应用提供基础平台，并在解决大数据的存储、大规模分析处理等难题方面具有天然的优势。

云计算和大数据等新技术和应用推动了现代数据中心的快速发展，并使其成为国家和 IT 企业的核心信息基础设施。数据中心具有巨大的商业价值和社会效益,其应用领域非常广泛,涉及信息社会的诸多行业和领域。数据中心的网络化存储和网络化计算为很多大规模数据处理模式提供基础服务,而这类数据处理模式在大数据领域、物联网、科学应用等领域也得到了广泛的重视和应用。同时,数据中心也面临着不断的变革,新一代数据中心由数以万计的服务器组成,并通过特定的网络结构互联为一个整体,共同形成一个分布式的计算和存储网络。新一代数据中心因为内在的高可扩展性、高容错性等优势得到了业界的高度关注,并向着虚拟化、软件定义、模块化、绿色节能以及自动化运行维护等方向迈进。

数据中心研究的一个重要理论基础是数据中心网络,其作为基本要素在新一代数据中心中具有至关重要的地位。数据中心网络所考虑的不仅是设备之间的通信协议,更主要的是把交换机和服务器作为一个整体进行拓扑互联、性能优化、资源管理和能耗控制,形成数据中心基础设施在网络化计算能力、网络化存储能力和网络通信能力等方面的综合优势。换句话说,数据中心网络不仅是连接大规模服务器的桥梁,而且是承载网络化存储和网络化计算的基础。数据中心支持的业务往往伴随着服务器之间密集的数据交互,网络资源已成为影响数据中心服务质量的瓶颈,且直接关系到各类用户对数据中心的使用体验。因此,迫切需要开展数据中心网络方面的基础理论研究,从而推动数据中心及相关应用领域的发展。另外,数据中心网络是互联网的重要组成部分,该领域的研究进展也会对下一代互联网的发展产生一定的推动作用。与互联网相比,数据中心具有集中管控等鲜明特点,这有利于开展网络创新技术的探索。数据中心运营商为了提高服务性能和收益,会根据应用需求定制网络架构和协议,并进行创新网络技术的部署。

当前,数据中心的可持续发展面临着一系列关键基础性问题,而数据中心网络是其中一个重要的研究方向。数据中心网络的研究面临很多基础理论和关键技术方面的挑战,例如网络功能的灵活定制、横向可扩展的互联结构、网络资源的高效复用、网络虚拟化、关联性流量的协同传输以及网络能耗的协同控制等。

(1) 网络功能的灵活定制。传统网络设备的控制平面和数据平面紧密耦合,不具有动态性和灵活性,致使传统的数据中心网络只能提供有限且已知的网络功能和服务。如今,数据中心的网络应用需求变得日益丰富和灵活多样,为了提高数据中心的服务质量,需要针对不同的应用需求对网络功能进行灵活配置。而数据中心网络流量难以预测、网络设备可靠性低等环境特征,也对网络的可动态灵活配置功能提出了新的需求,致使数据中心的传统网络架构面临着严峻的挑战。

(2) 横向可扩展的网络互联结构。数据中心必须具备计算、存储、网络资源按需扩展的能力。有效互联上万台甚至更大规模的服务器,是数据中心提供网络化计算和网络化存储的前提。依靠扩充交换机端口数量或提升端口速率的纵向扩展方法已经远远不能满足数据中心的规模扩展需求。因此,迫切需要对数据中心的规模扩展方式进行改进,探索各种横向扩展模式,进而连接更多的交换机和服务器以实现计算性能和存储容量的按需扩展。

(3) 数据中心网络资源的高效复用。数据中心所采用的网络协议基本源自广域网环境,致使数据中心网络资源的利用率很低。在软件定义的可定制网络框架下,如何设计新型路由和传输协议,以提高数据中心网络的资源利用率并进而提升上层应用的性能,是非常具有挑战性的问题。此外,软件定义的数据中心网络架构,为网络资源、计算资源和存储资源的联合优化提供了新的发展机会。

(4) 数据中心的网络虚拟化。在大量用户竞争使用网络资源的数据中心环境下,需要实现网络资源的有效共享和安全隔离。虚拟化是保障数据中心安全和实现资源复用的重要技术,每个用户租用的多个虚拟机之间形成了虚拟数据中心网络。不同用户的虚拟网络之间竞争使用实际的物理网络,而且从安全考虑需要被有效隔离。当前,数据中心普遍采用"尽力而为"的方式共享网络资源,不能很好地支持虚拟数据中心网络的流量隔离和带宽保障需求。

(5) 关联性流量的协同传输问题。数据中心中密集的数据交互行为产生了庞大的"东西向流量"。Multicast、Incast 以及 shuffle 传输是"东西向流量"的主要组成部分。此外,在组成一个 multicast、shuffle、incast 的众多数据流之间存在很大的数据关联性,进而存在非常大的数据流聚合增益。通过和上层应用的联合设计优化,可在不影响应用效果的前提下大幅降低关联性流量造成的网络传输开销,进而降低对数据中心稀缺网络带宽的消耗。

(6) 数据中心网络能耗的协同控制。对数据中心进行高效的能耗管理具有重要的经济效益和社会影响。为此,需要从底层硬件节点、上层协议运行、外围供能系统等环节进行能耗控制的联合优化。其中,数据中心网络层面的能耗控制必不可少,且其能耗控制策略也直接影响到计算设备层面的能耗控制策略。为了实现多维度的协同能耗控制,数据中心网络需要研究如何实时感知网络能耗、如何在不影响网络性能和可靠性的前提下实现节能流量工程,并尽可能地使用清洁能源。

我们在数据中心的横向可扩展的网络互联结构和关联性流量的协同传输领域进行了一系列深入而系统的研究工作。本书以数据中心的可扩展网络互联结构为基础,深入探讨了一些新型网络互联结构的设计与优化方法,力求满足数据中心网络的高带宽、高容错、高可扩展性等方面的需求,并通过引入数据中心内关联性流量的协同传输机制,实现对数据中心现有传输能力的高效利用。本书绝大部分内容取材于我们近期在国内外重要学术期刊和会议上发表的论文,全面系统地展示了相关领域的很多新的研究成果和进展。

2. 内容安排

本书共 10 章,从结构上可分为 3 个部分。

第 1 部分是对数据中心及数据中心网络互联结构发展现状的介绍,包括第 1 章和第 2 章。

第 1 章首先介绍了数据中心的起源和发展、云计算和大数据对数据中心的内在需求以及新一代数据中心的发展趋势。在此基础上,从应用角度详述了数据中心在网络化存储、网络化计算以及数据分析处理等领域的应用现状。最后,从网络功能的灵活定制、横向可扩展的互联结构、网络资源的高效复用、网络虚拟化、关联性流量的协同传输、网络能耗的协同控制等角度探讨了数据中心网络发展所面临的重要挑战。

第 2 章对当前数据中心网络的最新互联结构进行了综述,从构建规则、路由算法、网络性能等方面进行了对比分析。同时,将当前数据中心的网络互联结构按照 5 种类型进行归类,以揭示数据中心网络互联结构设计理念的发展和变化,分别是交换机为核心的互联结构、服务器为核心的互联结构、模块化数据中心的互联结构、随机型数据中心的互联结构以及无线数据中心的互联结构。最后,对未来数据中心网络互联结构的发展趋势提出了一些观点。

第 2 部分介绍数据中心的新型网络互联结构,包括第 3~6 章。

第 3 章介绍以服务器为核心的数据中心互联结构 HCN 和 BCN。在服务器网络端口数目固定不变的情况下,设计了由这类同构服务器互联而成的数据中心网络互联结构。首先采用复合图(compound graph)理论设计以服务器为核心的网络互联结构 HCN,为只具有两个网络端口的普通服务器和多端口的低成本网络交换机提供高效互联,使其兼具无损可扩展和持续可扩展能力。DCell 和 BCube 等同类数据中心的网络互联结构中每台服务器的网卡和连线会依据网络规模的扩大而增长,其最大规模被每台服务器的网卡数目所限定,不具备持续可扩展能力。在此基础上,在相同的服务器网卡配置和网络直径前提下,构造出规模尽可能大的数据中心网络互联结构 BCN。随后介绍了这两种网络互联结构的高效及容错路由机制,并通过数学分析和综合仿真模拟结果验证了 HCN 和 BCN 的良好拓扑特征。

第 4 章介绍模块化数据中心互联结构 DCube。构建大规模数据中心有两种截然不同的趋势:第 1 种趋势是通过类似 DCell、BCube、HCN 等扩展性网络互联结构,构造出单体的大规模数据中心;第 2 种趋势是在大量单体数据中心的基础上,通过模块化的互联结构构造大规模数据中心。本章介绍为模块化数据中心设计的一组模块内网络互联结构 DCube,包括 H-DCube 和 M-DCube,每个 DCube 互联大量配备双网卡的服务器和低成本交换机。大量 DCube 互联结构的数据中心模块进一步互联可形成全新的模块化数据中心。DCube(n,k) 由 k 个互联的子网络构成,每个子网络都由许多基本构建模块和标准超级立方体结构(或其变种结构 1-möbius)按照复合图理论构成。在此基础上,分析了 H-DCube 和 M-DCube 的路由机制,并与 BCube 和 Fat-Tree 进行了性能分析比较。如果采用诸如 Twisted cube、Flip MCube 和 Fastcube 等标准超级立方体结构的其他变种结构,本章提出的设计方法仍然适用。

第 5 章介绍一种数据中心网络的混合互联结构设计方法,并讨论了一种具体的混合互联结构 R3。如第 2 章所分析,当前的数据中心网络互联结构普遍采用两种设计思路,分别是完全规则的互联结构设计和完全随机的互联结构设计。虽然这两种类型的网络互联结构具有特定的优势,但是也存在内在的缺点和不足。本章论述了一种基于复合图理论的混合互联结构设计方法,可兼容当前的规则互联结构和随机互联结构。进一步地,还提出了一种混合互联结构 R3。该结构采用随机正则图作为基本单元,并采用通用超级立方体这种规则结构将这些基本单元进行互联。该混合结构兼具随机正则图和通用超级立方体的拓扑优势,并可有效避免二者的拓扑缺陷。

第 6 章介绍在数据中心中额外引入可见光通信(visible light communication,VLC)链路后,设计无线链路和有线链路混合的网络互联结构 VLCcube,从而提升数据中心的网络性能。具体而言,在 Fat-Tree 这一具有代表性的数据中心网络结构基础之上,在每个机架顶部安装 4 个

VLC 收发装置,即可提供 4 条 10Gbps 左右的无线链路,全体机架上的无线链路组网成为无线 Torus 结构。本章重点介绍了混合拓扑的构建规则、路由策略、批处理流量和在线流量的拥塞感知调度策略,并开展了相关实验验证工作。因为 Fat-Tree 中很多原本 4 跳的数据流可切换到无线 Torus 结构进行短距离传播,VLCcube 取得了比 Fat-Tree 更好的网络性能,而且设计的拥塞感知调度策略可使 VLCcube 的性能进一步得到提升。VLCcube 仅是数据中心中利用 VLC 链路的一种可选方案,未来供应商可基于不同的有线网络互联结构设计完全不同的混合网络互联结构。VLC 链路的引入不仅能和已有的数据中心网络良好地兼容,而且可有效提升数据中心的网络性能和网络设计的灵活性。

第 3 部分是数据中心内关联性流量的协同传输管理。虽然新型互联结构的研究不断提高数据中心的网络传输能力,但是对数据中心现有传输能力的高效利用同样重要。数据中心支持多种分布式计算框架,这些计算框架普遍采用流式计算模型,相邻处理阶段间的大量数据交互产生了严重的东西向流量,其中 multicast、incast、shuffle 等关联性流量占相当大的比重,进而严重影响到上层应用的性能。优化和管理这些关联性流量对高效使用数据中心的网络资源和提升处理作业的性能至关重要。这部分内容包括第 7～10 章。

第 7 章介绍关联性流量 incast 的协同传输管理问题,包括网内聚合和协同传输两个环节。当前很多上层应用决定了 incast 的全体数据流之间存在数据相关性,并在相同的接收端被执行聚合操作。这就促使我们考虑在这些关联性流量的网内传输阶段应尽可能早地而不是仅在流量的接收端进行数据聚合。本章首先以新型数据中心网络结构为背景讨论关联性流量之间数据聚合的可行性和增益,随后探讨实现该网内聚合所必须的基于 incast 树的协同传输方法。为最大化网内聚合的增益,我们为 incast 传输建立最小代价树模型,并设计了两种近似的 incast 树构造方法,其能够仅基于 incast 成员的位置和数据中心拓扑结构生成一棵有效的 incast 树。本章进一步介绍了 incast 树面临的多种动态和容错问题,最后通过实验发现我们所提出的网内聚合方法能大幅度降低 incast 流量造成的传输开销,从而节约了数据中心的网络资源。本章虽然选用 BCube 这种以服务器为核心的数据中心网络互联结构为研究背景,但是提出的关联性流量网内聚合理念也适用于其他类型的数据中心网络互联结构。本章工作是第 8 章和第 9 章的前提。

第 8 章介绍关联性流量 shuffle 的协同传输管理问题,包括网内聚合和协同传输两个环节。受关联性流量 incast 网内聚合的启发,本章介绍了如何将关联性流量 shuffle 原本在诸多接收端执行的流量聚合操作推送到网络传输环节中执行,通过降低网络内的流量传输从而高效地利用网络资源。首先,针对新型数据中心结构 BCube 中的 shuffle 流量进行网内聚合问题的建模,并提出两种近似方法来高效地构建 shuffle 聚合子图,依据该结构进行流量的协同传输可有效实现预期的网内聚合。本章还介绍了基于布鲁姆滤波器(Bloom filters)的可扩展流量转发模式,从而为大量并存的shuffle 传输实现各自预期的网内聚合效果。尽管本章选用以 BCube 为依托的网络互联结构,但是提出的关联性流量 shuffle 的网内聚合理念也适用于其他类型的数据中心网络互联结构。

第 9 章介绍不确定关联性流量 incast 的协同传输管理。当上层应用在数据中心内产生关联性 incast 流量时,其内部诸多数据流的发送端和接收端已经确定。第 7 章针对这类关联性流量介绍了如何实施网内聚合和协同传输。但是,很多数据中心应用面临计算节点和存储节点选择的多样性,不同的选择方案会导致对应的 incast 表现出不同的发送端和接收端。这类关联性流量被定义为不确定性 incast,与确定性 incast 流量相比,其具有更多机会来获取更大的数据流网内聚合增益。本章首先深入剖析了不确定 incast 流量的网内聚合问题,并设计了对应的协同传输方法以获取尽可能大的数据流网内聚合增益,包括为 incast 的各个数据流初始化发送端和构造 incast 聚合树两个环节。数据流发送端初始化的目标是令初始化后的全体发送端形成最少数目的群组,每个群组输出的数据流在传输的下一跳网络设备上即可被全部聚合为一个新数据流。为了充分利用初始化环节产生的这种优势,本章提出了两种 incast 聚合树的构建算法。实验结果表明,从减少网络流量和节省网络资源的角度来看,不确定性 incast 传输要优于确定性 incast 传输。

第 10 章介绍关联性流量 multicast 的协同传输管理。多播协议的出发点是从一个发送端将相同的内容传输给一组接收端,进而有效节约网络带宽并降低发送端的负载。数据中心的分布式文件系统为每个数据块提供多个副本,此时传统的 multicast 面临发送端的多样性问题,不再依赖于某个唯一选定的发送端,每个接收端只需从其中一个发送端获得发送内容。本章关注如何使这种发送端不确定的多播造成的网络传输代价尽可能地小,提出了对应的链路代价最小多播森林(minumum cost forest,MCF)模型。针对确定性 multicast 的方法不适用于 MCF 这个 NP 难问题,为此本章提出了两种高效的 MCF 近似算法,即 P-MCF 和 E-MCF。本章在 3 种类型的数据中心互联结构（随机网络、随机正则网络以及无标度网络）下对MCF 问题进行了评估。结果显示：3 种网络互联结构下不确定性multicast 的 MCF 都比确定性 multicast 的最小斯坦纳树占用更少的网络链路资源。

　　我们的研究工作得到了国家自然科学基金优秀青年科学基金项目（No.61422214）、国家重点基础研究发展计划（"973"计划）青年科学家项目（No.2014CB347800）、湖南省自然科学杰出青年基金项目（No.2016JJ1002）、教育部新世纪优秀人才计划项目以及国防科学技术大学杰出青年基金项目（No.JQ14-05-02）的资助。国防科学技术大学的研究生赵亚威参与了本书1.1 节和 1.2 节内容的撰写工作，研究生胡智尧、任棒棒、史良等同学参与了本书的排版、图表绘制、整理等工作，在此一并表示感谢。

　　由于作者水平所限，加之数据中心网络的互联结构和内部流量管理的研究仍处于快速发展和变化之中，书中错误和不足之处在所难免，恳请专家、读者予以指正。

郭得科

2016 年 2 月于长沙

目录

第1部分　基础知识

第2部分　数据中心的新型网络互联结构

第3章　以服务器为核心的数据中心互联结构 HCN …………… 63

第 3 部分　数据中心的流量协同传输管理

第 7 章　关联性流量 Incast 的协同传输管理 ········· 167

第 1 部分

基础知识

第1章
数据中心简介

本章分别从数据中心的起源和发展的角度详述了云计算、物联网、大数据等新技术领域的发展对数据中心的推动作用;从应用领域的角度详述了数据中心在网络化存储、网络化计算以及数据分析处理等领域的主要应用现状;从功能可定制、互联结构横向可扩展、网络资源的高效复用、网络虚拟化、关联性流量的协同传输、网络能耗的协同控制等方面详述了数据中心网络技术面临的重大挑战。

1.1 起源与发展

1.1.1 数据中心的概念及分类

维基百科中关于数据中心(data center)给出了如下定义:"一整套复杂的设施。它不仅仅包括计算机系统和其他与之配套的设备(例如通信和存储系统),还包含冗余的数据通信连接、环境控制设备、监控设备以及各种安全装置等"[1]。数据中心旨在依据特定网络结构,将大规模服务器和网络设施等硬件资源进行互联,形成计算、存储、网络等资源的规模效应和整体优势,进而面向各类上层应用提供网络化存储、网络化计算等弹性服务。云计算、物联网、大数据等新型计算和应用进一步推动了现代数据中心的快速发展,并使其成为国家和IT企业的核心信息基础设施。数据中心的规模和应用不断发展,已经渗透到经

济、科技、军事以及人们日常生活等各个方面。按照规模,数据中心可划分为:
部门级数据中心、企业级数据中心、互联网数据中心以及主机托管数据中心等。
通过这些规模从小到大的数据中心,企业可以运行各种应用。

　　数据中心的出现源于人们对海量数据的高效组织和管理需求。早期,银行
和金融业等行业的用户记录不断增多,因而对高效的数据存储和管理技术需求
越来越迫切。Internet 的蓬勃发展和社会的数字化变革,导致网络上的数据呈
爆炸式增长,出现了越来越多需要进行大规模数据存储和处理的应用需求。为
了应对这种激增的数据存储和分析处理需求,业界提出了多种支持海量数据存
储和管理的网络化存储架构,典型的架构包括:直接附加存储(direct access
storage,DAS)、网络附加存储(network attached storage,NAS)和存储区域网
络(storage area network,SAN)。

　　DAS 是指将磁盘阵列等存储设备通过 SCSI 线缆或光纤通道直接连接到
一台服务器。其中,使用 SCSI 线缆时,一台服务器最多挂载 16 台存储设备,而
使用光纤时可以挂载 126 台存储设备。通过直接附加存储的方式可以实现单
机存储到网络化存储系统的转变,但是这样的存储体系结构存在扩展性差、资
源利用率低,管理复杂的缺点。首先,因为每台服务器挂载的存储单元是为了
满足该服务器自身的存储需求,因此其存储设备无法被其他服务器共享和利
用。如果应用需求的变化需要更换新的服务器,则需要在新的服务器上挂载新
的存储设备。而原服务器上挂载的存储设备并不能被高效地利用,因此造成了
大量的存储资源的浪费。这种浪费除了因为挂载在某台服务器上的存储单元
不能被其他服务器使用外,还可能因为运行在服务器上的应用不同导致每台服
务器的存储资源利用不均。DAS 是以服务器为中心的存储体系结构,适合于
存储容量需求不高、服务器的数量不大的中小型局域网。DAS 难以满足现代
存储应用大容量、高可靠、高可用、高性能、动态可扩展、易维护和开放性等多方
面的需求。解决这一问题的关键是将访问模式从以服务器为中心转化为以数
据和网络为中心,实现容量扩展、性能增加和距离延伸,尤其是实现多个主机数
据的共享,这导致了存储与计算的分离,即网络存储的发展。

　　NAS 是将存储设备通过标准的网络拓扑结构(例如以太网)连接到一个计
算机网络,其包括硬盘阵列等存储器件和专用服务器。专用服务器上运行有特
定的操作系统,通常是经过专门优化过的 Unix/Linux 操作系统。专用服务器
充当远程文件服务器,利用 NFS、SMB/CIFS、FTP 等协议对外提供文件级的
访问。网络附加存储是针对文件级别的存储架构,网络中的其他应用服务器通
过网络存储和访问存储设备上的文件系统。经过专门优化过的文件系统,支持

多种文件格式,因此在网络附加存储的架构中,应用服务器可以使用不同的操作系统,相互之间通过存储设备上的文件系统实现文件共享。与存储区域网络相比,网络附加存储具有文件操作和管理系统,可使不同的应用服务器之间共享资源。因为网络附加存储是文件级别的存储,相对于存储区域网络采用数据块存储的方式来说,存储的速率相对较低。NAS 主要面向高效的文件共享服务,适用于较小网络规模下大容量文件数据的传输场合。

SAN 将存储设备和服务器进行高速可靠互联,并在存储端将多个存储设备构成一个专用于数据存储的区域网络。前端的服务器可以通过网络的方式访问后端的存储设备。每个存储设备不隶属于任何一台服务器,所有存储设备面向全体服务器进行资源共享。目前常用的 SAN 架构根据协议和连接设备的差异,可以分为光纤通信接口和普通网络通信接口。SAN 架构有很多优点。首先,服务器通过网络访问存储设备,因此多台服务器可以同时向不同的存储设备存储数据。这种访问存储设备的方式,使得存储设备与服务器之间解耦合,存储设备和服务器设备可以独立建设和更新。同时,存储设备可被多项应用高效地共享利用,避免了因为应用需求不同导致存储设备利用率不高的问题。SAN 经过十多年的发展,已经相当成熟,成为业界的事实标准。但是,对于 PB 级大规模数据存储需求而言,SAN 的体系结构在容量和性能的扩展上仍然存在瓶颈。

如今,物联网相关技术的不断发展使得人类对物理世界进行细粒度和持续的观测变得可能,各类传感器设备可持续不断地收集类型多样、规模庞大的观测数据,这些数据需要极大的存储空间、高效的数据管理和分析处理技术。物联网应用、大规模在线网络应用、企业级基础服务等新型应用促使十万级甚至百万级服务器的大型数据中心的诞生。虽然大型数据中心可提供庞大的计算和存储资源,但缺乏有效机制解决大规模分布式系统带来的一系列问题,如面向大规模用户的资源复用问题、分布式资源的有效管理问题、系统容错问题等。

为此,Google 公司设计了新型的数据中心架构,采用通用服务器、存储设备以及网络设备替代传统的专用设备。其中,将磁盘附着于服务器内部之后,在整个数据中心层面实现了大规模分布式文件管理系统 GFS[2],为外部提供一个共享的分布式文件系统空间。大型数据中心大量采用可靠性较低的通用设备,因而内部发生设备故障的情况不可避免。为此,GFS 采用数据副本机制实现文件系统级别的冗余,以提高分布式文件系统的可靠性。这种网络化存储架构突破了 SAN 的性能瓶颈,而且可以实现性能与容量的线性扩展,将会逐渐成为数据中心存储架构的发展趋势。此外,Google 公司还为其大型数据中心设计实现了大规模计算框架 MapReduce[3] 和大规模分布式数据库 BigTable[4]。
MapReduce 将计算作业分为 Map 和 Reduce 两个阶段完成,每个阶段都会启
用数据中心中大量的服务器节点参与运算。根据"数据处理的局部性"设计原
则,将计算任务加载到待处理数据所在的节点上,尽量减少数据在网络中的传
输。BigTable 可以快速而高效地处理 PB 级别的数据,有效地解决了海量数据
的存储和管理问题。

　　Google 公司采用大量廉价的服务器建设高效协同、按需调度和资源共享
的数据中心,其数据中心的构建和管理方法往往被认为是新一代数据中心的标
志。新一代数据中心使用数以万计的服务器组成,不同服务器之间采用特定的
网络结构互联为一个整体,共同组成一个分布式的计算和存储网络。自从
Google 公司披露了其新一代数据中心的技术细节后,新一代数据中心因为内
在的高可扩展性、高容错性等优势迅速取得了互联网企业和世界研究团体的高
度关注。同时,亚马逊、微软、Facebook 等其他大型互联网企业也纷纷在世界
各地建设能容纳数万台甚至数十万台服务器的大型数据中心,并在网络架构、
节能示范等方面进行了大胆革新。新一代数据中心得到了广泛的推广和应用,
相关技术也在不断提高和完善。以数据中心网络技术研究为例,国际互联网标
准化组织 IETF 成立了以数据中心网络为主要应用场景的工作组"软件定义网
络(software defined networking,SDN)",IEEE 也成立了针对数据中心网络
的任务组"数据中心桥(data center bridge,DCB)"。思科、瞻博网络、华为等设
备厂商先后推出了数据中心交换机产品。

1.1.2　云计算对数据中心的需求

　　现代社会信息量的爆炸式增长、资源复用技术的成熟和宽带网络的普及,
共同促进了云计算的诞生和发展。以亚马逊公司的 EC2、Google 公司的
AppEngine 和微软公司的 Windows Azure 等为代表的云计算服务已经得到初
步商用,使得云计算逐渐成为人们按需使用软/硬件资源和进行数据深度挖掘
处理的新型计算模式。据工业和信息化部电信研究院 2015 年 4 月发布的《云
计算白皮书》报告显示,2014 年全球云计算服务市场规模达到 1528 亿美元,增
长 17%。虽然这些缘自互联网和移动互联网的高速发展,但为了迎合市场需
求,传统 IT 企业加速向云计算转型,大力布局云计算业务。随着大数据时代的
来临,作为大数据处理的重要技术手段,云计算的发展空间将更加广阔。

　　2009 年《中国计算机科学技术发展报告》对云计算给出定义"云计算是一
种商业计算模型。通过虚拟化的数据中心为互联网用户或企业内部用户提供

方便灵活、按需配置、成本低廉的包括计算、存储、应用等在内的多种类型网络服务"[5]。该定义进一步明确了数据中心作为云计算的核心基础设施地位和作用。Google 公司早在 2006 年底就在全世界建造了能容纳超过 46 万台服务器的分布式数据中心。Facebook 公司于 2011 年 4 月对外展示了其建造在俄勒冈的数据中心,拥有数以万计的服务器,并在节能减排方面进行了示范。当前我国一些地方政府积极建造数据中心以促成云计算产业落地,如呼和浩特云计算产业基地、南京软件开发云平台、无锡"云谷"等。中国电信、中国移动、中国联通等电信运营商,也都在积极利用其互联网数据中心打造云计算战略。以百度、阿里巴巴、腾讯等为代表的互联网企业,也在大力发展云数据中心,提供更好的云计算服务。

云平台是云计算服务的基础,其管理数据中心提供的巨大物理资源,负责各类资源的统一分配和调度,使多样化的云服务能够稳定地运行在复杂的云环境上。云平台大多利用虚拟化技术整合数据中心的各种资源,以一种透明的方式向用户提供基础设施即服务(infrastructure as a service, IaaS)、平台即服务(platform-as-a-service, PaaS)以及软件即服务(software-as-a-service, SaaS)等类型的服务。

IaaS 旨在依托数据中心基础设施,向用户提供虚拟化的计算资源、存储资源和网络资源,并根据用户需求进行动态分配与调整。其核心思想在于通过底层硬件的虚拟化技术,形成池化的硬件资源,通过统一的管理平台向用户提供底层硬件资源的服务。亚马逊公司的 EC2[6] 提供了虚拟机的租用服务,为中小企业创建 IT 基础架构。EC2 代表了一种典型的基础设施即服务的云计算应用模式,其提供基于虚拟机的计算环境,并通过虚拟机管理系统来管理大量的虚拟机实例。EC2 平台是当前商业化较成熟的系统之一,而开源云计算项目 Nimbus[7] 和 Eucalyptus[8] 以及 Opennebula[9] 等提供了与 EC2 类似的服务。

PaaS 旨在向软件开发人员提供类似中间件的服务。这些中间件的服务包括数据库、数据处理和软件开发环境等,使得开发人员可以运用这些环境在云平台上进行定制化的软件开发。Google 公司推出的 Google App Engine (GAE)[10] 是平台即服务应用模式的一种典型代表。它为用户提供了云平台下基于 Java 和 Python 的开发运行环境,用户从而可以不需要购买硬件和软件就可享受相应服务。除此之外,Google 公司还提供了一些开发工具,方便编程人员进行 Web 程序的开发。与 GAE 类似的还有微软公司的 Windows Azure Platform(WAP)[11] 云平台。WAP 部署虚拟机作为运行环境并提供数据存储服务,方便用户开发和部署应用程序。

　　SaaS 旨在向最终用户提供定制的软件服务,使得用户利用互联网就可以在云端使用软件,而无须本地安装。相对于 IaaS 和 PaaS 而言,SaaS 更加适用于普通用户。很多 SaaS 服务是基于 IaaS 和 PaaS 平台提供的,当前使用比较广泛的 SaaS 包括 Google Apps 和 Salesforce。Google Apps 提供类似于桌面软件的网页应用程序,用户无须下载软件,仅仅通过互联网就可以访问。相对于 Google 公司提供的面向大众的免费 SaaS 平台,Salesforce 公司更专注于商业的 IaaS 平台,更倾向于提供可定制的应用程序。Salesforce 公司通过隔离用户使用的数据,允许不同的用户共享使用同一个版本的应用程序。

　　总体而言,大规模可扩展的硬件资源是提供弹性云计算服务的基础。数据中心的建设旨在提供大量物理资源,在其之上部署专用的云平台后可为用户提供不同类型的云计算服务。公有云数据中心一般首先提供 IaaS 和 PaaS 的租赁服务,并进一步为 SaaS 的开发和部署提供基本环境。私有云数据中心运行公司或部门内部所特有的网络业务,而混合云数据中心运行的业务类型更加灵活多样。比如,Google 公司的云数据中心既提供前端面向用户的搜索服务,又运行后端的海量网页数据分析和挖掘任务。云计算模式的出现拓展了数据中心的使用方式,同时,数据中心的建设和发展也为云计算的推广和应用奠定了坚实的基础。

1.1.3　大数据对数据中心的需求

　　2012 年 3 月,美国奥巴马政府宣布投资 2 亿美元启动“大数据研究和发展计划”,这是继 1993 年美国宣布“信息高速公路”计划后的又一次重大科技发展部署。美国政府将“大数据研究”上升为国家意志,对未来的科技与经济发展必将带来深远的影响。同时,中国、欧盟、加拿大、韩国、新加坡等国家和地区也发起各自的大数据发展战略。目前,大数据尚无确切统一的定义,维基百科给出的定义是:大数据是指无法在可承受的时间内用常规软件工具进行抓取、管理和处理的数据集合。国际数据公司(international data corporation,IDC)从 4 个特征来定义大数据,即海量的数据规模(volume)、多样的数据类型(variety)、巨大的数据价值(value)、快速的数据流转(velocity)。

　　物联网被定义为“一个基于互联网、传统电信网等信息承载体,让所有能够被独立寻址的普通物理对象实现互联互通的网络”。物联网的技术架构涵盖 4 个层次,分别是感知识别层、网络构建层、管理服务层和综合应用层[12]。位于感知识别层的大量感知单元是物联网的触手,源源不断地产生观测数据,成为大数据的重要来源之一。当感知识别层生成物联网大数据经过网络层传输汇聚到管理服务后,需要解决数据如何存储、分析和处理等问题。随着物联网应用的不断拓展和扩大,接入到互联网的各种感知设备的数量愈加庞大,这些设备所产生的数据导致计算和存储的需求呈指数增加。位于管理服务层的数据中心为物联网应用提供了高效的基础平台。运行在数据中心之上的存储服务为物联网应用提供了存储仓库,而相关的分析和处理服务则为物联网应用提供了分析引擎。IDC 公司在 2015 年的一份报告中预测,在今后 4 年内物联网将需要数据中心服务提供商提供 7.5 倍的设施能力。物联网将成为 IT 扩建大型数据中心的重要驱动力量之一。

　　大数据的诞生是信息技术发展的必然结果,其来源渠道多样。除物联网大数据外,还包括互联网大数据、社交网络大数据、社会公共领域的大数据、专业机构产生的大数据等。大数据成为物质与能量之外的第三大社会资源,如何充分利用数据资源、如何更快捷地从海量异构的复杂数据中快速提取有价值的信息成为关键。大数据涉及的行业和领域众多,面临如下多个方面的共性难题:①大数据的采集与预处理;②大数据的存储与管理;③大数据分析,具体包括典型行业的大数据分析方法与工具;④大数据系统体系架构,包括体系架构与平台以及研发环境。数据中心作为信息基础设施,为丰富的大数据应用提供基础平台,并在应对大数据应用面临的上述挑战性问题方面具有天然的优势。

1.1.4　新一代数据中心的发展

　　传统数据中心存在资源利用率低下、新业务上线周期长等问题,难以承载云计算、移动互联网、物联网、大数据等新型应用。日新月异的新技术和新应用要求传统数据中心走向云化。跨互联网的云数据中心是新一代数据中心的主要发展趋势之一,其不断整合传统数据中心,使得大型和规模化数据中心成为主导。另外,数据中心的业务模式从传统的资源租赁托管向提供云服务进行转变。具有集中化、高密度、高响应速度、高弹性、高可用、高性能等特征。目前,IT 公司、设备厂商、运营商纷纷转型提供云数据中心服务,云数据中心成为新产业链的主导。新一代数据中心的发展趋势会向着虚拟化、软件定义、模块化、绿色节能以及自动化运维等方向迈进。

　　(1) 虚拟化的数据中心　　虚拟化具有分配灵活、变更快捷、资源利用率高等优点,这是传统系统架构所无法实现的。研究报告显示:目前数据中心的资源平均利用率仅在 $20\% \sim 30\%$,大部分空闲情况下的功耗仍然达到峰值时的 60% 左右。虚拟数据中心(virtual data center,VDC)是将云计算概念运用于数据中心的一种新型的数据中心形态。VDC可以通过虚拟化技术将物理资源抽象整合,将数据中心中的服务器由原先各种规格转变为相对统一的单一方式,动态地进行资源分配和调度,以提升资源利用率,有效降低数据中心的能耗,并降低数据中心的运营成本。虚拟化在数据中心中的地位日益重要,不仅局限于传统的计算虚拟化和存储虚拟化,还包括网络虚拟化、I/O虚拟化等。

（2）软件定义的数据中心   通过资源的抽象和池化,解决资源的硬件无关性、动态分配以及弹性扩展问题。通过基础资源的全面虚拟化（如软件定义的计算、软件定义的存储、软件定义的网络）,使得各类基础资源以服务的方式对外提供。通过软件实现数据中心运营管理的完全自动化。

（3）模块化的数据中心   模块化数据中心带来了全新的可管理性和效率,通过自然合理的模块化设计,可灵活、扩展地满足数据中心的定制需求,已经逐渐成为满足不断增长的业务需求的解决方案之一。具体涉及按需灵活定制数据中心模块、数据中心模块装配的流程化和标准化、模块化数据中心的高效快速交付、按需的高密度模块化扩展和更换等关键环节。模块化数据中心具有便于建设、运营和维护,便于动态部署和扩展等天然优势。如果未来模块化数据中心的服务价格能够进一步下降,则其将成为很多中小企业很重要的选择之一。

（4）绿色节能的数据中心   绿色节能是云数据中心未来重点的发展方向,旨在引进先进技术,提高能效价值,实现绿色节能目标。首先要在机房环境、动力设施、制冷系统、IT设施方面采取节能优化措施,在保障机房设备稳定运营的同时,实现基础设施层面的节能减耗。例如,集中水冷制冷技术、高密度配电技术、高密度机柜的高压直流供电技术、机房气流控制技术、智能环境监控技术等。此外,云数据中心还应在机房规划与设计,部署、运营、维护和管理等方面采取绿色节能措施。

（5）自动化运维的数据中心   随着近些年数据中心的巨大变化,数据中心承载的各种应用越来越多,数据中心的运维工作变得异常繁重和复杂。在大型数据中心内,传统运维方法已经无法解决效率低下、人力成本高、易出错等挑战性问题。数据中心的自动化运维旨在为预备管理、配置管理和监控等环节引入完整的自动化管控方案,提升数据中心的运维水平,逐渐代替运维人员的日常手工工作。运维人员通过自动化运维,将规范、常规的操作固定化,减少重复的手工操作,避免误操作。

新一代数据中心作为信息基础设施,在全球信息化进程中占据不可替代的重要地位。根据国际数据公司 2015 年的报告,到 2016 年,超大规模数据中心将容纳全球超过 50% 的原始计算能力和 70% 的原始存储容量,成为新计算和新存储技术的主要消费者/采用者。同时,新一代数据中心符合我国科技发展的重大战略需求。围绕新一代数据中心的国际化竞争日趋激烈,国内很多公司和机构已经开始围绕新一代数据中心的设计和建设进行布局。

(1) Google 公司的数据中心

Google 公司联合其他公司共同建设了 36 个数据中心,其中有 19 个分布于美国,12 个位于欧洲,1 个在俄罗斯,1 个在南美洲,3 个在亚洲。这些数据中心支撑着搜索、YouTube、电子邮件和移动终端等众多业务需求。Google 公司推出了自己的云服务平台 Google Cloud Platform,为用户提供了计算、存储、大数据、服务等 4 类产品。在解决方案方面,Google 公司推出了面向多媒体、移动应用、Web 应用、电子商务、软件开发、大数据、金融服务、游戏、物联网、基因学和安全等 11 项服务,涉及社会生活的方方面面。建立在先进的数据中心基础之上,Google 公司能做到在毫秒级的时间内返回数以十亿计的查询结果,维护每月 60 亿小时的 YouTube 视频播放量,为超过 4 亿的 Gmail 用户提供存储服务[13]。

(2) 微软公司的数据中心

微软公司在全球共有 14 个数据中心,其中 5 个在美国本土,2 个在日本,2 个在欧洲,1 个在香港,2 个在澳大利亚,1 个在新加坡,1 个在巴西。除此之外,微软公司还计划在英国新建一个数据中心。利用这些分布在世界各地的数据中心,微软公司的 Azure 云平台提供 IaaS 和 PaaS 两种模式的云服务。Azure 提供了云计算领域的典型产品和解决方案,如计算服务、存储服务、大数据服务等。Azure 吸引了众多大型用户,包括一些著名的团体和公司。比如,著名的 Ubuntu 和 Opensuse 开源社区使用了 Azure 提供的 PaaS 服务;物联网领域的 ThyssenKrupp 公司、多媒体领域的 NBC 和 TVB 公司等知名客户也都纷纷在 Azure 上使用云计算的产品和服务。

(3) 亚马逊公司的数据中心

亚马逊公司目前在全球共有 12 个数据中心,分别位于美国(3 个)、欧洲(3 个,分别位于爱尔兰和卢森堡)、日本(1 个)、韩国(1 个)、中国(1 个)、巴西(1 个)、澳大利亚(1 个)和新加坡(1 个)。亚马逊公司是目前全球云计算服务最大的提供商,占据市场约 30% 的份额。在 IaaS 服务方面,亚马逊公司的 AWS 提供了广泛而深入的核心 IaaS 服务,主要囊扩了计算、存储和内容传输、数据库以及物联网等四大类。除此之外,AWS 也提供了数据分析、企业应用、移动服务和物联网等丰富的 PaaS 云服务。AWS 采用严格的规范设计,确保支持 190 多个国家和地区 100 多万用户几乎全部的工作负载。作为全球最大的云服务提供商,亚马逊 AWS[14] 吸引了全球众多知名的公司和团体,诸如 Reddit、Netflix、Coursera、Siemens、Adobe、360 和 Oppo 等。

(4) Facebook 公司的数据中心

Facebook 现有 4 个正在运行的数据中心,其中 3 个位于美国本土,1 个在瑞典。除此之外,Facebook 计划在瑞典建设第 2 个数据中心。新建设的数据中心将完全使用风力发电,与其他公司的做法不同,该数据中心的设计细节面向大众公开。Facebook 的数据中心主要是支持社交网络方面的应用。Facebook 是全球最大的专注于社交网络业务的公司。每天需要处理的用户数据十分庞大。例如,类似于微信的"点赞"服务,Facebook 每天需要处理用户约 60 个亿的"喜欢"请求。事实上,Facebook 还不断地和其他云计算服务提供商合作,为其自有数据中心分担部分社交网络的流量。

(5) 阿里巴巴公司的数据中心

从 2014 年开始,阿里巴巴公司开始在全球范围内围绕阿里云服务部署数据中心。2014 年,阿里巴巴公司主打国内市场布局,先后在杭州、青岛、北京、深圳和香港建设了数据中心,阿里云服务开始覆盖全国。目前,阿里云服务提供安全、稳定的云计算基础服务,主要包括:弹性计算、数据库、云存储和云盾。除此之外,阿里云开始在包括物联网、多媒体、医疗、金融和政务等多个领域提供云计算的成熟解决方案。阿里巴巴公司积极推进云计算生态系统建设,目前联合 Neusoft、数梦工厂和中软国际等 8 家机构打造国内云计算的生态系统。国际范围内,2015 年阿里巴巴公司着手谋划全球更大范围的市场布局,先后在硅谷和新加坡建设并开通了数据中心。硅谷数据中心目前已经开始运行阿里云服务,据此阿里巴巴公司打通了中美两国市场的联通障碍。目前,中国用户可以使用硅谷数据中心提供的云服务,而美国用户也可以使用中国市场的云服务。新加坡数据中心则开拓了东南亚云计算的市场,为阿里云布局东南亚奠定了基础。除此之外,阿里巴巴公司目前计划在阿联酋、德国和日本建设数据中心,分别谋划中东、北非、欧洲以及东亚的市场布局。

(6) 雅虎公司的绿色数据中心

雅虎公司目前建设了 3 个绿色数据中心,都在美国本土。目前这 3 个数据中心均在最初建设的基础上进行了扩建和改造。这些数据中心支撑着雅虎财经、雅虎体育、雅虎邮件和雅虎新闻等众多应用。以雅虎位于纽约的数据中心为例,其能源来自 Niagara 瀑布的水力发电供应,节约了大量的能耗开销。该数据中心的设计实现了与周围环境的自然结合,利用周围空气的温度和自然气流为数据中心的内部设施制冷,使得其平均能源使用效率(power usage effectiveness, PUE)达到了 1.08,而当前数据中心的平均 PUE 值为 1.92。因此雅虎的绿色数据中心在能耗控制方面做到了领先水平。

(7) 百度公司的数据中心

百度公司在传统的搜索业务之外,积极拓展和推广云服务。目前,百度公司分别在江苏南京和山西阳泉建设了数据中心,用来支撑其云计算的需求。百度公司的南京数据中心规模超过 5000 个节点,尝试了一系列先进技术。比如,首次在数据中心中采用 ARM 架构的服务器,采用了自主设计的定制化整机柜服务器,采用了自主研发的 SSD 产品来存储数据。百度公司的阳泉数据中心采用更加环保的光伏发电技术提供绿色清洁能源,使其 PUE 值达到了 1.3,每年减少 107.76 吨二氧化碳的排放量。百度公司提供的云产品包括云服务器、对象存储、内容分发网络、百度 MapReduce、百度机器学习和音视频转码等众多服务。

(8) 腾讯公司的数据中心

腾讯公司主要在天津、深圳、重庆、上海、广州、香港、北美等地布局自己的数据中心,不断谋划国内甚至国际的云计算市场。其中,腾讯公司的天津数据中心规模最大,部署了 20 万台服务器,是国内乃至亚洲最大的在营数据中心。该数据中心部分由一系列高密节能、可快速部署的微模块所构成,其他部分则采用传统架构为主。每一个微模块相当于原来传统意义上一个数据中心,其中包含制冷模块、供配电模块以及网络、布线、监控在内的独立运行单元。目前腾讯公司针对互联网企业用户提供的云产品共分为 9 类,主要包括计算与网络、存储与内容分发网络(content delivery network, CDN)、数据库、安全服务、监控与管理、域名服务、移动服务、视频服务和数据处理与分析等。超神英雄等热门游戏、滴滴打车、前海微众银行等都是腾讯云的典型用例。

(9) 中国联通的数据中心

中国联通主要在呼和浩特、重庆、廊坊、贵州、香港等地建设布局了十大云数据中心。联通的目标是建设一流的云计算基础设施,打造公共云平台,开发云服务产品,建立产品生态圈。具体而言,在基础设施层面建设科学布局、绿色节能的云数据中心。在 IaaS 层面,打造统一规范、弹性调度的云计算存储资源池。在 PaaS 层面,形成应用支撑、开放集中的能力共享平台。在 IaaS 层面,建立内容聚合、应用分发的合作共赢开放平台。通过这一系列建设,中国联通构想成为云基础资源的供应者、私有云的托管者、行业云的孵化者以及公众云的提供者。

（10）模块化数据中心

数据中心的建设模式也呈现出多样化趋势，模块化数据中心成为重要的发展趋势。在市场上，模块化数据中心可以以不同形式出现，如微模块数据中心本质上是模块化数据中心，而集装箱式数据中心更是将模块化推向极致。它在快速部署的基础上又实现了数据中心整体的移动化，在一些特定场景中得到快速应用。另外，受限的场地资源和不断增长的业务快速上线诉求，进一步推动着集装箱数据中心的发展。

集装箱数据中心不同于传统的室内机房建设模式，在环境适应性以及设备的自动化维护程度方面提出了更高的要求。Sun 公司于 2006 年推出了全球首款集装箱数据中心 Blackbox。目前，Google、Microsoft、IBM、浪潮、华为等不少数据中心解决方案供应商都提供集装箱数据中心解决方案。

集装箱数据中心厂商可以分成以下几类：第 1 类是 Google 公司等自给自足型的厂商。Google 公司从 2005 年开始在数据中心中采用了集装箱式设计，每个集装箱能容纳 1160 台服务器。该类型的集装箱数据中心主要是自用的，不具备通用性。第 2 类是通用集装箱数据中心解决方案供应商。这些厂商往往是传统的 IT 和网络设备产品供应商，例如 IBM、HP、SGI、Oracle、华为、浪潮等公司。各大厂商基本都提供标准的 40 英尺和 20 英尺的集装箱数据中心。这类厂商是集装箱数据中心市场的核心力量，引导着集装箱数据中心相关技术的发展潮流。根据 2014 年全球知名分析机构 IHS 的报告，华为公司集装箱数据中心当年的发货量为全球第一，占全球份额 11%。第 3 类是以艾默生为典型代表的数据中心基础设施提供商。第 4 类是以世纪互联为代表的数据中心服务提供商。

我国已有不少数据中心开始采用模块化数据中心的建设模式。例如，深圳云基地位于盐田港现代物流中心的数据中心就采用当下流行的预置模块化技术。在该数据中心的建设过程中，其电力、制冷、通信电缆以及相关的环境监控等都预先部署在一个框架上，然后将这个框架直接部署到数据中心。

1.2　数据中心的应用领域

数据中心作为信息基础设施具有巨大的商业价值和社会效益，其应用范围非常广泛，涉及信息社会的诸多行业和领域。从技术层次看，数据中心的网络化存储和网络化计算对很多大规模数据处理模式提供基础服务，而这类数据处理模式在大数据领域、物联网、科学应用等领域也得到了广泛的重视和应用。

1.2.1　基于数据中心的网络化存储

基于数据中心的网络化存储提供了可扩展、高可靠的在线存储模式,很好地满足了新兴互联网应用的存储需求,同时也为一些传统应用提供了更高效的存储解决方案。

GFS 是 Google 公司网络化存储系统的核心部分,其核心业务均使用了 GFS 提供的存储服务,如邮件服务 Gmail、网络相册 Picasa 和在线文档 GoogleDoc 等均基于自己构建的存储云。GFS 的设计具有很强的针对性,专门为了解决搜索引擎所面临的日益膨胀的海量数据存储问题以及在此之上的海量数据处理问题。因此,GFS 除了具有分布式文件系统的一般功能外,还针对如下几点进行了特殊处理:①GFS 中所存储的文件通常比较大,因此选用 64MB 的数据块作为基本的存储单元;②GFS 的文件写模式以追加操作为主,基本不存在随机写操作,追加操作变得尤为重要;③由于采用了 64MB 的基本存储单元,降低了元数据的数量,同时简化了元数据服务器的设计架构。

上述几点是 GFS 针对自身应用所采取的特殊策略,面向其他应用领域的网络化存储系统为了提高性能,需要结合自身应用特点对系统进行更有针对性的设计。除此之外,GFS 将节点失效视为系统的常态,提供了极强的容错功能;每个数据块都会复制到多个块服务器上,并至少保存 3 个副本;对于容易产生多个副本之间数据一致性问题的写操作,GFS 使用了链式写和版本控制的双重保证,即数据块的所有在线副本组成一条写更新链,用户进行写操作时,数据链式写入所有副本,当链上的所有副本都完成更新后,写操作才会成功,并更新对应数据块的版本号。在 GFS 存储模式的基础上,目前出现了一批非常重要的开源存储项目,例如 Hadoop File System(HDFS)[15]、KFS[16]、Sector/Sphere[16] 等,同时,越来越多的商业存储系统更是直接使用 Hadoop 作为其基础平台。

亚马逊公司的 Simple Storage Service(S3)云存储服务是另一个典型的网络化存储系统,为用户提供了高可靠、可随时通过互联网进行数据存取的私有数据存储环境。S3 存储系统的底层是由大量廉价存储设备构成的可扩展系统,与 GFS 的基于廉价服务器的分布式构建方式不谋而合。微软公司的 SkyDrive 提供了 25GB 的免费在线存储服务,惠普公司的 Upline 提供了收费的数据存储备份服务。EMC 公司推出的 Atoms 是一个基于面向对象存储技术的云存储系统,它同样使用了普通的存储设备,并提供了数据压缩、重复数据删除、磁盘休眠等服务。此外,阿里巴巴、百度公司等越来越多的国内云存储供应商开始提供免费及付费类型的网络化存储服务。

1.2.2 基于数据中心的网络化计算

当前,各大软件巨头公司都搭建了自己的网络化计算平台,其主要解决方案依托于 MapReduce[3] 和 Dryad[18] 等分布式计算框架,其中最为典型的是 Google 公司的 MapReduce 模型。MapReduce 是构建在 GFS 基础上的一种可靠、高效、可伸缩的网络化计算模型,通常包括 Map 运算、中间数据传输以及 Reduce 运算这 3 个阶段。Map 和 Reduce 运算按需启用数据中心中的大规模计算节点并行执行一批数据处理任务,每个计算节点仅仅处理部分输入数据,从而实现了超大规模数据的并行处理。Map 阶段的运算任务分配过程会充分利用待处理数据的本地性特征,尽可能地将计算任务加载到存储有待处理数据的计算节点,避免待处理数据向计算任务进行迁移。Google 公司使用 MapReduce 来完成日常工作中的大规模数据处理任务。这种将网络化存储与网络化计算相结合的模式正得到更为广泛的应用。

由雅虎公司推动的开源项目 Hadoop 以及 Sector/Sphere 也是类似于 GFS 和 MapReduce 的网络化存储和计算系统。当今,Hadoop 在很多传统领域得到广泛应用,并被很多企业进行了商业化升级。

自 Hadoop 兴起以来,研究人员研发了很多大规模的数据分析系统。Google 公司在 2010 年公布了 Caffeine[19]、Pregel[20]、Dremel[21] 的技术细节,主要阐述了其基础的网络化计算系统如何支持庞大的网络操作。Caffeine 主要为 Google 网络搜索引擎提供支持,能使 Google 公司更迅速地添加新的链接到网站索引系统中。具体而言,其将索引存储在分布式数据库 BigTable 中。Pregel 是一种大规模分布式图计算框架,专门用来解决网页链接分析、社交数据挖掘等实际应用中涉及的大规模分布式图计算问题。Pregel 采用迭代计算模型。在每一轮迭代中,每个顶点处理上一轮收到的消息,并发出消息给其他顶点,同时更新自身状态和拓扑结构等。Dremel 是一种交互式数据分析系统,弥补了 MapReduce 计算框架对交互式查询支持的不足。Dremel 可跨越数千台服务器运行,允许多种方式查询大量数据,能够在极快的速度下处理海量数据。据 Google 公司的报告显示,Dremel 在大约 3s 时间里可处理 1PB 的数据查询请求,而同样的任务如果使用 MapReduce 来执行通常需要较长的时间。

MapReduce 的两阶段计算模型在简化用户编程接口、降低编程难度、支持调度优化和容错处理的同时,其固定的编程模型在一定程度上限制了它的通用性。为此,微软公司自主研发了另一种高效的分布式计算框架 Dryad[18],这是

MapReduce 之外的一种新思路。Dryad 和 MapReduce 的基本理念非常相似，差异在于 MapReduce 的用户逻辑分为 Map 和 Reduce 两个阶段，但在 Dryad 里，用户逻辑只有不分阶段的 Vertex 一个概念。用户通过实现自定义的 Vertex 节点来执行定制的运算逻辑，而节点之间通过各种形式的数据通道传输数据。为了具备更大的通用性，Dryad 从模型上不区分运算阶段，也不定义各个计算节点之间的数据交换格式，而是由需要相互通信的计算节点之间自己处理数据的格式兼容问题。这样做在一定程度上增加了用户的编程难度，但是带来的好处也是显而易见的，就是更加灵活的编程模型。DryadLINQ[22] 是分布式计算语言，能够将 LINQ 编写的程序转变为能够在 Dryad 上运行的程序，使普通工程师也可以轻易地进行大规模的分布式计算。当工程师在操作数千台计算机时，无须关心分布式并行计算系统方面的细节。

1.2.3　基于数据中心的大数据应用

基于数据中心的大数据应用种类繁多，业界针对不同的应用先后提出了不少极具特色的分布式计算框架。Hadoop 是最早出现且影响最大的分布式计算系统，在 Hadoop 系统中集成的 MapReduce 计算框架适合解决诸如网页重要性排序、复杂网络中的搜索等互联网应用；Spark[23] 是面向内存计算的分布式计算框架，适合处理数据挖掘和机器学习等需要迭代计算的大数据应用；GraphLab[24] 是众多图计算框架中的一种，它适合可以将任务抽象为图计算模型以及任务执行过程中需要迭代计算的大数据应用。这些应用主要涉及大量数据挖掘和机器学习任务。Storm[25] 代表了一种开源的实时计算框架（也称为流计算框架），具有低延迟、可扩展和容错性等诸多优点，特别适合那些对延迟敏感的应用，如视频中的异常检测、在线机器学习等。Parameter Server 是最近新提出的大规模并行机器学习框架，它专长于解决任务执行期间不同节点具有数据依赖，同时任务需要大量迭代计算的机器学习应用。

Hadoop 是 Apache 基金会发布的分布式系统基础架构，主要包括两个核心的设计，分别是分布式文件系统 HDFS 和分布式计算框架 MapReduce。MapReduce 具有较好的容错性，极大地减少了编程人员的工作量。在整个分布式计算过程中，用户只需要实现自定义的 Map 和 Reduce 端函数即可，分布式系统涉及的其他重要问题都由计算框架自身解决，例如节点间的通信机制、容错机制等。这种编程模型特别适合网页搜索和排序的互联网应用，也十分适合超大规模网络中的搜索应用。Hadoop 是开源实现。目前，这种计算框架得到不断地改进，在其之上又封装了越来越多的其他组件，诸如面向于机器学习的 Mahout。MapReduce 作为一种通用的并行计算框架，适用性非常广泛。

Spark 是美国加州大学伯克利分校开源的一个类似 MapReduce 的通用分布式计算框架。Spark 是基于内存的分布式计算框架,拥有 MapReduce 所具有的优点。不同于 MapReduce 的是,Job 中间输出和结果可以保存在内存中,从而不再需要读写 HDFS,对于迭代数据的处理具有更高的性能。具体而言,Spark 使用了弹性分布式数据集(RDD)作为基本的数据结构,在迭代计算中都是对内存中的同一个 RDD 进行计算,相对于 MapReduce,能够更好地优化迭代式的计算。因此,Spark 适用于需要多次操作特定数据集的应用场合,例如很多典型的数据挖掘和机器学习应用。需要反复操作的次数越多,所需读取的数据量越大,受益越大;数据量小但是计算密集度较大的场合,受益就相对较小。

GraphLab 是卡耐基·梅隆大学提出的开源图计算框架,它是众多大规模并行图计算框架中的一种。GraphLab 框架的设计目标是,像 MapReduce 一样高度抽象,高效执行与机器学习相关的迭代性算法,并且保证计算过程中数据的高度一致性和高效的并行计算性能。该框架最初是为处理大规模机器学习任务而开发的,但是该框架也同样适用于许多数据挖掘方面的计算任务。该框架可以运行在具有多处理器的单机系统、集群或亚马逊公司的 EC2 等多种环境下。

大量的数据发掘和机器学习算法具有两个特点:一个特点是参与计算的节点之间数据依赖性强。通常一个大型的机器学习模型含有几十亿个参数,不同机器之间需要不断地进行通信,分享彼此学习到的参数。另外一个特点是机器学习算法大多是迭代式算法,整个作业需要反复多次迭代计算,难以实现并行处理。而以 Hadoop 和 Spark 为代表的分布式计算框架适用于那些执行期间要求独立的任务,对于具有数据依赖的任务无法快速地进行处理。GraphLab 相对于 Hadoop 和 Spark 具有更明确的针对性,对于一般的机器学习算法可以达到一到两个数量级的加速。这对于大数据时代的机器学习任务中面临的超大学习模型而言,具有重要的现实意义。

Storm 是 Twitter 公司开源的针对流数据的分布式实时计算框架,特别适用于需要对大量数据进行低延迟的处理应用。随着数据规模的不断扩大,实时数据处理成为许多应用需要面对的首要挑战。这些应用包括视频中的异常监测、电子商务中的专家实时推荐系统、搜索引擎中的用户行为分析、在线机器学习和持续学习等。Storm 计算框架由一个主节点和大量工作节点组成。在主节点上,运行后台程序 Nimbus 来管理工作节点和分配计算任务。而工作节点上运行着后台程序 Supervisor,主要负责接收任务和运行工作进程。组件

Zookeeper 协调 Nimbus 和 Supervisor 组件。在 Storm 中,数据按照"流"的方式从组件 Spout 流进,然后在组件 Bolt 中用户实现实时处理的具体操作。相对于 Hadoop 而言,Storm 的实现逻辑更加简单。

Parameter Server(参数服务器)是新近提出的一种分布式机器学习框架。机器学习算法往往需要大量计算节点共享学习的参数,而且通常需要多次迭代执行后才能完成参数的学习任务。诸如 Hadoop 等分布式计算框架则需要不断地向分布式文件系统存储中间学习到的参数,大量的文件读写操作减缓了学习的速度。与 Hadoop 相比,Spark 是面向内存计算的计算框架,中间计算结果无须调用文件读写操作。但是,Spark 采用基于块同步机制的数据一致性协议,每通过一次迭代学习任务,每个计算节点都必须要等待其他所有节点学习完毕之后,才能进行下一次学习。因此,当需要学习的模型非常巨大时,Spark 也难以快速地完成机器学习的任务。大量的图计算框架,诸如 GraphLab,虽然可以快速地处理某些机器学习任务,但是它仅适用于可以将机器学习任务转换为图计算模型的任务,对于那些无法利用图计算模型表示的任务,图计算框架则无能为力。Parameter Server 则是专门针对机器学习任务的分布式学习框架。它通过 server 节点收集每次迭代之后 worker 节点学习到的参数,然后将参数进行聚合后再次发给 worker 节点开始下一轮的学习。每次迭代之后,worker 节点都可以共享所有节点学习到的参数。因此,处理机器学习任务时,Parameter Server 框架可以更高速地完成。

随着各类分布式计算框架的兴起和发展,在科学计算领域,利用分布式计算框架进行大规模科学数据处理也逐渐成为研究热点。针对具有海量、异构、多维特征的科学数据,研究者在 Hadoop 基础上设计了面向科学计算领域的 SciHadoop[26] 和 Hadoop-GIS[27] 等系统。这些系统将 Hadoop 面向文件的存储改为面向多维数据的存储模式,并设计出高效的时空数据查询方法,为用户提供面向具体领域的数据操作接口,使得用户从复杂的分布式存储和大规模并行技术细节中脱离出来,专注于领域应用本身。Hadoop 所提供的可靠网络化存储和自动并行的数据处理能力,为海量科学数据处理提供了新的发展契机。

1.3　数据中心网络面临的挑战

如前所述,数据中心已成为国家和企业的核心基础设施,而数据中心网络作为基本要素在数据中心中具有至关重要的地位。数据中心网络所考虑的不仅是设备之间的通信协议,更主要的是把交换机和服务器作为一个整体进行拓扑互联、性能优化、资源管理和能耗控制,形成数据中心基础设施在网络化计算能力、网络化存储能力和网络通信能力等方面的综合优势。换句话说,数据中心网络不仅是连接大规模服务器的桥梁,而且是承载网络化存储和网络化计算的基础。数据中心支持的业务往往伴随着服务器之间密集的数据交互,网络资源已经成为了影响数据中心服务质量的瓶颈,同时也直接关系到各类用户对数据中心的使用体验。因此,迫切需要对数据中心网络进行创新,从而推动数据中心及相关应用领域的发展。

另一方面,数据中心网络已成为互联网的重要组成部分。根据思科公司的统计,当前数据中心网络流量由 3 部分组成,约 76% 的流量仅在数据中心内部交互,约 17% 的流量来自于与广域网用户的交互,还有约 7% 的流量由数据中心之间的交互产生。思科公司预计,到 2016 年,数据中心网络流量将达到 $4.8ZB(1ZB=10^{12}GB)$,而数据中心网络之外的广域网流量约 1.3ZB。换言之,未来数据中心网络流量将成为互联网流量的主体。因此,数据中心网络的创新将极大地推动下一代互联网的发展。

与广域网相比,数据中心网络具有集中管控等鲜明特点,进而有利于网络创新技术的探索和部署。互联网技术创新的主要难点之一在于众多运营商之间的协调和博弈,缺乏部署实现的激励机制。而数据中心往往由一个公司或部门运行专门的服务,因此数据中心提供商为了提高服务性能和收益,可以根据应用需求定制网络架构和协议,并进行创新网络技术部署。Google 公司在其数据中心网络中全面部署 OpenFlow 架构,就是一个典型的例子。

数据中心网络研究已经成为了学术界和工业界共同关注的焦点领域,也是国家战略性新兴产业和重大基础设施建设的重要发展方向。数据中心的可持续发展仍然面临着一系列关键基础性问题,也为数据中心网络的理论和技术研究提出了一系列挑战。本书主要关注拓扑结构设计优化及东西向流量的协同管理两个方面。

1.3.1　功能可灵活定制的数据中心网络

传统数据中心网络只能提供有限的功能和已知的网络服务。其根本原因在于传统网络设备(如交换机、路由器等)的控制平面和数据平面紧密耦合,只能转发标准的或预定义的数据包,不具有动态性和灵活性。如果用户需要定制一项当前数据中心网络不支持的网络功能及服务,则必须购买和重新部署专业的网络设备。这不仅需要较长的设计周期和大量的网络扩展费用,而且会致使目前的工作发生中断。当今,数据中心的网络应用需求变得日益丰富和灵活多样,为了提高数据中心的服务质量,需要针对不同的应用需求对网络功能进行灵活配置。另外,数据中心网络流量难以预测、网络设备可靠性低等环境特征,也对网络的可动态灵活配置功能提出了新的需求,致使数据中心的传统网络架构面临严峻的挑战。

软件定义网络 SDN 是近年来涌现的新兴网络技术[28]。SDN 的核心思想主要有两点:第一,提高硬件平台的可编程性,可以快速实现新型网络功能的配置,满足灵活多变的应用需求;第二,将网络控制层面与数据转发层面分离,把软件控制功能放到网络管理器上,从而提高了网络的管理控制能力。对于 SDN 技术是否可应用于广域网环境,目前学术界和工业界还存在不少争议,但一般认为数据中心网络是 SDN 技术的理想应用环境。创建软件定义的数据中心网络基础设施,是提高网络性能、实现多租户网络共享以及控制网络能耗的基本保障。美国斯坦福大学提出的 OpenFlow 协议是当前最具代表性的 SDN 协议。然而由于 OpenFlow 协议存在数据转发流程过于复杂、转发设备处理功能非常有限等问题,当前学术界正在积极探索其他可能的 SDN 架构。

尽管可编程网络以及软件定义网络的研究为数据中心的网络功能定制提供了必要的条件,但是传统网络设备稀缺的计算、内存等资源严重限制了可定制网络功能的类型和数量。原因在于,数据中心中对数据流在传输过程中进行日益精细而复杂的处理,如数据流缓存、数据流分析、数据流网内处理等,这些网络服务消耗了大量的网络设备资源。例如数据流深度分析消耗了大量的计算和内存资源,数据流自定义路由则需要频繁地查询路由表而消耗了大量内存资源等。日益迫切的网络功能定制需求与网络设备稀缺的硬件资源之间的矛盾,给建立数据中心网络基础设施带来了前所未有的困难和挑战。

1.3.2　横向可扩展的数据中心网络

数据中心力图满足不同类型的用户对于计算、存储等多种资源的网络化访问需求。随着用户需求的日益增长,数据中心必须具备计算、存储、网络资源的按需扩展能力,从整体上形成计算、存储、网络等资源的规模效应和优势。有效互联上万台甚至更大规模服务器,是数据中心提供网络化计算和网络化存储的前提。依靠扩充交换机端口数量或提升端口速率的纵向扩展方法已经远远不能满足数据中心网络的规模扩展需求,并且性价比很低。因此,迫切需要对数据中心的规模扩展方式进行改进,探索各种横向扩展模式,进而连接更多的交换机和服务器以实现计算性能和存储容量的按需扩展。

通过特定网络拓扑结构衔接大量服务器而成的数据中心是承载各类应用

和服务的基础设施。数据被分割存储到各台服务器的存储设备之后,大量数据密集型作业被并发加载和分配到多台服务器上独立执行不同的任务。在执行每个任务时需要提取和处理大量分布存储的数据,并产生大量的内部流量传输,这使得数据中心流量从传统的"南北流量"为主演变为"东西流量"为主,这对云数据中心的聚集带宽等网络性能提出了很高的挑战。虽然各种数据中心网络都可确保计算性能和存储容量随服务器数量呈线性增长,但是在聚集带宽、传输时延等网络性能上的差异直接决定了其整体的可用性。因此,数据中心网络不仅是连接大规模服务器进行大型分布式存储和计算的桥梁,更是提高云计算服务性能的关键资源。

传统数据中心网络普遍采用树型互联结构。典型的树型互联结构由 3 层交换机互联而成,分别是接入层交换机、汇聚层交换机和核心层交换机,这种结构已经不能很好地适应当前云计算业务对数据中心的需求。因此,迫切需要研究数据中心网络的新型横向扩展结构。当前虽然已有不少关于数据中心网络横向扩展的研究,但大多是基于同构设备且缺乏对设备和链路故障的充分考虑。同时,数据中心的规模需随业务量及用户数量的增加按需渐进地扩展,硬件技术的快速革新使得数据中心在扩容和维护过程中不可避免地引入异构服务器和网络设备。为了提高数据中心的资源利用率,数据中心网络拓扑必须具有异构扩展能力。此外,数据中心为降低设备成本,开始考虑采用通用设备来替代各种昂贵的专用设备,从而降低了硬件成本并取得很好的性价比。通用设备在大大降低成本并提高可维护能力的同时,其可用性和可靠性与专用设备相比都有不同程度的降低。因此,如何基于大量异构不可靠的服务器和网络设备构建系统层面可靠的数据中心,为横向可扩展的数据中心网络设计提出了更艰巨的挑战。

1.3.3　数据中心网络资源的高效复用

数据中心的核心价值之一在于资源的高效统计复用。在给定硬件设施的条件下,尽可能地通过软件技术来优化数据中心网络资源利用率,提高数据中心上层应用性能和用户体验的内在需求。当前,云数据中心网络所运行的网络协议基本上都是为广域网环境设计的。由于数据中心的网络环境与广域网有非常大的差异,比如流量突发性强且不可预测、端到端带宽极高、端到端时延极低等,导致现有网络协议对数据中心网络资源的利用率很低。已有研究表明,传统的网络协议,如路由协议 OSPF,在链路资源密集的数据中心网络环境下,不但无法充分利用链路资源,而且收敛速度极慢,难以满足数据中心作业的高速数据传输需求。在广域网上得到成功应用的数据传输协议 TCP 在数据中心网络的高带宽环境下的运行效率也非常低,TCP Incast 问题甚至会使得网络带宽利用率低于 10%,被称为"吞吐率坍塌"现象。

在软件定义的可定制网络框架下,如何设计新型的路由和传输协议,以提高数据中心网络的资源利用率并提升上层应用的性能,是非常具有挑战性的问题。此外,软件定义的数据中心网络架构,为网络资源、计算资源和存储资源的联合优化提供了新的发展机会。分布式网络系统的整体性能往往取决于不同子系统的资源耦合程度。由于软件定义的数据中心网络架构将网络控制功能从网络转发设备中分离出来,可以通过网络控制器与计算系统控制器、存储系统控制器之间的信息交互,更好地感知应用需求和数据存储状况,并且对不同类型的资源进行协同控制,进一步提升资源利用率和服务质量。因此,数据中心网络需要研究如何通过软件定义网络技术对网络、计算和存储资源进行联合优化,以极大地提高云数据中心的资源使用效率。

1.3.4　数据中心的网络虚拟化

在大量用户竞争使用网络资源的数据中心环境下,需要实现网络资源的有效共享和安全隔离。虚拟化是保障数据中心安全和实现资源复用的重要技术,因此,虚拟化技术在数据中心尤为重要。传统的计算虚拟化和存储虚拟化技术相对成熟。通过计算虚拟化技术,用户使用数据中心的计算资源而不用担心物理计算机的管理、维护和升级,同时还能实现计算资源的隔离和复用。通过存储虚拟化技术,既可以让用户使用海量的存储空间,又能保障用户数据的备份和安全。随着计算虚拟化和存储虚拟化技术的成熟,按需使用、按需付费的理念正在变成现实,并将成为未来数据中心的主要使用方式。

在实际应用中,很多用户所需的计算资源往往多于一个虚拟机,而虚拟机之间需要网络互联和信息交互,因此这些虚拟机组成了虚拟数据中心网络。其之所以被称为虚拟网络,是因为这些网络实际上共存于同一物理数据中心网络之上。网络资源的天然共享特性,使得不同用户的虚拟网络之间还将竞争实际物理网络的带宽。出于安全考虑,不同用户的虚拟数据中心网络需要进行隔离,属于不同虚拟网络的虚拟机在缺省配置下应不能互相通信。相对于计算和存储系统的虚拟化,网络虚拟化技术的发展相对滞后。当前,数据中心的多用户之间采用"尽力而为"的方式共享网络资源,每个租户得到的网络带宽不可预测,且存在流量泄露问题,严重影响了用户的服务体验。综合来看,当前的数据中心网络不能很好地支持虚拟数据中心网络的流量隔离和带宽保障。

在软件定义的数据中心网络中,可以通过网络控制器维护全局网络拓扑信息、用户对资源占用信息等,为实现数据中心网络的虚拟化管理提供灵活的控制平台。但在多用户参与资源竞争的网络环境下,如何处理不同用户可能配置相同的 IP 地址或 MAC 地址的问题、如何保证每个用户的流量不泄露到其他网络、如何实现虚拟数据中心网络中高效率的虚拟机迁移、如何保障每个用户在共享网络中得到公平的带宽分配,都将是亟待研究的挑战性难题。

1.3.5 关联性流量的协同传输问题

虽然横向可扩展的数据中心网络研究能在一定程度上实现数据中心的大规模扩展和网络容量的大幅度提升,但是网络资源的天然共享特性使得数据中心的应用面临着严峻的挑战。具体而言,数据中心承载各类服务和应用时需频繁提取和处理分布存储的数据,这些密集的内部数据交互活动产生了庞大的内部"东西流量",从而令网络资源严重制约了数据中心应用的服务质量。同时,数据中心为各类上层应用提供多种分布式计算框架以分析处理庞大的数据。很多计算框架采用流式计算模型,导致相邻处理阶段传输大数据量的中间运算结果,不仅消耗了大量的网络资源,而且严重制约了任务和应用的总体完成时间。比如,Google 公司的数据中心在向用户提供前端搜索服务时,需要在后端数据中心对海量网页数据进行大规模的实时分析和挖掘。一对多的 multicast、多对一的 incast 以及多对多的 shuffle 是这些计算框架最重要的流量传输模式,因为其占据了数据中心的大部分"东西流量",而且上层应用决定了这些流量具有内在的关联性。已有研究表明,现代数据中心的内部流量已从传统的"南北流量"为主演变为"东西流量"为主,导致数据中心的内部网络性能成为整个系统的瓶颈。

尽管研究人员力图通过设计新型互联结构来不断提高数据中心的网络传输能力,但是对数据中心现有传输能力的高效利用更为重要。以 MapReduce 为代表的各种分布式计算框架决定了组成一个 multicast、shuffle、incast 的众多数据流之间存在很大的数据关联性,进而可以获得非常大的数据流聚合增益。但是,现有的流量管理模式不具备发掘和利用这种增益的能力,因而无法大幅度降低对数据中心稀缺网络带宽的消耗。软件定义网络引入数据中心之后,通过和上层应用的联合设计优化,可在不影响应用效果的前提下从源头上大幅降低关联性流量造成的网络传输开销,进而降低对数据中心稀缺网络带宽的消耗。具体涉及如下多个方面的难题。

(1) 关联性流量的网内聚合问题 以 MapReduce 为代表的各种分布式计算框架决定了组成一个 multicast、incast、shuffle 的众多数据流之间存在很大的数据关联性。尤其是 shuffle 和 incast 的数据流之间还存在可聚合性,因此这些关联性流量抵达相应的接收端后往往执行各种聚合操作。虽然这些聚合操作能大幅度降低数据传输量,但在网内传输环节却无法发挥作用。通过研究关联性流量的网内聚合问题,可使 incast 和 shuffle 的关联性数据流在其传输过程执行流量的聚合操作,而不用等到接收方对全体数据流统一进行聚合操作,从而大幅度降低了这些关联性流量传输造成的网络开销。

(2) 关联性流量的协同传输问题　对组成同一个 incast 的诸多关联性流量实施网内聚合需要一定的先决条件,即这些流量在传输过程中要在某些途径的网络节点上交汇,进而进行数据流的缓存和聚合操作。虽然关联性流量的网内聚合在理论上能够有效降低传输造成的网络开销,但是现有的流量管理模式不具备充分发掘和利用这种增益的能力。原因在于 incast 的诸多关联性数据流在传播过程中难以尽可能早地交汇以实施网内聚合操作。通过研究关联性流量的协同传输问题,根据基于数据中心的网络拓扑结构和 incast 或 shuffle 参与成员的位置信息,即可构造传输代价尽可能小的协同传输树结构,从而大幅度降低对数据中心稀缺网络带宽的消耗。

(3) 不确定性关联流量的协同传输问题　数据中心内"东西流量"的产生和传播往往与应用对分布式计算资源和存储资源的分配方案息息相关,不同的计算和存储资源分配方案会导致同一应用产生截然不同的内部流量集合。关联性流量的协同传输没有涉及这一本质影响,仅仅关注应用层面流量产生之后的网络资源管理。此时,针对 multicast、incast 以及 shuffle 传输模式的流量协同传输研究能够有效降低对稀缺网络资源的消耗。但是,在计算和存储资源分配方案不定时,同一应用产生的中间流量面临不确定的源头和目的地,进而在传播过程中占用不同的链路资源,致使运用流量协同管理机制所节省的网络资源差异很大。因此,迫切需要研究如何通过联合优化计算与网络、存储与网络以解决好不确定性关联流量的协同传输问题。

1.3.6　数据中心网络能耗的协同控制

数据中心数量和规模的不断增长导致了巨大的能耗开销,带来了巨额的运维成本和严重的碳排放污染,如何对数据中心进行有效的能耗管理、提高能源利用率、降低巨额能耗,具有重要的经济效益和社会影响,成为绿色数据中心迫切需要解决的问题。当前,不少企业的数据中心建在河边、海上或者山下,目的是借助水利发电、风能发电或自然环境对数据中心降温,但是这样的做法仍然不能有效解决数据中心的高能耗问题,主要原因是没有从数据中心本身的设计入手,优化组织结构和工作模式。单一维度的能耗优化方法不能实现全局能耗的大幅度降低。为了有效控制数据中心基础设施的能耗并建设绿色数据中心,需要从底层硬件节点(包括网络设备、计算节点、存储节点)、上层协议运行(包括虚拟机迁移和路由策略)、再到外围供能系统宏观运维等多层次进行能耗的协同控制。多类型能源尤其是清洁能源的优化使用,对建设绿色数据中心将具有重要意义。

现代数据中心网络的建设倾向于采用大量网络设备来进行服务器连接,网络设备在当前数据中心中耗电比例占到了 20% 左右,而随着服务器休眠和动态电源管理技术的采用,该比例值还将继续升高。近年来新提出的"富连接"拓扑结构都使用大量的网络设备和链路互连服务器,以应对网络峰值负载。然而大部分时候,网络的负载远低于峰值负载,造成了大量网络能量的浪费。因此,数据中心网络层面的能耗控制在整个数据中心的节能方案中必不可少,而且其能耗控制策略也直接影响着计算设备层面的节能策略。数据中心网络的节能管理机制大致有两类思路:一类是设备级节能技术,另一类是网络级节能机制。前者从硬件设计和实现的角度出发研究如何降低单个网络设备的能耗,而后者利用网络路由和流量控制等手段来优化数据中心网络的能耗使用效率,以实现网络总能耗最小化的目标。

为了降低交换机等网络设备层面的能耗,最朴素的能耗控制策略是将空闲的网络设备切换到休眠模式。当设备有网络负载需要处理时,使用工作模式对报文进行全速的处理、转发;当一段时间内没有负载到来时,可将其休眠以节省网络设备自身的能耗。但是,简单地使用休眠机制很难大幅度降低网络设备的能耗,并且会对网络性能造成较大的影响。近年来,动态速率调节技术的出现为网络设备级的节能能耗提供了更细粒度的控制方式。其基本思想是,根据网络负载的变化情况动态调节网络设备部件的处理速率,使得网络系统能够在低负载时有效地节省能耗。网络设备的传输速率配置参数是影响其能耗的一个重要因素。例如:当链路速率从 100Mbps 分别增大到 1Gbps 和 10Gbps 时,其能耗将会分别增加 2W~4W 和 10W~20W。然而,当前网络设备在空闲状态和满负载状态的能耗基本相近。因此,该机制能够使网络系统工作在不同的服务速率和相应的能耗水平上,从而能够改善网络设备的能耗与负载成比例的特性,提高其能量使用效率。

数据中心网络流量随时间变化呈现较大的波动,这为网络级的节能机制设计带来了非常大的挑战。但在软件定义数据中心的网络框架下,网络控制器可以通过带外(out-of-band)方式获取数据中心网络的温度和能耗信息、网络流量信息等,并以软件控制的方式进行流量整形(traffic shaping)和聚合、网络的节能流量工程、节点休眠和唤醒状态转换等自动能耗控制。因此,为了实现多维度的协同能耗控制,软件定义数据中心网络需要研究如何实时高效地感知网络能耗信息、如何在不影响网络性能和可靠性的前提下实现节能流量工程,并尽可能地使用清洁能源。

参考文献

[1]　Data Center[EB/OL].[2016-01-18]. https://en. wikipedia. org/wiki/Data_center.

[2]　Ghemawat S, Gobioff H, Leung ST. The Google file system[C]. In: Proc. of the 19th ACM SOSP. New York, 2003, 29-43.

[3]　Dean J, Ghemawat S. MapReduce: simplified data processing on large clusters[J]. Communications of the ACM, 2008, 51(1): 107-113.

[4]　Chang F, Dean J, Ghemawat S, et al. Bigtable: a distributed storage system for structured data[J]. ACM Transactions on Computer Systems (TOCS), 2008, 26(2): 4.

[5]　中国计算机学会学术工作委员会. 中国计算机科学技术发展报告[M]. 北京:清华大学出版社,2009.

[6]　Juve G, Deelman E, Vahi K, et al. Scientific workflow applications on Amazon EC2 [C]. In: Proc. of the 5th IEEE International Conference on e-Science Workshops. Oxford, 2010, 59-66.

[7]　Sempolinski P, Thain D. A comparison and critique of Eucalyptus, OpenNebula and Nimbus[C]. In: Proc. of the 2nd IEEE Cloud Com. Indianapolis, 2010, 417-426.

[8]　Nurmi D, Wolski R, Grzegorczyk C, et al. The Eucalyptus open-source cloud-computing system[J]. Cloud Computing & Its Applications, 2009, 124-131.

[9]　Sotomayor B, Keahey K, Foster I. Combining batch execution and leasing using virtual machines[C]. In: Proc. of the 17th ACM HPDC. Boston, 2008, 87-96.

[10]　Krishnan SPT, Gonzalez JLU. Building your next big thing with Google cloud platform[M]. ACM Press, 2015.

[11]　Chappell D. Introducing the windows Azure platform[J]. David Chappell & Associates White Paper, 2010.

[12]　刘云浩. 物联网导论[M]. 北京:科学出版社,2010.

[13]　[EB/OL].[2016-01-18]. https://cloud. google. com/why-google/#support.

[14]　[EB/OL].[2016-01-18]. https://aws. amazon. com/cn/.

[15]　Shvachko K, Kuang H, Radia S, et al. The Hadoop distributed file system[C]. In: Proc. of the 26th IEEE MSST. Nevada, 2010, 1-10.

[16]　Jin H, Lbrahim S, Bell T, Qi L, et al. Tools and technologies for building clouds [J]. Computer Communications & Networks, 2010, 3-20.

[17] Grossman R, Gu Y. Data mining using high performance data clouds: experimental studies using sector and sphere[C]. In: Proc. of the 14th ACM SIGKDD. Las Vegas, 2008, 920-927.

[18] Isard M, Budiu M, Yu Y, et al. Dryad: distributed data-parallel programs from sequential building blocks[C]. In: Proc. of the 23rd ACM SOSP. WA, 2007, 41(3): 59-72.

[19] Peng D, Dabek F. Large-scale incremental processing using distributed transactions and notifications[C]. In: Proc. of the 11th Usenix OSDI. Vancouver, 2010, 4-6 .

[20] Malewicz G, Austern M, Bik A, et al. Pregel: a system for large-scale graph processing[C]. In: Proc. of the ACM SIGMOD. Indianapolis, 2010, 135-146.

[21] Melnik S, Gubarey A, Long J, et al. Dremel: interactive analysis of Web-scale datasets[J]. Comunications of the ACM, 2011, 54(6): 114-123.

[22] Yu Y, Isard M, Fetterly D, et al. DryadLINQ: a system for general-purpose distributed data-parallel computing using a high-level language[C]. In: Proc. of the 9th Usenix OSDI. San Diego, 2008, 1-14.

[23] Zaharia M, Chowdhury M, Franklin MJ, et al. Spark: cluster computing with working sets[J]. HotCloud, 2010, 15(1): 1765-1773.

[24] Low Y, Gonzalez J, Kyrola A, et al. GraphLab: a new framework for parallel machine learning[J]. Eprint Arxiv, 2014.

[25] Toshniwal A, Taneja S, Shukla A, et al. Storm@twitter[C]. In: Proc. of the ACM SIGMOD. Snowbird, 2014, 147-156.

[26] Buck J, Watkins N, Lefevre J. SciHadoop: array-based query processing in Hadoop [C]. In: Proc. of the 25th ACM SC. Seattle, ACM, 2011, 1-11.

[27] Wang F, Lee R, Liu Q, et al. Hadoop-GIS: a high performance query system for analytical medical imaging with MapReduce. Technical Report, Emory University, Aug 2011.

[28] Xie J, Guo D, Hu Z, et al. Control plane of software-defined networks: a survey[J]. Computer Communications, 2015, 67: 1-10.

第 2 章
数据中心网络互联结构的研究现状

数据中心网络的基本设计目标是采用特定的网络互联结构高效地连接大量服务器和网络设备,获得网络化计算和网络化存储方面的综合优势。其中,网络互联结构的设计是影响网络性能的决定性因素。本章对当前数据中心网络的最新互联结构进行了归纳总结,从构建规则、路由算法、网络性能等方面进行了对比分析。同时,将当前数据中心的网络互联结构按照5种类型进行归类,以揭示数据中心网络互联结构设计理念的发展和变化。这5种类型分别是交换机为核心的互联结构、服务器为核心的互联结构、模块化数据中心的互联结构、随机型数据中心的互联结构以及无线数据中心的互联结构。最后,本章总结了数据中心网络互联结构设计方法的演进路线,并对未来数据中心网络互联结构的发展趋势进行了展望。

2.1 引言

数据中心已经成为国家和企业级的核心基础设施,网络互联结构是影响其网络性能的首要因素。随着越来越多的数据中心允许服务器参与网络转发以及交换机参与网内计算和存储,一体化的数据中心网络所考虑的不仅是设备之间的通信协议,更主要的是把交换机和服务器作为一个整体进行拓扑互联、性能优化、资源管理和能耗控制,使数据中心这一核心基础设施在网络化计算、网络化存储和网络通信等方面获得综合优势。

当前云计算和大数据的发展面临着一系列来自基础设施层面的制约,这也为数据中心的设计提出了新的理论和方法要求。

(1)对扩展方式的要求　传统数据中心的规模扩展主要依赖增加交换机端口数量或提高端口速度的纵向扩展方式[1],但这种扩展模式已不能满足数据中心的规模扩展要求。因此,迫切需要对数据中心的规模扩展方式进行改进,以探索各种横向扩展模式。

(2)对网络互联结构性能的要求　作为承载海量服务和应用的基础设施,数据中心力图满足大量用户对于计算、存储等多种资源的网络化访问需求。网络带宽一直是大型数据中心的稀缺资源,直接影响着数据中心应用的整体性能[2]。

(3)对容错能力的要求　在大型数据中心中,硬件或软件故障变得常态化[3,4],数据中心必须在各类故障发生时保证数据的安全并能在极短时间内消除故障带来的损害,为客户提供正常、可靠的服务。

(4)对节约成本和能耗的要求　现代数据中心开始逐步使用通用设备来代替专用设备,用以降低硬件成本并取得很好的性价比。数据中心规模的不断扩大导致巨大的能耗开销,带来了巨额运维成本和能耗问题。数据中心的各项开销中将近15%用于能源供应[5],因而,学术界和工业界一直在追求绿色数据中心的设计和建设[6]。

时至今日,针对不同需求而提出的新型数据中心网络互联结构数量繁多,互联规则、路由算法也多种多样。作为数据中心研究的一个重要方向,有必要将当前结构分门别类,梳理其发展脉络。根据参与转发和路由设备的差异性,此前的分类方法大多将数据中心的网络互联结构分为以交换机为核心和以服务器为核心两个大类。本章提出按照构建规则和互联技术将现有互联结构划分为五大类,以此为基础细致揭示典型互联结构的拓扑特性及设计理念的发展规律,以期对现有的设计方案进行整合,并为研究人员带来新的启示。

本章将现存网络互联结构纳入如图2-1所示的分类体系,主要涵盖5种类型,分别是以交换机为核心(switch-centric)的互联结构、以服务器为核心(server-centric)的互联结构、模块化数据中心的互联结构、随机型数据中心的互联结构和无线数据中心的互联结构。以交换机为核心的互联结构依靠交换机实现互联和路由。相反地,以服务器为核心的互联结构允许服务器配备特殊

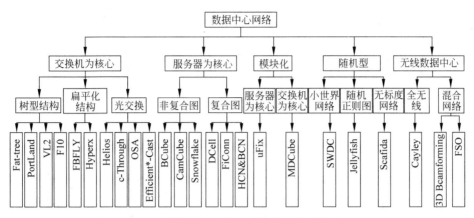

图 2-1　数据中心网络互联结构的分类体系图

网卡之后参与网络互联和路由。模块化数据中心将小规模服务器集成到拥有冷却、维护、传输等功能的集装箱容器当中,再将这些模块互联成为大型数据中心。随机型数据中心在网络互联层面引入少量的随机连接将相隔较远的服务器或交换机互连,从而减小网络直径。极高频技术(60GHz)和激光通信技术能够提供高数据传输速率[7,8],因此被用于构造无线数据中心网络。这种方案不仅可以大幅度地降低布线成本,而且还能补充和提高数据中心有线网络的性能。在对这 5 类互联结构进行详细论述之后,本章对数据中心互联结构的发展方向进行了展望。

2.2　以交换机为核心的网络互联结构

以交换机为核心的数据中心网络互联结构包含 3 种类型,分别是树型互联结构、扁平化互联结构和光交换互联结构。

传统的树型互联结构使用 3 层交换机进行级联,分别是接入层、汇聚层以及核心层交换机。该互联结构存在顶层交换机的性能瓶颈和单点失效问题。为此,Fat-Tree[9] 被设计用于保证整个互联结构无阻塞传输的同时摒除原有的单点失效问题。为了拓展虚拟化技术在数据中心中的运用以及增加网络灵活性,PortLand[10] 和 VL2[11] 分别修改了交换机和服务器端的协议以支持虚拟机迁移。同时,一些学者不断对 Fat-Tree 进行优化和再设计,王聪等人额外增加聚合层和核心层交换机与接入层交换机互联以解决带宽瓶颈问题[12],F10[13] 则打破了 Fat-Tree 的结构对称性以增强网络的容错能力。

Fat-Tree 等树型互联结构普遍采用层次化互联结构,而且各层网络设备的能力往往表现出异构性。与之不同,FBFLY[14]和 HyperX[15]提出了同构交换机的扁平化互联思路。二者都采用了通用超级立方体的互联结构,但 FBFLY 更侧重降低数据中心网络层面的能耗,而 HyperX 则追求在给定网络资源条件下的最优互联结构。

光交换技术以其高速率、稳定性、安全性等独特优势在数据中心的网络互联结构设计中得以运用。Helios[16]和 c-Trough[17]分别在树型互联结构的核心层和接入层中引入光交换机,使网络中光纤链路和分组链路并存。OSA[18]则摒弃电信号交换机和分组链路,引入光交换矩阵(optical switching matrix)和波长选择开关(wavelength selective switch)设备,电信号在机架顶端被转换为光信号,到达目的地机架之后又被转换为电信号。这 3 种网络互联结构都只是把光交换设备作为加速设备引入到现有的网络互联结构。Efficient ∗-Cast[19]真正让光交换设备参与到整个互联结构的构建中,通过对光交换设备的动态重组来支持不同的模式流量。

2.2.1 树型互联结构

1. Fat-Tree

Fat-Tree[9]采用 3 层互联结构进行交换机级联,最终形成具有无阻塞通信能力的 Clos 网络结构。其中,接入层交换机和汇聚层交换机被划分为不同的Pod。单个 Pod 内的每个接入交换机和全体汇聚交换机相连构成完全二分图。同时,每个汇聚层交换机与一部分核心层交换机相连。Fat-Tree 中为实现服务器之间的无阻塞通信,要求配备足够多的聚合交换机和核心交换机。假设每台交换机有 k 个端口,Fat-Tree 把接入层和汇聚层分为 k 个 Pod,每个 Pod 包含接入层和汇聚层各 $k/2$ 台交换机,每台交换机分配 $k/2$ 个端口连接低层设备,用另外 $k/2$ 个端口连接上一层设备。所有 Pod 与核心层交换机之间互联成为全连通二分图,因此,核心层需要 $k^2/4$ 台交换机,接入层和汇聚层则各需要 $k^2/2$ 台交换机。

Fat-Tree 使用通用交换设备代替专用交换设备,并保证了任意层次之间的聚合带宽都是相等的,从而解决了多根树中聚合带宽不平衡而导致的带宽瓶颈问题。同时,由于在汇聚层存在足够多的交换机,使得汇聚层中的带宽瓶颈问题和单点失效问题得到解决。图 2-2 展示了 $k=4$ 时的 Fat-Tree 网络互联结构。

2. Fat-Tree 的变种互联结构

Fat-Tree 是当前数据中心实际使用最广泛的网络互联结构,备受学术界的

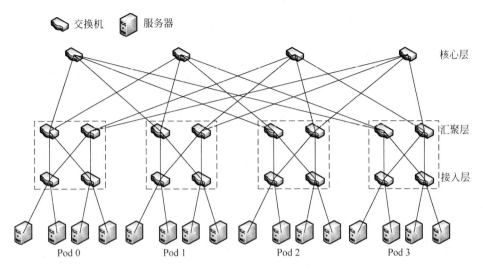

图 2-2　Fat-Tree 互联结构示意图

关注。目前已有不少学者对 Fat-Tree 进行优化和再设计，以期进一步提升其网络性能。

　　国内学者王聪等人在 Fat-Tree 的基础上设计了新的数据中心网络结构[12]。该变体由大量同构的可编程交换机组成，中间服务器将整个网络分成两个 Fat-Tree 的变体。每个 Fat-Tree 变体结构内部同样含有核心层、汇聚层和接入层，以此保证每台服务器的任意网络端口都能同时以所允许的最大传输速率进行通信，而不受网络通信带宽瓶颈的制约。该结构可容纳的服务器数量取决于交换机的端口配置。其优点是任意两台服务器之间的路径众多，从而提供了高连通性和吞吐量，但比 Fat-Tree 使用更多的交换机，硬件成本不容小觑。

　　另外，也有研究者提出 F10 互联结构，打破了 Fat-Tree 互联结构严格的对称性以增加绕过故障节点的路径数量[13]。F10 拥有故障处理的 3 层机制：①通过本地重路由机制（local rerouting）能快速绕过故障节点；②通过回滚消息（pushback notification）让交换机获知可绕过故障节点的路径，进而实现局部流量的传输优化；③持续的并发故障会使整个树型结构的负载均衡遭到破坏，F10 采用集中式调度器对流量从全局进行调度，持续时间长的流依据流量大小分配链路，持续时间短的流则采用加权等价多路径策略（ECMP）进行路由。同时，F10 要求故障节点主动报告故障事件，避免采用心跳检测的故障检测机制，实现故障的快速检测。总之，F10 综合考虑了网络互联结构、路由机制和故障探测方法等多方面因素，能实现高效快速的故障检测和恢复。

3. PortLand & VL2

与以太网相比,数据中心网络拥有更丰富的链路资源,故适用于以太网的二层、三层网络协议并不能很好地适用于数据中心网络。这些协议在数据中心网络中或多或少面临着可扩展性、通信灵活性及虚拟机迁移等方面的问题。基于对数据中心互联结构和网络虚拟化需求的分析,PortLand[10] 提出了高可扩展和容错的二层路由协议。出于对网络敏捷性和高效性的要求,VL2[12] 指出,数据中心应该支持服务器池层面的动态资源分配。VL2 使用:①扁平寻址,从而允许服务实例被放置到网络覆盖的任何位置;②按照负载均衡准则将流量统一分配到网络路径;③终端系统的地址解析能力可支持规模较大的虚拟服务器池,并不需要将网络复杂度传递给网络控制平台。

PortLand 以 Fat-Tree 为基础,并对网络协议进行了改进。具体而言,其路由协议基于层次式的伪 MAC 地址(PMAC),借助主机 MAC 与 PMAC 的映射,避免了对服务器端进行修改。此外,PortLand 使用集中式控制来实现 ARP 以及路由的容错。同时,利用 Fat-Tree 结构的对称性,设计了基于位置信息的路由协议,交换机根据位置信息自动配置自己的地址,不需要管理人员进行人工配置。因此,PortLand 能够很好地支持虚拟机的迁移。

VL2 采用 Clos 结构以提供丰富的链路多样性和高的对分带宽,其使用的 VLB 路由方法会随机选择一条路径以保证网络的负载均衡。VL2 内部采用两套 IP 地址,网络底层设施(所有交换机和接口)使用包含位置信息的 LAs(location-specific IP addresses)地址,交换机链路状态路由协议也只传播 LAs 以确保交换机知晓交换机层面的互联结构;而外部应用程序采用固定不变的 AAs(application-specific IP addresses)地址。LAs 和 AAs 之间通过一个目录系统维持映射关系。以 Clos 结构为基础,VLB 路由方法、两套 IP 地址以及目录系统将数据中心虚拟成为一个巨大的二层网络,以支持虚拟机迁移。与 PortLand 相比,VL2 的弊端是需要部署代理和对服务器进行配置,优势在于,如果源服务器到目的服务器的访问遭到拒绝,目录服务器可拒绝提供 LA,因此 VL2 能强制进行访问控制[20]。

2.2.2   扁平化互联结构

Fat-Tree 作为典型的树型互联结构,仍然面临很多挑战。首先,Fat-Tree 的扩展性不足,难以满足大规模数据中心的应用需求。其次,Fat-Tree 的扩展成本高,需要增加大量的汇聚层和核心层交换机。最后,Fat-Tree 的容错性不强,MSRA 的研究结果表明:Fat-Tree 对低层交换机故障非常敏感,严重影响了系统性能[21]。因此,研究者们另辟蹊径,摒弃传统的三层树型结构,基于通用的高端口同构交换机构造扁平化的网络互联结构。例如 FBFLY[14] 和 HyperX[15]将交换机互联为通用超级立方体结构,获得了互联结构的高可扩展、高带宽以及高容错能力。

　　给定 N 个节点,按照如下互联规则可构造出通用超级立方体[22] (generalized hypercube)结构。每个节点的标识符用 n 维元组表示为 $X = x_n \cdots x_i \cdots x_1$,其中任意$0 \leqslant x_i < k$,不再是标准立方体互联结构所采用的二元变量。当且仅当两个节点的标识符在一个维度上存在差异时,二者可以互联。与标准的立方体互联结构相比,其具有高容错、高连通性和低网络直径等拓扑特性。FBFLY 的出发点是设计能有效降低数据中心能耗的网络互联结构。FBFLY 采用大量同构的高密度端口交换机进行网络互联。FBFLY 是 k-ary n-flat 结构,其本质上是多维的通用超级立方体结构,所有交换机被排列到多个维度,每个维度的交换机之间互联成全连通图。图 2-3 给出了一个 8-ary 2-flat 的 FBFLY 结构,每个节点表示一个具有 16 端口的交换机,而全体 8 台交换机排列在第 1 个维度,每台交换机用 8 个端口连接 8 台位于第 2 个维度的服务器。每台交换机用 7 个端口互联第 1 个维度内其他 7 台交换机,最终总共接入 64 台服务器。该结构去除了对汇聚层和核心层交换机的需求,并能根据网络流量的状态动态地将部分网络设备调整到低功耗状态,进而降低数据中心网络设备的能耗。

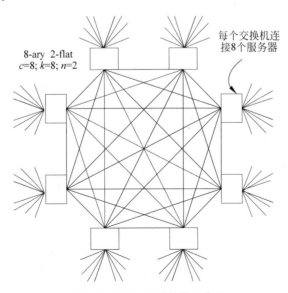

图 2-3　FBFLY 互联结构示意图

　　HyperX 则是一种扁平蝴蝶结构(flattened butterfly)，其实质也是通用超级立方体。在如图 2-4 所示的 HyperX 中，每台交换机连接固定数量的终端，所有交换机被映射到超级立方体结构中，并使处于相同维度的交换机互联形成完全图。在交换机端口数量、带宽要求和网络规模确定的前提下，可构造出最佳的扁平化互联结构。

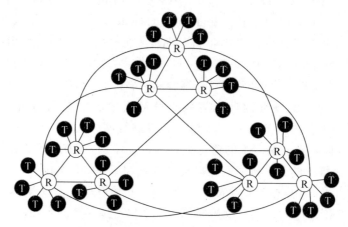

图 2-4　HyperX 互联结构示意图

　　与 FBFLY 和 HyperX 直接使用通用超级立方体进行扩展和组网不同，R3[23] 则将通用超级立方体和随机正则图进行结合，以求实现规则型和随机型网络互联结构的优势融合。罗来龙等人采用复合图(compound graph)理论提出了全新的互联结构设计方法，可将两种互联结构的优势相互结合，并避免各自的不足。具体而言，给定依据某种随机结构互连的一系列数据中心基本模块，按照某种规则互联结构将这些基本模块相互连接成为一个整体。在这种设计方法引导下，选用不同的规则互联结构和随机互联结构进行组合，能派生出不同的混合结构。图 2-5 给出了随机正则互联结构和超级立方体互联结构基础之上的混合结构 R3。

　　至此，随机正则结构的易增量扩展和通用超级立方体的易路由特性在混合结构中得到有效融合。需要注意的是，从宏观上看，任何混合结构都体现为规则互联结构，而从微观上看，则表现为一个个随机互联结构。R3 提出的基于边着色的路由算法能够实现快速、准确的路径搜索。另外，在服务器数量和交换机端口数已知的前提下，R3 建立了整数规划模型对互联结构进行优化。为了实现增量扩展，R3 提出两种不同层面的扩展方法，即在基本模块内新增服务器和新增基本模块。实验结果显示，混合结构的路由灵活性和布线成本比纯随机互联结构 Jellyfish 更小，但却能获得比通用超级立方体更好的吞吐量。

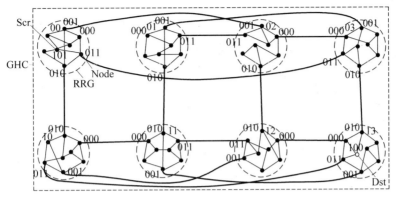

图 2-5 R3(G(2,4),3-RRG)互联结构示意图

2.2.3 光交换互联结构

1. Helios & c-Trough

当前,基于 MEMS(micro-electro mechanical switch)的光电路交换技术和波分复用技术使光交换用于数据中心的构建成为可能。

Helios[16]网络是两层多根树结构,若干服务器与接入交换机相连形成一个集群,接入交换机的同时还与顶层的分组交换机和光交换机相连,并提供分组链路和光纤链路。集中式的调度器负责进行流量管理,普遍采用 Hedera[24]迭代算法对未来的流量需求进行估算,并根据估算结果对网络资源实时地进行动态配置,令流量大的数据流使用光纤链路,流量小的数据流仍然使用分组链路,从而实现分组链路和光纤链路的互补和最佳利用[1]。

图 2-6 给出了 Helios 的构建示意图,接入层交换机一半端口与主机相连,

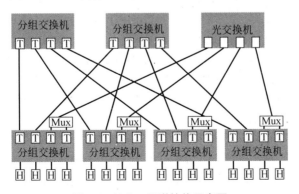

图 2-6 Helios 互联结构示意图

另一半端口则负责与上层交换机相连。其中,在与上层交换机相连的端口中,有一部分装备光发射器用于实现与上层光交换机的互连,而剩余部分端口则与上层分组交换机相连。由此一来,便实现了光交换与电交换的融合,依靠光交换机的快速转发和光纤的高带宽来提升网络性能。

c-Through[17]在3层的树型互联结构中引入光交换技术,其中所有接入层交换机都额外地与光交换设备相连,如图2-7所示。因此,c-Through既可以进行分组交换,也可以进行光交换。交换时由集中控制器对流量进行统计估计后决策。在c-Through的3层树型结构中,机架之间的流量既可以通过树型结构逐跳传输,也可以直接通过光网络单跳传输。

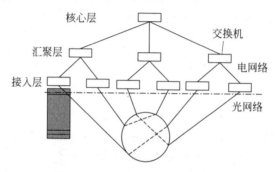

图2-7 c-Through互联结构示意图

2. OSA

Helios和c-Trough是混合的光网络互联结构,OSA[18]则完全是光网络互联结构。OSA摒弃了传统的树型结构,整个网络内部都采用光信号传输。如图2-8所示,每个机架上安装光收发器(optical transceiver)用于实现光电转换。机架发出的光信号通过多路复用器MUX(multiplexer)后能在一根光纤上传输,再通过波长选择开关WSS(wavelength selective switch)将不同波长的信号映射到不同端口,同时加入光环流器(optical circulator)实现双向传输,然后通过光开关矩阵(OSA采用MEMS)实现不同端口之间的交换。相反地,在接收其他机架传送来的信号时,MEMS端口中的信号通过光环流器到达耦合器进行耦合,分路器(DEMUX)将信号重新分为多个通道传输并到达机架。

c-Through和Helios只能实现单跳光信号传输,而OSA则能进行多跳光信号传输,只是在传输时需要不断地进行光电转换。OSA极大地增加了网络灵活性,提高了传输速率。但其缺点是网络规模受限于MEMS端口的数量,可扩展性受限。另外,每次交换都要进行光电转换,会在一定程度上不利于延迟敏感型应用。

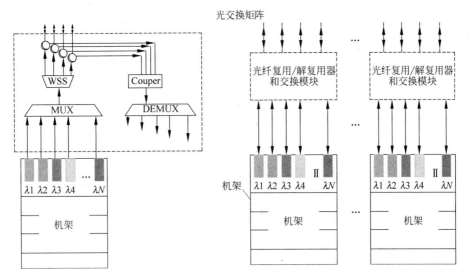

图 2-8　Helios 互联结构示意图

3. Efficient* -Cast

数据中心的上层应用产生的东西向流量模式包括 unicast、multicast、incast 以及 all-to-all。如何高效地支持这些数据密集型应用的流量模式目前还未得到很好的解决。Efficient* -Cast[19] 在机架交换机上安装固定波长的收发装置，通过波分复用技术连接到高阶空间光交换机 OSS（high-radix optical space switch），同时引入定向耦合器（directional coupler）、波长合路器（wavelength combiner）等光交换仪器。根据数据中心的内部流量类型，集中式控制器会将这些光交换仪器动态组合成可适应不同流量模式的物理层硬件功能模块。与此前的 3 种光互联结构类似，unicast 流量只需要 MEMS 即可实现。通过将多个波长的光信号分离到不同端口在物理层可实现 multicast，而定向耦合器与波长合路器结合后可支持大规模的 multicast 流量。至于 incast，可以用波长操纵器（wavelength manipulator）将来自不同信源的信号集成到单个端口，而信源剩余信道则能用于其他类型的流量传输。All-to-all 则能通过上述 3 种方式的结合来实现。Efficient* -Cast 充分利用光交换仪器的优良品质，支持模块化和增量扩展，比传统的电信号分组交换具有能耗优势。

2.3　以服务器为核心的网络互联结构

将服务器纳入到数据中心的组网和路由主要基于以下考虑。首先，服务器软/硬件平台的开放性和高可编程能力，为数据中心内进行更灵活的网络功能创新和定制提供了便利条件。其次,服务器配置了多个网络端口,这使得通过服务器进行网络扩展在硬件上成为可能。最后,出于成本考虑,以服务器为核心的数据中心主要依靠服务器实现组网和路由功能,而交换机只起到纵横式交换功能,因此普通的交换机便能满足要求,不再需要价格高昂的汇聚层和核心层高端交换机。以服务为核心的互联结构通常以递归方式构造,高层网络由多个低层网络互联而成,实现逐级扩展。我们将该类型结构分为复合图结构和非复合图结构以揭示其拓扑特性。

2.3.1　基于复合图的互联结构

复合图 $G(H)$ 是指给定两个正则图(节点度相等)G 和 H,将 G 中的所有节点用 H 来代替,G 中所有边由连接两个 H 的对应边来代替之后得到的新图[25]。若 G 的节点度和 H 的节点数量相等,则称为完备复合图(complete compound graph),否则称为不完备复合图(incomplete compound graph)。复合图能在局部继承 H 的拓扑性质,而整体上则能保持 G 的拓扑特性。基于复合图设计数据中心的互联结构可确保网络规模的高可扩展性(规模呈指数甚至双指数增长)和高容错性(平行不相交的等价路径增多),但不易于实现规模的增量扩展。

1. Dcell

Dcell 采用迭代方式构建,在每一轮迭代过程中严格采用完备复合图进行互连。每层 Dcell 由多个下层 Dcell 相连形成全连通结构。第 0 层 Dcell 是最基本的构建模块,它的 n 台服务器被连接到一个 n 端口的交换机。具体而言,要求下层网络中的每台服务器分别与其他同层网络中的相应服务器相连,更重要的是下层网络的个数必须等于每个下层网络所包含的服务器数量加 1[26]。若把每个下层网络结构看作是一个节点,则高层网络结构就是这些节点之间的完全图。因此,每层 Dcell 宏观上是一个完备复合图。图 2-9 给出了 Dcell 网络的一个实例,其中,交换机端口数为 2,Dcell[k] 表示 k 层结构,则 Dcell[k] 可容纳的服务器规模 N 符合如下约束条件:

$$\left(n+\frac{1}{2}\right)^{2^{k}} - \frac{1}{2} < N < \left(n+\frac{1}{2}\right)^{2^{k+1}} - 1 \tag{2-1}$$

Dcell 具有良好的容错能力,不存在单点失效问题。虽然 Dcell 具有良好的扩展性和容错性,但是,随着层数的增加,每台服务器配备的网络端口数量也必须随之不断增加。互联结构设计的难点和挑战问题之一是:如何利用服务器仅有的两个网络端口将大量服务器互联,以确保形成的互联结构具有较低的网

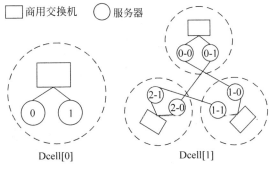

图 2-9　Dcell 互联结构示意图

络直径和较高的二分带宽。对此,FiConn[27] 和 HCN&BCN[25] 分别给出了自己的解决方案。

2. FiConn

考虑到当前商用服务器普遍配置至少两个网络端口,FiConn 首次提出如何针对仅具备双网络端口的大规模服务器实现有效的互连。与 Dcell 的整体设计理念类似,n 台服务器各使用一个端口与一台 n 端口的交换机互连形成基本结构。FiConn 也采用递归方式来设计网络互联结构,每层 FiConn 子网络中一半服务器的一个网络端口用于实现和同层其他子网络中的服务器互联,另一个网络端口被预留用于构建更高层的 FiConn 网络。

图 2-10 中,若把每个低层 FiConn 子网络看作是一个节点,则高层 FiConn 是诸多子网络之上形成的一个不完备复合图。FiConn 可容纳的服务器数量随端口数呈双指数增长,其网络直径为 $O(N/\log n)$,对分宽度为 $O(N/\log N)$。同时,FiConn 设计了独特的流量感知路由算法,充分提高了链路的利用率。

3. HCN & BCN

虽然 HCN 与 FiConn 的设计理念相似,二者均为层次化不完备复合图结构,但具体的互连规则采用了完全不同的方法。$HCN(n,h)$ 为一个 h 层的互联结构,其由 n 个 $HCN(n,h-1)$ 子网络按照复合图理论内嵌到一个 n 个节点的完全图而成。$HCN(n,h-1)$ 则由 n 个 $HCN(n,h-2)$ 子网络按照复合图理论内嵌到一个 n 个节点的完全图而成。以此类推,$HCN(n,0)$ 作为最基本的构成单元,由 n 个双端口服务器和一个 n 端口交换机互连而成。HCN 采用低端交换机通过递归方式构造,在降低网络设备成本的同时,提供高带宽和高容错。此外,HCN 互联结构具有非常好的规则性和对称性。

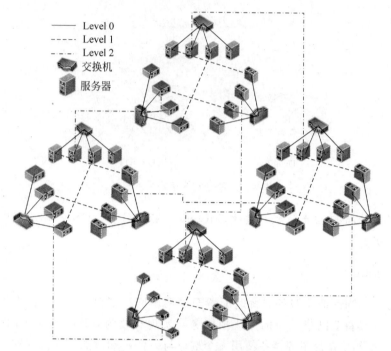

图 2-10　FiConn 互联结构示意图

在 HCN 的基础上,BCN 旨在设计度为 2,直径为 7 的最大互联结构[25]。BCN 的第 1 维度是采用递归定义的不完备复合图,第 2 维度则是一个单层的完备复合图,在每个维度中各层网络都由多个下一层子网络互连而成为一个完全图。如果使用 48 端口交换机,两个维度上均只有一层的 BCN 互联结构能容纳 787968 台服务器,而 2 层 FiConn 只能容纳 361200 台服务器。HCN 和 BCN 都不存在网络规模上限,可以按需持续地扩展其规模。HCN 和 BCN 分别从二维平面和多维空间进行结构扩展,宏观上构成层次化不完全复合图。

2.3.2　基于非复合图的互联结构

除采用复合图的设计思路之外,研究者也用其他拓扑性质良好的结构为参照来设计以服务器为核心的数据中心互联结构。例如,BCube[28] 在服务器之间间接地按照通用超级立方体的方式互连和扩展;CamCube[29] 在服务器之间按照 Torus 结构进行互连;雪花结构[30] 采用科赫曲线对服务器进行互连和递归扩展。

1. BCube

BCube[28] 的设计目标是为模块化数据中心提供模块内的互联结构,提供集装箱量级的数据中心解决方案,其采用层次化扩展的方式来对大量服务器进行互连。BCube 通过引入若干更高层的交换机将多个低层 BCube 网络互联成为通用超级立方体。如图 2-11 所示,每个高层交换机与每个低层 BCube 网络都保持相连。在每次扩展时,新增层次上需要交换机数量由交换机的端口数和网络的层数共同决定。$BCube_0$ 是由 n 台服务器与一个 n 端口交换机相连而得。在构建 $BCube_1$ 时,需要额外增加 n 个高层交换机,每台交换机都与全体 n 个 $BCube_0$ 相连,依次递归地构建更高层的 BCube 网络。k 层 BCube 所能容纳的服务器数量为 n^{k+1},但其代价是服务器的网络端口要增加到 $k+1$ 个。$BCube_k$ 中任意一对服务器之间最多存在 $k+1$ 条平行路径,在应对一对多传输模式时,同一层中的服务器构成一个直径为 2 的完全图。

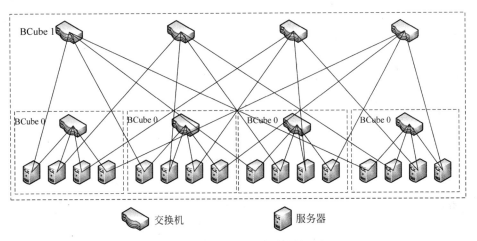

图 **2-11**　BCube(4,1)互联结构的示意图

2. CamCube

　　数据中心提供的搜索、邮件、购物等"外部服务"的实现依赖于诸多"内部服务"提供的接口,因此,在"外部服务"看来,"内部服务"都是黑箱,"外部服务"无法知晓内部网络的具体情况。针对该问题,CamCube[29] 结构采用共生路由(symbiotic routing)方法。CamCube 以 3D Torus 多机互联结构为参照,每台服务器被赋予一个三维坐标用于表征其在网络中的逻辑位置,据此定义互连规则以确保每台服务器直接连接少数几台邻居服务器,而不需要引入任何路由器或交换机。CamCube 的特别之处在于,"外部服务"有权直接访问坐标空间中的某台服务器,服务器也有权对数据包进行窃听和修改,因此,"外部服务"能通过服务器实现自己定制的路由协议。同时,CamCube 用链路状态协议支持多

跳路由,使整个过程都能够在服务器上实现。

3. Snowflake

雪花结构[30](snowflake)同样采用递归方式定义,基本单元 $Snow_0$ 依据科赫曲线[31](Koch curve)构造,由 1 台交换机连接 3 台服务器共同构成。图 2-12 中,实线表示实际的物理连接,虚线表示虚连接(实际上是不存在的物理连接)。在构建 $Snow_1$ 时,将所有虚连接替换为一个 Cell 单元(即 $Snow_0$),插入 Cell 中的交换机与原有服务器相连。此后的每次扩展都按照这种方法在所有实连接和虚连接之间加入 Cell,从而保证扩展之后任意两台服务器之间都有超过 2 条并行路径。

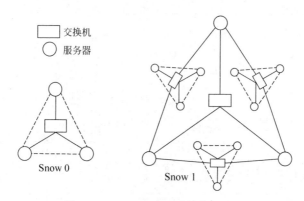

□ 交换机
○ 服务器

Snow 0

Snow 1

图 2-12　Snowflake 互联结构示意图

雪花结构用网络层级和角度(以正北方向为 0°,顺时针计算度数)构成二元组〈层级,度数〉来唯一标识交换机和服务器,如〈1,120〉表示处于 $Snow_1$ 中 120° 位置的节点。基于此二元标识,雪花结构设计了专门的路由策略。但雪花结构不能胜任超大规模服务器的互连,当网络规模到达百万时,必须将 $Snow_1$ 中的服务器换为交换机,并定期进行心跳检测以判断交换机是否正常工作。这些问题增加了互联结构的扩展和维护难度。同时,雪花结构中处于中心位置的交换机节点会成为网络的瓶颈,倘若其发生故障,将会对网络带来灾难性的损害。

2.4　模块化数据中心的互联结构

构建大规模数据中心有两种截然不同的趋势:第 1 种是通过类似 DCell、BCube、HCN 等扩展性网络互联结构,构造出单体的大规模数据中心;第 2 种是在大量单体数据中心的基础上,通过模块化间的互联结构构造大规模数据中心。随着数据中心相关技术的快速发展,模块化数据中心已替代机架成为构建大型数据中心的基本单元。模块化数据中心的优点是配置时间短、移动性能好、更高的系统和能源密度、更低的冷却和配置成本,是构建高效、可控、可管、即插即用、弹性数据中心的解决方案[32]。模块化数据中心涉及到模块内以及模块间两个层面的互联结构设计问题。

2.4.1　模块内的互联结构

BCube 的设计目标是为数据中心提供模块内的互联结构。DCube[33] 是另外一种可选的互联结构,其互联大量配备双网卡的服务器和低成本交换机。DCube(n,k) 由 k 个子网络构成,每个子网络则是由许多基本构建单元采用类似超立方体结构按照复合图理论构建。DCube(n,k) 中的基本构建单元由 n/k 台服务器与一台交换机相连构成。事实上,DCube 互联结构包含两种不同的结构:采用超立方体结构构建的 H-DCube(如图 2-13 所示)和采用 Möbius 立方体结构构建的 M-DCube。

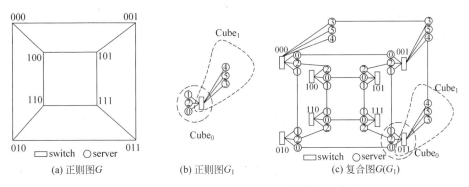

图 2-13　$n=6,k=2$ 时 H-DCube 互联结构示意图

H-DCube 和 M-DCube 互联结构均具有良好的规则性和对称性,这对于数据中心网络而言非常重要。Möbius 立方体结构的网络直径约为标准超立方体网络直径的 $1/2$,而 M-DCube 网络直径约为 H-DCube 网络直径的 $2/3$。DCube 在单播通信中能够提供更高的网络带宽以及容错性,与 BCube 和 Fat-Tree 互联结构相比,其使用的线路和交换机数量要少得多。

2.4.2　模块间的互联结构

MDCube[34] 是为集成 BCube 数据中心模块而设计的模块间互联结构。如

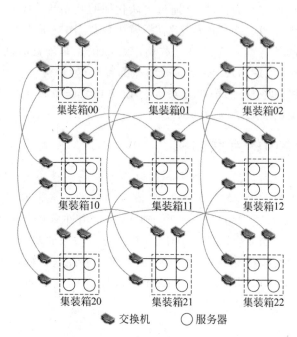

集装箱00　　集装箱01　　集装箱02

集装箱10　　集装箱11　　集装箱12

集装箱20　　集装箱21　　集装箱22

交换机　　○服务器

图 2-14　　MDCube 互联结构示意图

图 2-14 所示,MDCube 本质上是一个多维的通用超级立方体结构,其能容纳的数据中心模块的个数等于各个维度上可容纳的模块个数的乘积。为了提高模块之间流量的传输速度,MDCube 使用光纤进行跨模块流量的传输,而且跨模块链路的两端分别接入选定交换机的 10Gbps 预留端口,在必要时可以使用。超级立方体结构决定了 MDCube 中跨模块的数据流可以选择多条平行路径,因此具有很高的容错能力。

　　MDCube 关注如何互连具有相同互联结构的数据中心模块,但数据中心在持续建设的过程中通常会在不同时期引入异构的数据中心模块。由此带来的挑战是:如何将异构的数据中心模块互联为一个整体结构。uFix[35]针对该问题提出了一种方案。如图 2-15 所示,uFix 基于不完全复合图来互连异构的数据中心模块。具体而言,通过跨模块的新增链路接入对应模块内闲置服务器的端口以实现互联。uFix 的优点是互联时不需要添加额外的网络设备,缺点是如果网络规模较大时不能保证所有的数据中心模块都能接入网络。uFix 也面临一些不确定性因素的挑战,例如每个数据中心模块内是否有闲置的服务器端口,服务器的剩余端口数量是否会制约互联结构的进一步扩展。

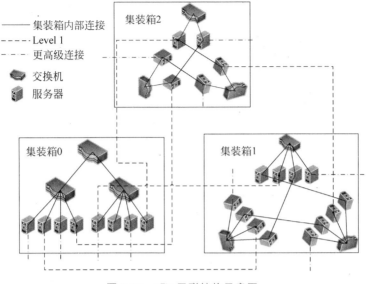

图 2-15　uFix 互联结构示意图

2.5　随机型数据中心的网络互联结构

在上述数据中心网络互联结构中,昂贵的专用交换机被替代为通用交换机,配备特殊网络端口的服务器也被允许参与互连和路由。各种新设计的网络互联结构有诸多方面的优势,从而能够更好地适应数据中心应用的需求。然而,上述互联结构都对互联规则有严格的规定,这致使构建的网络结构不易扩展和维护。

作为新兴交叉学科,网络科学近年来得到了蓬勃的发展,其中 ER 随机图理论[36,37]奠定了网络科学的基础,而小世界网络和无标度网络模型的提出都具有里程碑式的意义。当发现严格的互联规则制约着数据中心网络结构的设计时,学术界开始从网络科学中寻找突破口,试图在维持其各种拓扑优势的同时满足数据中心对高带宽、高可扩展和高容错能力方面的需求。研究者们基于小世界网络模型设计了 SWDC[38]互联结构,基于随机正则图模型设计了 Jellyfish[39]互联结构,基于无标度网络模型(scale-free network)设计了 Scafida[40]互联结构。其中,SWDC 在多种典型规则互联结构的基础上,以与距离成正比的概率加入了一定数量的随机连接,从而缩小了网络直径。Jellyfish 完全随机地在交换机之间建立连接,保证数据中心规模的增量扩展。Scafida

按照无标度模型构建,在保证网络节点度小于端口数的前提下,保持无标度网络的高容错能力。

随机型数据中心网络互联结构突破了规则型互联结构的限定,增加了数据中心构建的灵活性,但也随之带来网络容量、布线、维护、修理等多方面的问题。SWDC 不需要使用交换机便可实现服务器之间的互联,但其规模势必受到服务器端口数量的限制;Jellyfish 在引入新的交换机节点时,需要调整部分已有的交换机连接关系;Scafida 中节点度呈幂律分布,其中的 hub 节点是整个网络的关键,其潜在的单点失效问题会使整个网络瘫痪。随机型数据中心的连接原理虽然相对简单,但把物理距离较远的两个节点相连会增加布线成本和布线难度。另外,在进行故障排查时,由于其构造方法没有脉络可循,给网络的运营和维护也带来了困难。

2.5.1　基于小世界模型的数据中心互联结构

小世界网络[41](small-world)的概念最早由 Watts 和 Strogatz 师徒提出,他们在规则的环形网络中加入随机连接从而形成小世界网络。在此基础上,Kleinberg 给出了构建小世界网络的新方法[42]。在二维网格拓扑结构的基础上,依据两个节点之间距离成正比的规则添加随机连接,使得网络的平均直径变为 $O(\log N)$ 量级。SWDC 共有 3 种类型,即基于环状结构、基于二维 Torus 结构以及基于三维 Torus 结构。

图 2-16 是基于二维 Torus 结构的 SWDC 结构,其中,实线表示依据 Torus 规则的连线,而虚线表示新增的随机连线。倘若在 SWDC 中维持每个节点度为 6,则在环状结构中有 2 条规则边和 4 条随机连接;而在二维 Torus 结构中

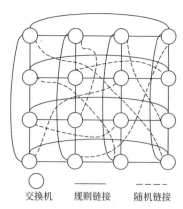

交换机　　—— 规则链接　　- - - - 随机链接

图 2-16　基于小世界模型的数据中心互联结构示意图

有 4 条规则边和 2 条随机连接；在三维 Torus 结构中有 5 条规则边和 1 条随机连接。SWDC 结构为每台服务器赋予了独一无二的地理标识，并采用贪心算法获得规则边和随机边共同作用下的最短路由路径。SWDC 结构在实现了高带宽、低网络直径的同时，还具有易于构建的优点。

2.5.2　基于随机正则图的数据中心互联结构

在各种结构化的网络互联结构中，Torus 常被用于超级计算机领域，超级立方体则常用于数据中心和超级计算机领域，而树型结构往往被用于数据中心。但是各种结构化互联结构的网络规模分布非常离散，而且跨度较大。例如，Fat-Tree 中采用 24 端口的接入层交换机时可互连 3456 台服务器，如果采用 32 端口的接入层交换机则能互连 8192 台服务器。在实际运营数据中心的过程中，服务器规模通常以渐进的方式进行扩展。如果需要将数据中心的规模从 3456 台服务器扩展到 4000 台服务器，则有两种可选的解决方案。第 1 种方式是继续选用最初的 24 端口交换机，引入更多的机架来部署新增服务器，并将新机架划入新的 Pod 后与核心层交换机连接，但这会破坏原有结构的对称性，造成非对称带宽的出现。第 2 种方式是将接入层交换机更新为 32 端口交换机，但这样操作会造成较多交换机端口闲置，致使资源浪费。

Jellyfish 为解决这一问题提出了渐进可扩展的互联结构（如图 2-17 所示）。Jellyfish 参照随机正则图理论在同构交换机层面构造出随机正则图，每台交换机的部分端口用于互连服务器，其余端口被用于交换机层面的互连。当新的交换机节点加入到已有网络中时，随机选择两个已有节点并去掉两者之间的连接。随后将这两个节点分别与新加入的节点建立连接。Jellyfish 通过减小平均路由路径以保证网络带宽的高效利用。Jellyfish 使用 k 最短路径路由方法，用 MTCP 协议进行拥塞控制，并对交换机的放置方式进行优化。

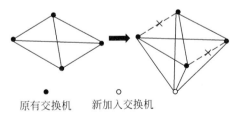

原有交换机　　新加入交换机

图 2-17　基于随机正则图的数据中心互联结构（Jellyfish）示意图

2.5.3　基于无标度网络的数据中心互联结构

如图 2-18 所示，Scafida 采用无标度网络构建。无标度网络的节点度分布服从幂律分布(power law),大部分节点(交换机)的度都较小,而少部分 hub 节点的度较大,因此,无标度网络具有低网络直径。Barabási 提出的无标度网络的构建算法基于以下两个假设:一是网络规模是不断扩大的;二是新加入的节点更倾向于与那些度较高的节点相连。虽然理论上 hub 节点的度可以非常大,但在数据中心中交换机和服务器端口数目有限,因此必须对网络中节点的度进行约束,例如限制节点的度不超过 5。注意到,在交换机组网之后,剩余的端口将直接连接服务器,从而实现网络构建。实验结果显示,引入节点度的约束之后会对网络性能产生影响。

○交换机

图 2-18 基于无标度网络模型的数据中心互联结构示意图

2.6 无线数据中心的网络互联结构

上述 4 类数据中心网络都不可避免地要将大量有线链路部署在数据中心网络中,由此带来了巨大的人力成本以及维护和故障检测难度[43]。另外,突发性流量造成的有线链路拥塞仍然会是制约数据中心网络性能的重要因素。

如果数据中心中采用无线链路,则能天然地解决布线的复杂性和成本问题,同时会增强网络互联结构设计的灵活性和动态适应性。目前,无线数据中心的两种互联结构 Cayley[44] 和 3D Beamforming[45] 均采用 60GHz 无线通信技术提供无线链路。选择 60GHz 通信技术的原因在于其拥有丰富的频谱资源(5GHz~7GHz 未被使用)、10Gbps 左右的高传输速率、信号传播方向的可控性(99.9% 的信号传播集中在 4.7 度内)等优秀品质。只要处于主瓣覆盖区域内的接收器就能接收到信号,通过对设置参数的优化能进一步提升无线链路的带宽和传输性能。Cayley 无线数据中心基于 Cayley 图互连服务器,通过在每台服务器的前后两端加入 60GHz 的有向收发装置实现服务器之间的按需无线互联。3D Beamforming 以机架为基本单元,在每个机架增设方向可按需调整的无线收发装置,并通过在数据中心顶部增加反射面的方式实现无线信号的远距离传输。

虽然 60GHz 无线通信技术具有多方面的优势,但其信号传播却面临极大的路径损耗,而且绕射能力和穿透性差,致使其只能支持近距离的通信。Cayley 将服务器层叠为圆柱体机架,姿态可动态调整的有向天线可按需建立机架内任意服务器间的一跳无线通信,但机架之间的远距离通信只能通过逐跳转发的方式实现。3D Beamforming 则通过波束成形和镜面反射技术提高信号强度和传输距离。另外,60GHz 通信使用的专用硬件成本高昂,通过采用 CMOS 工艺制造芯片可使问题得到有效缓解,但相较于有线通信设备而言依然过于昂贵。最后,收发信号时都要求收发装置不断调整主瓣方向,因此对收发装置的控制精度要求很高。60GHz 信号传播的主要不足是潜在的信号干扰和短距离传输。相较于 60GHz 射频技术,激光通信技术则具有抗干扰、低误码率、高带宽、长距传输等优势[8];但其所面临的挑战是激光的线性传播特性极强,容易受到障碍物阻挡。FSO[46] 是基于激光通信技术设计的数据中心网络互联结构,它按需动态地调整可切换镜面(switchabe mirror)的姿态,使光束经过顶层平面反射实现按需跨机架传输。

无线数据中心的网络互联结构设计是数据中心发展的趋势之一,但当前技术并不足以构造出能同时满足带宽高、容错能力强、可按需扩展性、低成本的理想无线互联结构或混合互联结构。

2.6.1　基于 60GHz 通信技术的混合互联结构

虽然 60GHz 无线通信技术具有高带宽、高传输速率等优势,但是被运用于为数据中心提供无线通路时仍面临两个关键问题有待解决。一是只能在短距离通信时确保高带宽,二是无线信号非常容易受到障碍物的阻碍。为了确保数据中心内任意两个机架之间可实现有效的无线通信,Van Veen 等人提出采用波束成形技术[47],形成窄的发射波束从而将能量对准目标方向。这样,无线信号传播便可获得阵列增益、分集增益和复用增益,从而提升无线信号的传输距离。但是,即便如此也无法实现更远距离的跨机架无线通信,为此,Van Veen 等人提出在数据中心的顶部安装反射面(reflective ceiling),如图 2-19 所示。通过控制发送端和接收端的仰角使信号通过顶部反射面反射之后准确地到达

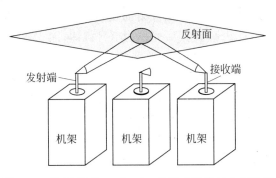

图 2-19　基于 3D Beamforming 的混合互联结构示意图

接收端,这样可以有效地避免其他机架或障碍物对无线信号的阻断,从而真正实现数据中心内的长距离通信。

2.6.2　基于60GHz通信技术的全无线互联结构

Cayley图[48]是由英国数学家Cayley于1895年构造出来的高对称正则图,具有良好的对称性和传递性,被认为是非常合适的计算机多机互联结构,曾有学者将其用于P2P网络领域的研究[49,50]。运用Cayley图设计数据中心的互联结构时,首先在每台服务器的前后两端分别安装无线信号收发装置(transceiver),20台服务器摆放为一层圆形结构,当5层服务器重叠放置时即可构成一个圆柱体机架。机架内部的通信由服务器的内侧Transceiver实现,每个Transceiver只能与其主瓣覆盖区域内的服务器通信,因此,同层服务器之间的连接关系形成Cayley图。层间的服务器通信则需要调整对应服务器内侧Transceiver的仰角。机架之间按照网格结构进行摆放,相邻机架支架的通信依靠一系列对应服务器的外侧Transceiver来实现。通常,一个机架只能与其四周相邻的机架进行一跳无线通信,与其他机架之间的通信则需要经过中继。文献[44]中,采用基于地理位置信息的路由方法(geographic routing technique)设计了高效的路由协议。

至于无线信号传输路径上会遇到的障碍物问题,Cayley并没有提出解决方案。我们认为可以借鉴3D Beamforming的思想,通过搭建反射平面使源端发出的信号经过反射之后到达接收端。这样做的好处是可有效避开障碍物,机架的摆放不需要进行严格限定,跨机架的远距离通信不再需要中继。

2.6.3　基于自由空间通信技术的互联结构

与3D Beamforming类似,FSO[46]也专注于为跨机架传输提供额外的无线链路,并形成特定的无线网络结构。这两种方案均在机架顶端进行必要的改造,配置无线收发装置,并通过顶层反射面绕过其他机架的障碍实现超视距传输。不同之处在于:①FSO使用激光作为信号载体,能支持几千米的长距离传输;②3D Beamforming通过调整收发器的仰角使信号对准不同的目标区域,而FSO则采用调整可切换镜面(处于"glass"状态时允许信号穿过,处于"mirror"状态时将信号进行反射[51])的状态来实现;③FSO能动态构造成不同的互联结构,例如随机正则图结构、加入随机连接的超级立方体结构等,可在维持网络优良拓扑性质(如网络直径、对分带宽)的同时避免高昂的布线成本。目前,FSO只是如何将自由光通信技术引入数据中心的一种探索性方案,实际运营数据中心时还面临非常多的问题,例如如何实现多径传输、如何管理流量等问题仍然有待进一步研究。

2.6.4 基于可见光通信的互联结构

除了 60GHz 无线通信技术和激光通信技术之外,研究人员进一步探索了如何将可见光通信(visible light communication,VLC)引入数据中心的互联结构设计,从而提升有线链路互联结构的网络能力。如图 2-20 所示,VLCcube 正是这样一种无线链路和有线链路混合的网络互联结构。具体而言,在 Fat-Tree 基础之上,VLCcube 在每个机架顶部安装 4 个 VLC 收发装置,从而提供 4 条 10Gbps 左右的无线链路,全体机架上的无线链路组网成为无线 Torus 结构。因为 Fat-Tree 中很多原本 4 跳的数据流可切换到无线 Torus 结构进行短距离传播,VLCcube 取得了比 Fat-Tree 更好的网络性能,而且设计的拥塞感知调度策略可使 VLCcube 的性能进一步得到提升。VLCcube 仅是数据中心中利用 VLC 链路的一种可选方案,将来供应商可基于不同的有线网络互联结构设计完全不同的混合网络互联结构。VLC 链路的引入不仅能和已有的数据中心网络良好地兼容,而且可有效提升数据中心网络设计的灵活性和性能。

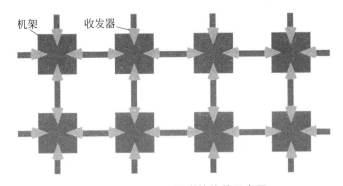

图 2-20 VLCcube 互联结构的示意图

2.7 互联结构设计方法的演进和趋势

如前所述,数据中心网络互联结构领域的研究已经硕果累累,而且仍然不断有新的互联结构被提出。面对如此众多的可选互联结构,非常有必要提炼出上述互联结构设计方法的演进路线,从而引导数据中心网络互联结构的进一步发展。

2.7.1 数据中心互联结构设计方法的演进

传统数据中心采用树型互联结构,存在"单点失效"和带宽瓶颈等弊端,

Fat-Tree 将接入层和汇聚层交换机划分为不同的集群,并在三层交换机层上构造出 Clos 结构从而支持无阻塞通信。随着数据中心应用对虚拟机迁移需求的与日俱增,为了在不改变 IP 地址的情况下顺利地完成虚拟机迁移,PortLand 和 VL2 分别对交换机和服务器端的协议进行改造,提升了网络的灵活性。在 Fat-Tree 结构的基础上,F10 构造出了非对称 AB Fat-Tree,以增加网络中可绕过下行故障节点的路径数量。F10 在故障主动报告机制的配合下,通过本地、局部以及全局这 3 个层次的故障恢复策略实现故障的快速恢复。FBFLY 和 HyperX 放弃了层次化的树型结构设计方法,FBFLY 采用通用超级立方体这种扁平化互联结构来减少交换机的数量,并且可以动态调整每条链路以达到节约能源的目的;HyperX 则试图求解给定网络要求和资源限制条件下的最优互联结构。光交换技术的兴起对数据中心互联结构的设计产生了很大影响,Helios 和 c-Through 在树型结构的基础上引进光交换机,同时提供光纤链路和分组交换链路,达到资源的优化配置;OSA 旨在探索全光网络,但是多跳传输时需要进行多次光电转换;Efficient*-Cast 通过光交换仪器的动态重组来处理不同类型的流量。

服务器性能和功能的不断扩展催生了服务器为核心的互联结构,它们通常采用递归方式定义,上层网络由若干个下一层网络按照一定的规则扩展而成。此类互联结构多参考现有的多机互联网络结构,寻求在大量通用服务器和网络设备的基础上构建卓越的数据中心网络互联结构,并充分考虑了链路资源的高效使用、网络负载均衡、高效的路由协议、按需扩展等设计因素。模块化数据中心是另一种截然不同的设计方法,其将维持数据中心正常运转的基础设施进行整体封装,在降低成本的同时让用户可以快捷地建设自己的数据中心。另外,SWDC、Jellyfish 和 Scafida 则将网络科学的经典模型运用于构建低网络直径、高容错、可扩展性强的数据中心网络互联结构,然而,不规则的互联关系也造成了路由复杂度高、维护成本增加等不良结果。

无线通信技术的便捷性为数据中心网络互联结构的设计开拓了新的思路,3D Beamforming 利用波束成形技术增强信号强度,构造反射面以绕过中间机架和障碍物的阻挡,Cayley 是在改造服务器的基础上构建的全无线网络结构。FSO 通过改变可调镜面状态提供激光信号的路径多样性。

从数据中心互联结构的发展沿革来看,其设计方法呈现出从规则结构到随机结构、从有线互联到无线互联、从静态互联到动态互联、从整体互联到模块化互联等趋势。这种互联结构在设计方法上的变更与日新月异的通信技术发展密切相关,可以预见设备层面和通信层面的新技术会对数据中心互联结构的设计带来新的机遇。

表 2-1　数据中心的典型互联结构的拓扑属性一览表

结构名称	服务器/交换机为核心	拓扑属性	结构名称	服务器/交换机为核心	拓扑属性
Fat-Tree	交换机	Multi-Root Tree	Snowflake	服务器	Koch Curve
PortLand	交换机	Multi Root Tree	BCube	服务器	Generalized Hypercube
VL2	交换机	Folded-Clos	MDCube	服务器	Generalized Hypercube
F10	交换机	Multi-Root Tree	CamCube	服务器	3D-Torus
FBFLY	交换机	Generalized Hypercube	SWDC	服务器	Small World Network
HyperX	交换机	Generalized Hypercube	Jellyfish	交换机	Random Regular Graph
Helios	交换机	Multi-Root Tree	Scafida	交换机	Scale-Free Network
c-Through	交换机	Multi-Root Tree	Cayley	服务器	Cayley Graph
OSA	交换机	—	FiConn	服务器	Incomplete Compound Graph
Efficient*-Cast	交换机	Dynamic Architecture	3D Beamforming	交换机	—
Dcell	服务器	Complete Compound Graph	uFix	服务器	Incomplete Compound Graph
HCN	服务器	Incomplete Compound Graph	FSO	交换机	Dynamic Architecture
BCN	服务器	Incomplete Compound Graph			

2.7.2　数据中心网络互联结构的发展趋势

随着数据中心中核心设备的发展和通信技术的发展,未来数据中心网络互联结构的设计面临很多机遇和挑战。

第一,异构渐进可扩展的互联结构。当前的数据中心网络互联结构大多关注同构可扩展问题,即互连相同型号或端口的交换机和服务器。事实上,数据中心的分阶段建设和扩容必然接入异构的计算和网络设备。因此,需要研究新型的互联结构来将这些异构设备有效地组织起来并实现渐进扩展,以此增强网络设计和扩展的灵活性。此时面临的主要难题在于异构设备和互联技术的多样性。当前,计算设备和网络设备呈现出融合的发展趋势,同时,适用于数据中心的有线互联、光互联、无线互联技术层出不穷。这些复杂的变化因素为设计具有异构渐进扩展能力的数据中心网络带来了巨大挑战。

第二,模块化数据中心的互联结构。小规模服务器按照特定规则互联后形成数据中心模块,再通过互联大量模块从而形成大规模数据中心。模块化数据中心同样面临异构可扩展的问题,即数据中心的渐进部署和运营引入了内部结构不同的数据中心模块。虽然 uFix 致力于解决这一异构性问题,但在可扩展问题方面还需要进一步研究。未来,可在数据中心模块间采用光交换技术或者无线通信技术以取得更好的可扩展解决方案。

第三,无线数据中心的互联结构。把光作为信息载体具有很好的普适性,同时能大大提高传输速率和链路带宽。激光通信能提供充裕的带宽和频谱资源。新兴的可见光通信(Li-Fi)利用 LED[52]光源闪烁时发出的脉冲信号实现信号传输,其传输速度可达 10Gbps[53],并且成本低廉,可控性强。未来会有更多种类的光通信设备和高性能光网络支撑元器件出现,这必将为数据中心互联结构带来新的设计空间,并逐步趋向于全光网络互联结构。光数据中心网络和其他无线数据中心网络的互联结构都还处于发展阶段,还需要不断探索和完善才能走向市场。

第四,软件定义数据中心网络。SDN[54] 将网络控制从网络物理设备解耦出来,由一个集中控制器对网络进行控制,摆脱了物理设备对网络的限制。软件定义数据中心(software-defined data center, SDDC)[55]是软件定义网络和数据中心网络内在融合的结果,拓展了数据中心网络结构设计的空间。SDDC 将数据中心所有基础设施虚拟化,通过智能的策略驱动软件对资源进行动态调度以实现基础设施即服务(IaaS)。SDDC 中的流量控制、负载均衡、路由协议、控制器放置、定制协议实现、容错容灾、资源分配、网络安全等问题都值得进一步研究[56-58]。例如,在以服务器为核心的数据中心网络中,服务器承担了组网和路由功能,因而软件定义网络的控制器的工作机制需要全新设计。此外,光交换设备、无线交换设备、服务器交换设备、传统的网络交换设备逐步在数据中心网络中混合使用,基于 Openflow 的 SDN 技术方案无法适用,因此亟须研究新的贴合数据中心网络特性的 SDN 解决方案。

参考文献

［1］　Li D，Chen G，Ren F，et al. Data center network research progress and trends［J］. Chinese Journal of Computers，2014，37(2)：259-274.

［2］　Prasad R，Dovrolis C，Murray M，et al. Bandwidth estimation：metrics，measurement techniques，and tools［J］. IEEE Network，2003，17(6)：27-35.

［3］　Maltz DA. Challenges in cloud scale data centers［C］. In：Proc. of the ACM SIGMETRICS. Pittsburgh，2013，3-4.

［4］　Wu X，Turner D，Chen CC，et al. Netpilot：automating datacenter network failure mitigation［J］. ACM SIGCOMM Computer Communication Review，2012，42(4)：419-430.

［5］　Greenberg A，Hamilton J，Maltz DA，et al. The cost of a cloud：research problems in data center networks［J］. ACM SIGCOMM Computer Communication Review，2008，39(1)：68-73.

［6］　Bostoen T，Mullender S，Berbers Y. Power-reduction techniques for data-center storage systems［J］. ACM Computing Surveys (CSUR)，2013，45(3)：33.

［7］　Ranachandran K，Kokku R，Mahindra R，et al. 60GHz data-center networking：wireless⇒worryless［J］. Tech. Rep.，NEC Laboratories America，Inc.，2008.

［8］　Kedar D，Arnon S. Urban optical wireless communication networks：the main challenges and possible solutions［J］. Communications Magazine，2004，42(5)：S2-S7.

［9］　Al-Fares M，Loukissas A，Vahdat A. A scalable，commodity data center network architecture［J］. ACM SIGCOMM Computer Communication Review，2008，38(4)：63-74.

［10］　Niranjan Mysore R，Pamboris A，Farrington N，et al. Portland：a scalable fault-tolerant layer 2 data center network fabric［J］. ACM SIGCOMM Computer Communication Review，2009，39(4)：39-50.

［11］　Greenberg A，Hamilton JR，Jain N，et al. VL2：a scalable and flexible data center network［J］. ACM SIGCOMM Computer Communication Review，2009，39(4)：51-62.

［12］　Wang C，Wang C，Wang X，et al. Data center network architecture design towards cloud computing［J］. Computer Research and Development，2012，49(2)：286-293.

［13］　Liu V，Halperin D，Krishnamurthy A，et al. F10：a fault-tolerant engineered network［C］. In：Proc. of the 10th NSDI. Lombard，2013，399-412.

［14］　Abts D，Marty MR，Wells PM，et al. Energy proportional datacenter networks［J］. ACM SIGARCH Computer Architecture News，2010，38(3)：338-347.

［15］　Ahn JH，Binkert N，Davis A，et al. HyperX：topology，routing，and packaging of efficient large-scale networks［C］. In：Proc. of the SC，New York，2009，41.

［16］　Farrington N，Porter G，Radhakrishnan S，et al. Helios：a hybrid electrical/optical switch architecture for modular data centers [J]. ACM SIGCOMM Computer Communication Review, 2011, 41(4): 339-350.

[17] Wang G, Andersen DG, Kaminsky M, et al. C-Through: part-time optics in data centers[J]. ACM SIGCOMM Computer Communication Review, 2010, 40(4): 327-338.

[18] Chen K, Singla A, Singh A, et al. OSA: an optical switching architecture for data center networks with unprecedented flexibility[J]. IEEE/ACM Transactions on Networking, 2014, 22(2): 498-511.

[19] Wang H, Xia Y, Bergman K, et al. Rethinking the physical layer of data center networks of the next decade: using optics to enable efficient*-cast connectivity[J]. ACM SIGCOMM Computer Communication Review, 2013, 43(3): 52-58.

[20] It's Microsoft vs. the professors with competing data center architectures[EB/OL]. [2016-01-18]. http://www.networkworld.com/news/2009/082009-microsoft-sigcomm.html?page=2.

[21] Greenberg A, Hamilton J, Maltz DA, et al. The cost of a cloud: research problems in data center networks[J]. ACM SIGCOMM Computer Communication Review, 2008, 39(1): 68-73.

[22] Bhuyan LN, Agrawal DP. Generalized hypercube and hyperbus structures for a computer network[J]. IEEE Transactions on Computer, 1984, 100(4): 323-333.

[23] Luo L, Guo D, Li W, et al. Compound graph based hybrid data center topologies [J]. Frontiers of Computer Science, 2015, 9(6): 860-874.

[24] Al-Fares M, Radhakrishnan S, Raghavan B, et al. Hedera: dynamic flow scheduling for data center networks[C]. In: Proc. of the 7th USENIX NSDI. San Jose, 2010.

[25] Guo D, Chen T, Li D, et al. Expandable and cost-effective network structures for data centers using dual-port servers[J]. IEEE Transactions on Computers, 2013, 62(7): 1303-1317.

[26] Guo C, Wu H, Tan K, et al. Dcell: a scalable and fault-tolerant network structure for data centers[J]. ACM SIGCOMM Computer Communication Review, 2008, 38(4): 75-86.

[27] Li D, Guo C, Wu H, et al. FiConn: using backup port for server interconnection in data centers[C]. In: Proc. of the 28th IEEE INFOCOM. Rio de Janeiro, 2009, 2276-2285.

[28] Guo C, Lu G, Li D, et al. BCube: a high performance, server-centric network architecture for modular data centers[J]. ACM SIGCOMM Computer Communication Review, 2009, 39(4): 63-74.

[29] Abu-Libdeh H, Costa P, Rowstron A, et al. Symbiotic routing in future data centers [J]. ACM SIGCOMM Computer Communication Review, 2011, 41(4): 51-62.

[30] Liu X, Yang S, Guo L, et al. Snowflake: a new-type network structure of data center[J]. Chinese Journal of Computers, 2011, 34(1): 76-86.

[31] Lapidus ML, Pearse EPJ. A tube formula for the Koch snowflake curve, with applications to complex dimensions[J]. Journal of the London Mathematical Society, 2006, 74(2): 397-414.

[32] Hamilton J. Architecture for modular data centers[C]. In: Proc. of the 3th CIDR. California, 2007.

[33] Guo D, Li C, Wu J. DCube: a family of network structures for containerized data centers using dual-port servers[J]. Computer Communications, 2014, 53: 13-25.

[34] Wu H, Lu G, Li D, et al. MDCube: a high performance network structure for modular data center interconnection[C]. In: Proc. of the 5th ACM CoNEXT. Rome, 2009, 25-36.

[35] Li D, Xu M, Zhao H, et al. Building mega data center from heterogeneous containers [C]. In: Proc. of the 19th IEEE ICNP. Vancouver, 2011, 256-265.

[36] Erdös P, Rényi A. On random graphs[J]. Publ. Math. Debrecen, 1959, 6: 290-297.

[37] Erdös P, Rényi A. On the evolution of random graphs[J]. Sel. Pap. Alfréd Rényi, 1976, 2: 482-525.

[38] Shin JY, Wong B, Sirer EG. Small-world datacenters[C]. In: Proc. of the 2nd ACM SOCC. Cascais, 2011, 1-13.

[39] Singla A, Hong CY, Popa L, et al. Jellyfish: networking data centers randomly[C]. In: Proc. of the 9th USENIX NSDI. San Jose, 2012, 17-17.

[40] Barabási AL, Albert R. Emergence of scaling in random networks[J]. Science, 1999, 286(5439): 509-512.

[41] Watts DJ, Strogatz SH. Collective dynamics of "small-world" networks[J]. Nature, 1998, 393(6684): 440-442.

[42] Kleinberg J. The small-world phenomenon: an algorithmic perspective[C]. In: Proc. of the 32nd STOC. Portland, 2000, 163-170.

[43] Snyder J. Microsoft: data center growth defies Moore's law. 2007. http://www.pcworld.com/article/130921/article.html.

[44] Shin JY, Sirer EG, Weatherspoon H, et al. On the feasibility of completely wirelesss datacenters[J]. IEEE/ACM Transactions on Networking (TON), 2013, 21(5): 1666-1679.

[45] Zhou X, Zhang Z, Zhu Y, et al. Mirror mirror on the ceiling: flexible wireless links for data centers[J]. ACM SIGCOMM Computer Communication Review, 2012, 42(4): 443-454.

[46] Hamedazimi N, Gupta H, Sekar V, et al. Patch panels in the sky: a case for free-space optics in data centers[C]. In: Proc. of the 12th ACM SIGCOMM Workshop on Hot Topics in Networks (HotNets). Hong Kong, 2013, 1-7.

[47] Van Veen BD, Buckley KM. Beamforming: a versatile approach to spatial filtering [J]. IEEE ASSP Magazine, 1988, 5(2): 4-24.

[48] Sylvester JJ. On an application of the new atomic theory to the graphical representation of the invariants and covariants of binary quantics, with three appendices[J]. American Journal of Mathematics, 1878, 1(1): 64-104.

[49] Peng L. Research on wireless P2P overlay model and key technologies based on Cayley graphs[D]. South China University of Technology, 2011.

[50] Liang H. Topology construction and resource locating of structured P2P overlay network based Cayley graph[D]. South China University of Technology, 2012.

[51] Switchable Mirror/Switchable Glass[EB/OL]. [2016-01-18]. http://kentoptronics. com/ switchable. html.

[52] Burchardt H, Serafimovski N, Tsonev D, et al. VLC: beyond point-to-point communication[J]. IEEE Communications Magazine, 2014, 52(7): 98-105.

[53] [EB/OL]. [2016-01-18]. http://news. cableabc. com/technology/20131030062129. html.

[54] McKeown N, Anderson T, Balakrishnan H, et al. OpenFlow: enabling innovation in campus networks[J]. ACM SIGCOMM Computer Communication Review, 2008, 38(2): 69-74.

[55] The Software-Definedd-Data-Center (SDDC): concept or reality[EB/OL]. [2016-01-18]. http://blogs. softchoice. com/advisor/ssn/the-software-defined-data-center-sddc-concept-or-reality-vmware/.

[56] Jia W-K. A scalable multicast source routing architecture for data center networks [J]. IEEE Journal on Selected Areas in Communications, 2014, 32(1): 116-123.

[57] Lester A, Tang Y, Gyires T. Prioritized adaptive max-min fair residual bandwidth allocation for software-defined data center networks[C]. In: Proc. of the 13th ICN. Nice, 2014, 198-203.

[58] Szyrkowiec T, Autenrieth A, Gunning P, et al. First field demonstration of cloud datacenter workflow automation employing dynamic optical transport network resources under OpenStack and OpenFlow orchestration[J]. Optics Express, 2014, 22(3): 2595-2602.

第 2 部分

数据中心的新型网络互联结构

第 3 章
以服务器为核心的数据中心互联结构 HCN

传统服务器通过功能扩展之后具备了一定的组网和数据转发能力，因此研究人员提出了 DCell 等以服务器为核心的数据中心网络互联结构。本章研究以服务器为核心的互联结构如何对大量配备双 NIC 端口的服务器进行高效互联，同时保持较小的网络直径和较高的对分带宽。根据复合图（compound graph）理论，分别设计了 HCN 和 BCN 两种互联结构，二者仅需在少数服务器间添加少量的额外线路即可实现网络规模的层次化扩展。尽管服务器仅配备有双 NIC 端口，但 HCN 仍能被轻易地扩展到互联成千上万台服务器。BCN 旨在设计度为 2、直径为 7 的最大互联结构。数学分析和综合仿真模拟结果显示，HCN 和 BCN 拥有良好的拓扑属性。

3.1 引言

数据中心网络（data center networking，DCN）设计的一项基本目标是依据特定的互联结构对大量服务器进行高效连接。传统的数据中心网络主要是通过交换机、核心交换机、核心路由器将服务器连接成树型互联结构，这对位于上层的核心网络设备性能要求极高，且其容易成为整个网络的瓶颈。同时，对数据中心进行规模扩展时往往需要引入性能更高、价格更昂贵的核心路由器和核心交换机,因此规模扩展的代价十分巨大。此外,树型结构容错性较差,容易出现单点失效问题。这种互联结构很难满足数据中心网络追求的高聚集带宽、高可扩展性、容错性好的设计目标。近年来,研究者对树型结构进行了扩展,提出了 Fat-Tree[1]、VL2[2] 这类以交换机为中心的多层树型互联结构;同时从以服务器为核心的数据中心网络设计角度,提出了 DCell[3]、FiConn[4,5]、BCube[6]、MDCube[7] 等互联结构。

借助服务器日益具备的多网络端口以及数据转发功能,可以利用大量服务器之间的直接连线以及低端交换机来实现大型数据中心网络的高效互联。这些以服务器为核心的互联结构主要依托服务器实现网络的互联和路由,传统交换机等网络设备仅起到机柜内服务器的互联和流量转发作用。复合图和层次网络成为当前以服务器为核心的数据中心网络互联结构的主流设计方法。这类互联结构的主要优点在于其路由功能由各台服务器分担,使得网络中不存在核心路由器和核心交换机,可扩展性得以大大增强,且由于服务器的编程能力较强,从而配置特别灵活。另外,通过使用服务器的多 NIC 端口,其端对端的吞吐量和容错性也得以大幅提高。

DCell[3] 和 BCube[6] 是最具代表性的两种以服务器为核心的互联结构。为互联较大规模的服务器,这两种结构要求每台服务器使用不低于 4 个 NIC 端口,同时整个网络使用大量交换机,网络布线十分复杂。但若服务器仅使用当前普遍配置的双 NIC 端口,则互联结构可容纳的服务器规模将严重受限,最多只能扩展到两层。若互联结构要扩展到更高一个层次,则 DCell 和 BCube 需为每台服务器额外增加一个 NIC 端口和一条连线,BCube 同时还要额外增加大量的交换机。升级成千上万台服务器的 NIC 端口及重新布线带来的时间和人力成本相当昂贵。

因此,上述典型的以服务器为核心的互联结构并不具备很好的无损扩展能力。无损扩展是指在网络扩展过程中并不需要更新全体节点的物理配置和布线,进而在互联结构的扩展过程中不会对当前服务器上的应用产生不良影响。在本章中,我们针对大量 NIC 端口数目固定的服务器设计无损可扩展的网络互联结构。由于双端口服务器在实际中已得到广泛应用,本研究主要关注大量双端口服务器之间的互联结构。由于必须确保互联结构具备较小的网络直径和较高的对分带宽,因此对大量的双端口服务器进行有效互联是非常困难的。

本章首先提出了不完备复合图互联结构 HCN,该网络互联结构只需在少数服务器间添加少量额外的链路即可实现规模扩展。HCN 具有规则性、可扩展性和对称性等良好的拓扑性质。进一步地,我们以双端口服务器的可扩展互联结构为背景,考虑了设计数据中心互联结构时所面临的"节点度/网络直径"问题[8,9]。在节点度数和网络直径给定的情况下,节点度/网络直径问题旨在设计可容纳节点规模尽可能大的网络互联结构。虽然该问题在经典图论中已得到相关研究[10,11],但在数据中心网络领域的研究工作还处于空白。

进一步地,本章提出了二维复合图互联结构 BCN,它继承了 HCN 的诸多优点。其中,BCN 的第 1 维是递归定义的 i 层($i \geqslant 0$)不完备复合图,而在第 2 维则是单层的完备复合图。在第 1 维,高层 BCN 以低层 BCN 作为单元簇,众多单元簇之间通过完全图的方式实现互联。BCN 是目前已知的服务器度为 2 而网络直径为 7 时的最大互联结构。无论交换机的端口数 n 的取值是多少,BCN 可容纳的服务器数量总比 FiConn(n,2)要大。除此之外,BCN 还拥有高对分带宽、多传输路径以及高容错能力等特性。

3.2 HCN 互联结构

3.2.1 复合图的基本理论

层次化网络(hierarchical network)是设计大规模数据中心互联结构的有效方法之一。在层次网络中,高层网络构建在众多低层网络基础之上。低层网络主要负责本地通信,高层网络则主要负责远程通信。在诸多层次化网络设计方法中,复合图具有良好的规则性和扩展性,因而被广泛应用。我们首先回顾正则图和复合图的相关定义。

定义 3.1 各顶点的度均相同的无向简单图称为正则图(regular graph)。各顶点度均为 k 的正则图称为 k-正则图。

定义 3.2 给定两个正则图 G 和 G_1,复合图(compound graph)$G(G_1)$ 可通过以下方式得到:G 中的每个节点由 G_1 替代,G 中节点间的原有连线则由 G_1 到 G_1 间的相应连线替代。

如图 3-1 所示,复合图 $G(G_1)$ 以 G_1 作为单元簇,多个单元簇之间按照正则图 G 的结构连接起来。在最终形成的复合图中,正则图 G 的结构在宏观层面被保留,同时每个单元簇 G_1 中的每个节点还需额外增加一条链路以实现远程通信。若要获得完备的复合图,则正则图 G 的节点度数必须等于 G_1 中的节点数量总和。如果正则图 G 的节点度数小于 G_1 中的节点数量总和,则获得不完备的复合图。

复合图的基本思想可通过递归的方式应用于构建多层复合图。为便于解

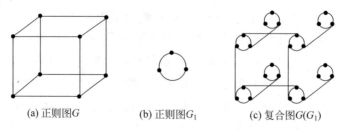

(a) 正则图G (b) 正则图G_1 (c) 复合图$G(G_1)$

图 3-1   复合图的概念示意图

释,假设 G 为完全图。二层复合图 $G^2(G_1)$ 将 $G(G_1)$ 作为单元簇,多个 $G(G_1)$ 之间按照完全图 G 的结构连接起来。事实上,i 层($i \geqslant 0$)复合图 $G^i(G_1)$ 是以 $i-1$ 层复合图 $G^{i-1}(G_1)$ 作为单元簇,多个 $G^{i-1}(G_1)$ 按照完全图 G 的结构连接起来。

在现有的数据中心网络互联结构中,DCell 和 FiConn 均采用复合图方法迭代构建。其中,DCell 在每次迭代过程中采用完备复合图结构,FiConn 在每次迭代过程中采用不完备复合图结构。本章介绍两种采用复合图方法设计的新型网络互联结构 HCN 和 BCN。表 3-1 列出了本章中使用到的一些常见符号和定义。

表 3-1   **本章常见符号列表**

术　语	定　义
α	第 0 层 BCN 网络中主服务器(master)的数目
β	第 0 层 BCN 网络中从服务器(slave)的数目
n	$n = \alpha + \beta$ 表示交换机的端口数目
h	BCN 在第 1 维上的网络层数
γ	BCN 在第 2 维上的网络层数
$s_h = \alpha^h \beta$	BCN(α, β, h) 中从服务器的数目
$s_\gamma = \alpha^\gamma \beta$	BCN(α, β, γ) 中从服务器的数目
BCN$(\alpha, \beta, 0)$	第 0 层 BCN 网络,即数据中心的最小构建模块
BCN(α, β, h)	第 1 维上的 h 层 BCN 网络
$G(\text{BCN}(\alpha, \beta, h))$	以 BCN(α, β, h) 作为G_1,完全图作为 G 的复合图
BCN$(\alpha, \beta, h, \gamma)$	通用的 BCN 结构,其在第 1 维可持续扩展,在第 2 维仅当 $h \geqslant \gamma$ 时可扩展
u	仅考虑第 2 维时,某 BCN(α, β, h) 在 BCN$(\alpha, \beta, h, \gamma)$ 中的序号
v	仅考虑第 1 维时,某 BCN$(\alpha, \beta, h, \gamma)$ 在 $G(\text{BCN}(\alpha, \beta, h))$ 中的序号

3.2.2　HCN 互联结构的构建方法

不完备复合图互联结构 HCN 采用递归方式定义：记第 $h(h\geqslant0)$ 层不完备复合网络为 HCN(n,h)，高层 HCN(n,h) 是以下一层 HCN$(n,h-1)$ 作为单元簇，并将一定数量的单元簇按照完全图的方式互连。其中，HCN$(n,0)$ 作为最基本的构成模块，由 n 个双端口服务器和一个 n 端口交换机互连组成。全体服务器的第 1 个端口用于连接交换机，第 2 个端口用于支持互联结构的进一步扩展。

HCN$(n,1)$ 由 n 个基本模块 HCN$(n,0)$ 构成，其中任何两个基本模块之间都增加有一条跨模块的链路，该链路的两端分别接入各自模块中一台服务器的第 2 个端口。最终，每个基本模块 HCN$(n,0)$ 中有 $n-1$ 台服务器用其第 2 个端口与其他 $n-1$ 个基本模块内的服务器相连。同时，每个基本模块 HCN$(n,0)$ 均还余有 1 台服务器，其第 2 个端口被预留用于构造更高一层的 HCN$(n,2)$ 结构。由此可知，HCN$(n,1)$ 中总共有 n 台服务器尚有可用的端口可用于扩展到HCN$(n,2)$。类似地，HCN$(n,2)$ 也是由 n 个基本模块 HCN$(n,1)$ 构成，同样也共有 n 台服务器可用于扩展到更高一层的互联结构 HCN$(n,3)$。

综合来看，HCN(n,i) $(i\geqslant0)$ 是由 n 个 HCN$(n,i-1)$ 按照全连通方式构建而成，每个 HCN$(n,i-1)$ 都预留 1 台服务器用于扩展到更高层次。根据定义 3.2 可知，在构建过程中 HCN(n,i) 充当 G_1，而包含 n 个节点的完全图则充当 G。不难发现，HCN(n,i) 中可用于进一步扩展的服务器数量为 n，而完全图 G 中每个节点的度数为 $n-1$，因此 $G(G_1)$ 为不完备复合图。虽然可以通过上述递归方式构建任意 h 层 HCN 互联结构，但其过程相对复杂。为简化该构造过程，我们引入定义 3.3 来引导一次性构建任意层次的 HCN 互联结构。

定义 3.3　HCN(n,h) 中的每台服务器都拥有唯一的标识符 $x_h\cdots x_1x_0$，其中，对于任意 $0\leqslant i\leqslant h$ 有 $1\leqslant x_i\leqslant n$。两台服务器之间可通过端口 2 直接连接的约束条件是：①j 在某个赋值下满足：$x_j\neq x_{j-1}$ 而且 $x_{j-1}=x_{j-2}=\cdots=x_1=x_0$；②两台服务器的标识符分别为 $x_h\cdots x_1x_0$ 和 $x_h\cdots x_{j+1}x_{j-1}x_j^j$，其中 x_j^j 表示 j 个连续的 x_j，且 $1\leqslant x_0\leqslant\alpha$。只有 n 台标识符符合如下规律的服务器才会预留其第 2 个端口用于更高层的扩展：当且仅当对任意 x_0 有 $x_h=x_{h-1}=\cdots=x_0$。

图 3-2 给出了根据定义 3.3 构造出的 HCN$(4,2)$ 的示意图。HCN$(4,2)$ 由 4 个 HCN$(4,1)$ 构成，而每个 HCN$(4,1)$ 由 4 个 HCN$(4,0)$ 构成，服务器 111、222、333 和 444 的端口 2 被预留用于更高层的扩展。

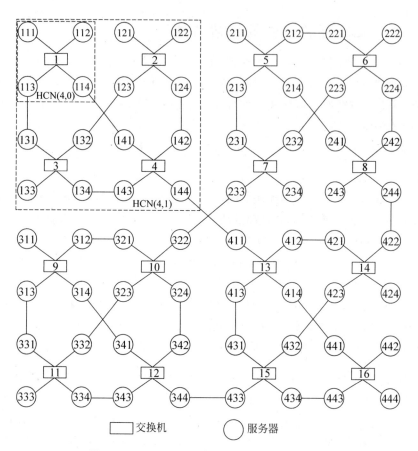

图 3-2   HCN(n,h)拓扑结构,其中,$n=4,h=2$

在 h 层 HCN 网络中,每台服务器根据定义 3.3 可获得唯一的标识符,并且可被唯一地划分到该 h 层 HCN 网络的各级子网络中,低层 HCN 网络则隶属于其他高层 HCN 网络。给定一个标识符为 $x_h \cdots x_1 x_0$ 的服务器,为便于描述,令 x_i 指代某个包含该服务器的 HCN($n,i-1$)在全体同层 HCN($n,i-1$)中的排列序号,其中,$1 \leqslant i \leqslant h$。在 HCN($n,h$)中,引入 $x_h x_{h-1} \cdots x_i$ 作为前缀来指代包含该服务器的某个子网络 HCN($n,i-1$)。以服务器 423 为例,$x_1=2$ 表示包含该服务器的是 HCN($4,1$)中的第 2 个 HCN($4,0$),该 HCN($4,0$)子网络内还包含服务器 421,422 和 444;$x_2=4$ 表示包含该服务器的是 2 层 HCN 中的第 4 个 1 层 HCN。这样,前缀 $x_2 x_1=42$ 可以唯一指代在 2 层 HCN 中包含服务器 423 的那个第 0 层 HCN。

不难发现,HCN 互联结构在具有很好的规则性和对称性之外,还具有两大拓扑优势：渐进可扩展能力和服务器的度数固定不变。另外，与 FiConn 等其他互联结构相比，HCN 更易于构建，而且构建成本较低。但是，在同等配置条件下 HCN 支持的网络规模要稍小于 FiConn，为此应进一步研究数据中心互联结构的"节点度/网络直径"问题，在 HCN 的基础上设计规模尽可能大的网络互联结构。

3.3　BCN 互联结构

3.3.1　BCN 互联结构的描述

二维复合图互联结构 BCN 具有两个维度：第 1 维度是递归定义的多层不完备复合图，第 2 维度是一层完备复合图。任意维度上，高层 BCN 都以低层 BCN 作为单元簇，单元簇间按照完全图的结构连接。

BCN 互联结构的最基本模块是 BCN$(\alpha,\beta,0)$，其中，$\alpha + \beta = n$。BCN$(\alpha,\beta,0)$由 n 台服务器与一个 n 端口交换机互连组成，每台服务器的第 1 个端口用来与交换机相连。每个 BCN$(\alpha,\beta,0)$中的服务器被分为两种类型，分别是主服务器和从服务器，令 α 表示主服务器的数量，β 表示从服务器的数量。主服务器和从服务器的第 2 个端口将分别用于在第 1 维和第 2 维构建更高层的 BCN。需要说明的是，主/从服务器在功能上并没有差异，区分开来的目的仅在于简化 BCN 互联结构的表述。下文中提及可用服务器时表示该服务器的第 2 个端口仍然空闲。

1. BCN 的第 1 维度

BCN(α,β,h)表示第 1 维度上由主服务器形成的 h 层 BCN。对任意给定的 $h \geqslant 1$，BCN(α,β,h)是一个不完备复合图，其中，拥有 α 个可用主服务器的 BCN$(\alpha,\beta,h-1)$作为 G_1，而包含 α 个节点的完全图作为 G。事实上，对于任意给定的 $h \geqslant 0$，BCN(α,β,h)结构中都存在 α 个可用的主服务器可支持网络结构向更高层次扩展，本质上等价于 HCN(α,h)结构。唯一的区别在于，BCN(α,β,h)中每台交换机除了与 α 个主服务器相连外，还将与 β 个从服务器相连。

2. BCN 的第 2 维度

如上所述，单个基本构建模块 BCN$(\alpha,\beta,0)$中拥有 β 个从服务器，而在任意 BCN(α,β,h)中则共有 $S_h = \alpha^h \beta$ 个从服务器。这里，我们重点关注如何利用这些从服务器在第 2 维度上扩展 BCN(α,β,h)。一种方式是沿用复合图设计方法：以 BCN(α,β,h) 作为单元簇，利用其中全体从服务器的第 2 个端口，按照完全图的方式将 S_h+1 个 BCN(α,β,h) 单元簇互联为复合图 G(BCN(α,β,h))。值得注意的是，所有从服务器的端口 2 已经被全部使用，G(BCN(α,β,h)) 将无法从第 2 维继续扩展。但是，BCN 依然可以在第 1 维按需扩展并且不会使现存网络发生改变。为便于后续探讨，我们首先给出定理 3.1 及其证明。

定理 3.1   任意给定的 BCN(α,β,h) 中包含的从服务器总数为

$$S_h = \alpha^h \beta \tag{3-1}$$

证明：对于任意的 BCN(α,β,h)($h{\geqslant}1$) 而言，其由 α 个 BCN($\alpha,\beta,h-1$) 构建而成，因此 BCN(α,β,h) 共有 α^h 个最基本构建模块 BCN($\alpha,\beta,0$)。每个 BCN($\alpha,\beta,0$) 中有 β 个从服务器。故 BCN(α,β,h) 中的从服务器总数为 $S_h = \alpha^h\beta$。定理得证。   □

图 3-3 给出了 G(BCN(4,4,0)) 互联结构的示意图。4 个从服务器与 1 个四端口交换机相连构成基本构建单元 BCN(4,4,0)，然后 5 个 BCN(4,4,0) 按照 5 个节点完全图的形式彼此相连。在最终构造出的复合网络结构中，每个从服务器的度数均为 2。

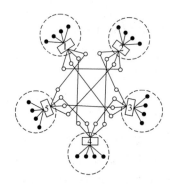

图 3-3   第二维由 5 个 BCN(4,4,0) 组成的 G(BCN(4,4,0)) 互联结构

3．二维复合网络 BCN

在第 1 维度 BCN(α,β,h) 和第 2 维度 G(BCN(α,β,h)) 的基础上，本节介绍由主服务器和从服务器共同构成的二维复合图互联结构 BCN，表示为 BCN(α,β,h,γ)。其中，h 表示第 1 维度中 BCN 的层次，γ 表示第 2 维度中被选作单元簇的 BCN 的层次。这种情况下，BCN($\alpha,\beta,0$) 由 α 个主服务器，β 个从服务器和 1 个 n 端口交换机互连而成，它仍然是任意层次的二维复合图互联

结构 BCN 的最基本构建模块。为简化表述,本章后续部分将使用术语"二维 BCN"代替"二维复合图互联结构 BCN"的说法。

为实现数据中心的按需扩展,在不破坏现有互联结构的前提下,我们需要对初始的低层 $BCN(\alpha,\beta,h)$ 在第 1 维或第 2 维进行扩展。当 $h<\gamma$ 时,二维 BCN 结构实质上是 $BCN(\alpha,\beta,h)$,此时第 2 维上用于扩展的单元簇还未形成。当 h 增加至 γ 时,二维 BCN 在第 1 维上形成 $BCN(\alpha,\beta,\gamma)$,它可作为单元簇用于支持第 2 维上的扩展。复合图 $BCN(\alpha,\beta,\gamma,\gamma)$ 中共有 $\alpha^\gamma\beta+1$ 个 $BCN(\alpha,\beta,\gamma)$ 子网络,每个 $BCN(\alpha,\beta,\gamma)$ 中则有 α 个主服务器。我们用符号 u 作为这 $\alpha^\gamma\beta+1$ 个 $BCN(\alpha,\beta,\gamma)$ 的序号,显然,u 的取值范围为 1 到 $\alpha^\gamma\beta+1$。图 3-3 所示的互联结构正是 $BCN(4,4,0,0)$,此时有 $h=\gamma=0$,它包含有 5 个 $BCN(4,4,0)$。由于 $BCN(\alpha,\beta,\gamma,\gamma)$ 的第 2 维再没有可用的从服务器,因此其在第 2 维不能继续扩展,但可在第 1 维继续扩展。

当 $h>\gamma$ 时,$BCN(\alpha,\beta,\gamma,\gamma)$ 中第 1 维的 $BCN(\alpha,\beta,\gamma)$ 被 $BCN(\alpha,\beta,h)$ 所取代,且每个 $BCN(\alpha,\beta,h)$ 中包含 $\alpha^{h-\gamma}$ 个同构的 $BCN(\alpha,\beta,\gamma)$ 结构。我们用 v 作为相同 $BCN(\alpha,\beta,h)$ 中这 $\alpha^{h-\gamma}$ 个 $BCN(\alpha,\beta,\gamma)$ 的序号,显然,v 的取值范围为 1 到 $\alpha^{h-\gamma}$。至此,$BCN(\alpha,\beta,h)$ 中任意 $BCN(\alpha,\beta,\gamma)$ 都可由二元组 (u,v) 唯一标识。需要注意的是,只有 $v=1$ 的全体 $BCN(\alpha,\beta,\gamma)$ 在第 2 维上以完全图的方式互联,从而形成 $1^{th}G(BCN(\alpha,\beta,\gamma))$。从此,具有相同 $v(v\neq1)$ 值的不同 $BCN(\alpha,\beta,\gamma)$ 中的两台服务器间的通信必须通过该 $1^{th}G(BCN(\alpha,\beta,\gamma))$ 中相关 $BCN(\alpha,\beta,\gamma)$ 的中继传输才能实现,因此,$1^{th}G(BCN(\alpha,\beta,\gamma))$ 存在成为通信瓶颈的潜在风险。为了解决该问题,允许全体 $v=i$ 的 $BCN(\alpha,\beta,\gamma)$ 同样以完全图的方式互联形成 $i^{th}G(BCN(\alpha,\beta,\gamma))$。至此,最终得到的 $BCN(\alpha,\beta,h,\gamma)$ 中所有 $G(BCN(\alpha,\beta,\gamma))$ 均为完备复合图,其中,G 为包含 $\alpha^\gamma\beta$ 个节点的完全图,G_1 为包含 $\alpha^\gamma\beta$ 个可用从服务器的 $BCN(\alpha,\beta,\gamma)$。

图 3-4 描述的正是由所有主节点和从节点形成的 $BCN(4,4,1,0)$ 结构,出于篇幅的限制图中仅画出了第 1 和第 3 个 $BCN(4,4,1)$ 结构,而其他 3 个 $BCN(4,4,1)$ 结构没有展现。$BCN(4,4,1,0)$ 由第 2 维的 5 个同构 $BCN(4,4,1)$ 和第 1 维的 4 个同构 $G(BCN(4,4,0))$ 组成。每个从服务器的节点度数均为 2,主服务器的节点度数至少为 1 且最多为 2。

3.3.2　BCN 互联结构的构建方法

如前说述,将一个低层 BCN 作为单元簇后可通过不断扩展得到高层 BCN 网络,不同单元簇之间以完全图的方式互相连接。具体的构建方式如下:

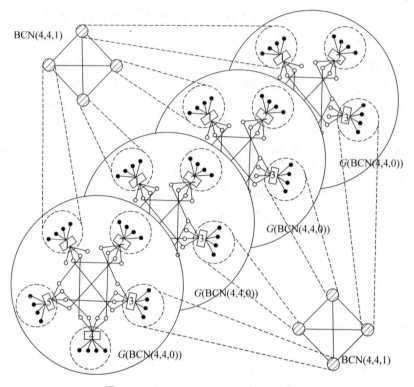

图 3-4 BCN(4,4,1,0)互联结构示意图

(1) 当 $h<\gamma$ 时：BCN(α,β,γ)的构建方法可参照 HCN(α,h)的构建方法。

(2) 当 $h=\gamma$ 时：BCN(α,β,γ)中所有从服务器都被用来在第 2 维进行扩展,任意从服务器都被唯一标识为 $x=x_\gamma\cdots x_1 x_0$,其中,$1\leqslant i\leqslant\gamma$ 时有 $1\leqslant x_i\leqslant\alpha$,且 $\alpha+1\leqslant x_0\leqslant n$。除了该唯一标识符外,从服务器还通过唯一的 id$(x)$来确定,该 id$(x)$表示该服务器在 BCN$(\alpha,\beta,\gamma)$中所有从服务器中的顺序,取值范围从 1 到 s_γ。其中,任意从服务器的标识符和 id(x)的映射关系由定理 3.2 确定。

定理 3.2   对于任意的从服务器 $x=x_\gamma\cdots x_1 x_0$,其唯一的 $id(x)$可由下式确定：

$$\mathrm{id}(x_\gamma\cdots x_1 x_0)=\sum_{i=1}^{\gamma}(x_i-1)\cdot\alpha^{i-1}\cdot\beta+(x_0-\alpha) \tag{3-2}$$

证明：对于任意 $1\leqslant i\leqslant\gamma$,$x_i$ 表示 BCN(α,β,i,γ)中包含从服务器 x 的 BCN$(\alpha,\beta,i-1,\gamma)$的内部编号顺序,而任意 BCN$(\alpha,\beta,i-1,\gamma)$中从服务器的总数均为 $\alpha^{i-1}\cdot\beta$。因此,包含该从服务器 x 的最基本构建模块 BCN$(\alpha,\beta,0)$之前的其他最基本构建模块中从服务器的总数为 $\sum\limits_{i=1}^{\gamma}(x_i-1)\cdot\alpha^{i-1}\cdot\beta$。同时,在

该从服务器 x 所在的 $BCN(\alpha,\beta,0)$ 中共有 $x_0-\alpha$ 个从服务器排在 x 之前。定理得证。　　　　　　　　　　　　　　　　　　　　　　　　　　　□

如前所述, $h=\gamma$ 时二维 BCN 是 $s_\gamma+1$ 个 $BCN(\alpha,\beta,\gamma)$ 构成的 $G(BCN(\alpha,\beta,\gamma))$。此时,用 $BCN_u(\alpha,\beta,\gamma)$ 来指代第 2 维中的第 u 个 $BCN(\alpha,\beta,\gamma)$ 结构。$BCN_u(\alpha,\beta,\gamma)$ 中每台服务器拥有唯一的标识 $x=x_\gamma\cdots x_1 x_0$ 和一个三元组 $[v(x)=1,u,x]$,其中, $v(x)$ 由定理 3.3 定义。对于任意 $1\leqslant u\leqslant s_\gamma+1$, $BCN_u(\alpha,\beta,\gamma)$ 中所有主服务器都按照定义 3.3 给出的规则进行相连。

在构造 $G(BCN(\alpha,\beta,\gamma))$ 的过程中,有多种方法可用于互连 $s_\gamma+1$ 个同构 $BCN_u(\alpha,\beta,\gamma)$ 中的全体从服务器。如文献[12,13]中所述,当下述条件同时满足时,任意两个从服务器 $[1,u_s,u_s]$ 和 $[1,u_d,u_d]$ 才能够相连。

$$\left.\begin{array}{l} u_d = (u_s+\mathrm{id}(x_s))\bmod(s_\gamma+2) \\ \mathrm{id}(x_d)=s_\gamma+1-\mathrm{id}(x_s) \end{array}\right\} \tag{3-3}$$

其中,$\mathrm{id}(x_s)$ 和 $\mathrm{id}(x_d)$ 可由公式(3-2)计算可得。而在文献[7]中,当下述条件同时满足时,任意两个从服务器 $[1,u_s,u_s]$ 和 $[1,u_d,u_d]$ 才能够相连。

$$\left.\begin{array}{l} u_s > \mathrm{id}(x_s) \\ u_d = \mathrm{id}(x_s) \\ \mathrm{id}(x_d)=(u_s-1)\bmod s_\gamma \end{array}\right\} \tag{3-4}$$

本章不再重新设计从服务器之间的连接规则,因为上述两种连接规则已经能够满足构建 $G(BCN(\alpha,\beta,\gamma))$ 的需要。

(3) 当 $h>\gamma$ 时:在 $BCN(\alpha,\beta,\gamma,\gamma)$ 结构形成之后,还可以从第 1 个维度对 2 维 BCN 进行扩展。此时,$BCN(\alpha,\beta,h,\gamma)$ 在第 2 维有 $s_\gamma+1$ 个同构 $BCN(\alpha,\beta,h)$。对于任意 $1\leqslant u\leqslant s_\gamma+1$,$BCN_u(\alpha,\beta,h)$ 中的每台服务器都被赋予唯一的标识符 $x=x_\gamma\cdots x_1 x_0$。$BCN_u(\alpha,\beta,\gamma)$ 在第 1 维拥有 $\alpha^{h-\gamma}$ 个同构的 $BCN(\alpha,\beta,\gamma)$ 结构。此外,我们也提到将使用序数 v 对 $BCN_u(\alpha,\beta,\gamma)$ 中包含服务器 x 的 $BCN(\alpha,\beta,\gamma)$ 进行内部排序。

$BCN_u(\alpha,\beta,\gamma)$ 中的每台服务器被另外分配一个三元组 $[v(x),u,x]$,其中,$v(x)$ 的由定理 3.3 给出。一对 $v(x)$ 和 u 已经足以确定 $BCN(\alpha,\beta,h,\gamma)$ 内的某个 $BCN(\alpha,\beta,h)$。对于任意从服务器 x,我们会额外采用 $\mathrm{id}(x_\gamma\cdots x_1 x_0)$ 来确定从服务器 x 在同一 $BCN(\alpha,\beta,\gamma)$ 内的全体从服务器中的内部序号。

定理 3.3　当 $h\geqslant\gamma$ 时,$BCN(\alpha,\beta,h)$ 中任意给定的服务器标识符为 $x=x_\gamma\cdots x_1 x_0$,该服务器所在的模块 $BCN(\alpha,\beta,\gamma)$ 在 $BCN(\alpha,\beta,h)$ 中的内部序号由下式给出:

$$v(x) = \begin{cases} 1, & \text{if } h = \gamma \\ x_{\gamma+1}, & \text{if } h = \gamma+1 \\ \sum_{i=\gamma+2}^{h} (x_i - 1) \cdot \alpha^{i-\gamma-1} + x_{\gamma+1}, & \text{if } h > \gamma+1 \end{cases} \tag{3-5}$$

证明：如前所述，任意高层结构 BCN(α,β,i) 均由 α 个低层结构 BCN$(\alpha,\beta,i-1)$ 构成，因此，当 $i > \gamma$ 时，BCN(α,β,i) 共包含 $\alpha^{i-\gamma}$ 个 BCN(α,β,γ)。这里，x_i 表示的是服务器 x 所处的 BCN$(\alpha,\beta,i-1)$ 结构在上一层 BCN(α,β,i) 结构中的序号。对于任意 $\gamma+2 \leqslant i \leqslant h$，其他 $x_i - 1$ 个前列 BCN$(\alpha,\beta,i-1)$ 结构共包含 $(x_i-1)\alpha^{i-\gamma-1}$ 个 BCN(α,β,γ) 结构。同时，$x_{\gamma+1}$ 代表服务器 x 所在的 BCN(α,β,γ) 在 BCN$(\alpha,\beta,\gamma+1)$ 中的内部序号，因此，该服务器所在的 BCN(α,β,γ) 结构在 BCN(α,β,h) 中的内部排序编号由公式（3-5）给出。定理得证。 □

在为全体主服务器和从服务器分配唯一的三元组后，本章为构建 $h > \gamma$ 时的 BCN(α,β,h,γ) 提出了一种如算法 3-1 所示的通用方法。该方法主要包含 3 部分：第 1 部分将服务器组合成最基本的构建模块 BCN$(\alpha,\beta,0)$ 以用于进一步的扩展；第 2 部分将所有 u 值相同且满足定义 3.3 约束的主服务器的端口 2 相连构成 $s_\gamma+1$ 个 BCN(α,β,h)；第 3 部分是将所有 v 值相同且满足公式（3-3）约束的从服务器的端口 2 相连，而最终得到的 BCN(α,β,h,γ) 包含 $\alpha^{h-\gamma}$ 个 $G(\text{BCN}(\alpha,\beta,\gamma))$。值得注意的是，从服务器之间的连接规则不止一种，同样可以按照公式（3-4）进行连接。

算法 3-1　构建 BCN(α,β,h,γ)

要求：$h > \gamma$

1：将所有 u 值相同且标识符具有长度为 h 的公共前缀的服务器通过其第 1 个端口与同一交换机相连。{最小模块 BCN$(\alpha,\beta,0)$ 的构建}；

2：**for** $u=1$ to $\alpha^\gamma\beta+1$ **do** {将所有 u 值相同的主服务器连接成 $\alpha^\gamma\beta+1$ 个 BCN(α,β,h)}；

3：任意主服务器 $[v(x),u,x=x_h\cdots x_1 x_0]$ 通过其第 2 个端口与另一主服务器 $[v(x'),u,x'=x_h\cdots x_{j+1} x_{j-1} x_j^j]$ 相连，当且仅当 j 在某个复制下满足：$x_j \neq x_{j-1}, x_{j-1}=\cdots=x_1 x_0$，其中，$1 \leqslant x_0 \leqslant \alpha$，$x_j^j$ 表示 j 个连续的 x_j；

4：**for** $v=1$ to $\alpha^{h-\gamma}$ **do** {将所有 v 值相同的从服务器连接形成 BCN(α,β,h,γ) 中的第 v 个 $G(\text{BCN}(\alpha,\beta,\gamma))$}；

5：任意两个从服务器 $[v(x),u_x,x=x_h\cdots x_1 x_0]$ 和 $[v(y),u_y,y=y_h\cdots y_1 y_0]$ 通过各自的第 2 个端口互相连接，当且仅当（1）$v(x)=v(y)$；（2）$[u_x, x_\gamma\cdots x_1 x_0]$ 和 $[u_y,y_\gamma\cdots y_1 y_0]$ 满足公式（3-3）

3.4　BCN 互联结构的路由机制

在数据中心网络中,单播(unicast)是最基础的通信模式,也是多对一通信和多对多通信模式的基础。本节在不考虑硬件设备故障和链路失效的情况下,首先探讨单播通信的单路径路由机制和平行多路径路由方法。在此基础上,考虑网络中的常见失效问题并提出容错路由机制,并重点阐述任意服务器之间采用多路径传输的优势。

3.4.1　单播通信的单路径路由

1. 当 $h < \gamma$ 时

本章提出一种称为 FdimRouting 的高效路由机制,用于寻找 $BCN(\alpha, \beta, h)$ $(h \geqslant 1)$ 中任意服务器对之间的单路径路由。令 src 和 dst 分别表示位于相同 $BCN(\alpha, \beta, h)$ 但不同 $BCN(\alpha, \beta, h-1)$ 的源服务器和目的服务器,其中源服务器和目的服务器既可以是主服务器也可以是从服务器。FdimRouting 路由算法首先确定 src 和 dst 各自所在的 $BCN(\alpha, \beta, h-1)$,以及这两个 $BCN(\alpha, \beta, h-1)$ 之间的连线(dst1, src1);其次,分别计算从 src 到 dst1,src1 到 dst 的两条子路径。至此,src 和 dst 之间的整个路径等价于链路(dst1, src1)加上上述两条子路径,并且可通过迭代调用算法 3-2 最终获得这两条子路径。

算法 3-2　FdimRouting(src, dst)

要求:src 和 dst 是同一 $BCN(\alpha, \beta, h)$ $(h < \gamma)$ 中的两台服务器,其标识符
　　　　分别表示为 src $= s_h s_{h-1} \cdots s_1 s_0$ 和 dst $= d_h d_{h-1} \cdots d_1 d_0$

1:pref←CommPrefix(src, dst);

2:令 m 表示 pref 的长度;

3:**if** $m == h$ **then**

4:　　Return (src, dst)〔两台服务器连接同一台交换机〕

5:(dst1, src1)←GetIntraLink(pref, s_{h-m}, d_{h-m})

6:head←FdimRouting(src, dst1)

7:tail←FdimRouting(src1, dst);

8:Return head $+$ (dst1, src1) $+$ tail

GetIntraLink(pref, s, d)

1:令 m 表示 pref 的长度;

2:dst1←pref $+ s + d^{h-m}$〔d^{h-m} 表示 $h-m$ 个连续的 d〕

3：$\mathrm{src1} \leftarrow \mathrm{pref} + d + s^{h-m}$ {s^{h-m} 表示 $h-m$ 个连续的 s}

4：Return(dst1,src1)

在算法 3-2 中，一对服务器的标识符可以从其两项输入要素中获取，每个输入要素是一元组或三元组的形式。其中，三元组表示，当 $h \geqslant \gamma$ 时当前的 $\mathrm{BCN}(\alpha,\beta,h)$ 是 $\mathrm{BCN}(\alpha,\beta,h,\gamma)$ 的一部分。算法 CommPrefix 用于计算 src 和 dst 的公共前缀，GetIntraLink 用于计算 $\mathrm{BCN}(\alpha,\beta,h)$ 内任意子网络间的唯一链路。由定义 3.3 可知，该唯一连线的两个端点可以从这两个子网的标识符推断出来。因此，GetIntraLink 算法的时间复杂度为 $O(1)$。

在 FdimRouting 算法中，与同一交换机相连的两台服务器之间的路径长度是 1。该假设也在 DCell、FiConn、BCube 等以服务器为核心的网络互联结构中广泛应用。从 FdimRouting 算法中，我们可以推导出定理 3.4。

定理 3.4 $\mathrm{BCN}(\alpha,\beta,h)$ 中任意服务器对之间的最短路径长度不超过 $2^{h+1}-1$。

证明：设 src 和 dst 是位于同一 $\mathrm{BCN}(\alpha,\beta,h)$ 但不同 $\mathrm{BCN}(\alpha,\beta,h-1)$ 的源服务器和目的服务器。令 D_h 表示算法 3-2 为 src 和 dst 计算出的路由路径的长度，该路径包括两条 $\mathrm{BCN}(\alpha,\beta,h-1)$ 内的子路径以及一条连接两个不同 $\mathrm{BCN}(\alpha,\beta,h-1)$ 的链路组成。不难推断出 $D_h = 2D_{h-1}+1$，其中，$h>0$，$D_0=1$。从而可进一步得知 $D_h = \sum_{i=0}^{h} 2^i$。定理得证。   □

算法 3-2 用于计算整条路径的时间复杂度为 $O(2^h)$。如果仅计算下一跳服务器，则其时间复杂度可降低为 $O(h)$。

2. 当 $h \geqslant \gamma$ 时

$\mathrm{BCN}(\alpha,\beta,h,\gamma)$ 中共包含 $\alpha^\gamma \beta + 1$ 个 $\mathrm{BCN}(\alpha,\beta,h)$ 结构。只有当服务器 src 和 dst 位于同一个 $\mathrm{BCN}(\alpha,\beta,h)$ 时，FdimRouting 算法才可为其计算出一条路径。在其他情况下仅使用 FdimRouting 算法不能确保一定能够为任意一对服务器找到路径。为此，本章提出了针对 $h \geqslant \gamma$ 时的 BdimRouting 路由机制，如算法 3-3 所示。

算法 3-3 BdimRouting(src,dst)

要求：src 和 dst 表示位于 $\mathrm{BCN}(\alpha,\beta,h \geqslant \gamma,\gamma)$ 内的两台服务器，其标识符分别为三元组 $[v(s_h \cdots s_1 s_0), u_s, s_h \cdots s_1 s_0]$ 和 $[v(d_h \cdots d_1 d_0), u_d, d_h \cdots d_1 d_0]$

1：**if** $u_s == u_d$ **then** {两台服务器位于同一个 $\mathrm{BCN}(\alpha,\beta,h)$ 内}；

2：　Return FdimRouting（src,dst）；

3：$v_c \leftarrow v(s_h \cdots s_1 s_0)$ ｛v_c 也可以是 $v(d_h \cdots d_1 d_0)$｝

4：（dst1,src1）$\leftarrow$ GetInterLink（u_s,u_d,v_c）

5：head $\leftarrow$ FdimRouting（src,dst1）｛计算出 BCN(α,β,h,γ)中第 u_s 个 BCN(α,β,h)内从 src 到 dst1 的路径｝

6：tail $\leftarrow$ FdimRouting（src1,dst）｛计算出 BCN(α,β,h,γ)中第 u_d 个 BCN(α,β,h)内 src1 到 dst 的路径｝

7：Return head＋（dst1,src1）＋tail

GetInterLink（s,d,v）

1：推算出分别在 BCN(α,β,h,γ)中第 s 和第 d 个 BCN(α,β,h)中的两个从服务器 $[s,x=x_h \cdots x_1 x_0]$ 和 $[d,y=y_h \cdots y_1 y_0]$，满足：（1）$v(x)=v(y)=v$；（2）$[s,x_\gamma \cdots x_1 x_0]$和$[d,y_\gamma \cdots y_1 y_0]$，满足公式（3-3）。

2：Return（$[s,x],[d,y]$）

设 src 和 dst 为 BCN(α,β,h,γ)中的任意一对源服务器和目的服务器,其中,$h \geqslant \gamma$。当 src 和 dst 位于同一 BCN(α,β,h)时,算法 3-3 通过调用算法 3-2 获得路由路径。当二者位于不同 BCN(α,β,h)时,算法 3-3 首先计算出连接 BCN$_{us}(\alpha,\beta,h)$和BCN$_{ud}(\alpha,\beta,h)$中序号为 v(src)的两个 BCN(α,β,γ)的链路 (dst1,src1)。值得注意的是,BCN$_{us}(\alpha,\beta,h)$ 和 BCN$_{ud}(\alpha,\beta,h)$中序号为 v(dst)的两个 BCN(α,β,γ)之间的链路也可作为备选的 (dst1,src1)。然后,通过调用算法 3.2 可进一步得到 src 到 dst1,src1 到 dst 的两条子路径,最终 src 到 dst 的完整路径即为这 3 条路径之和。而从 BdimRouting 算法,我们可以推导出以下定理。

定理 3.5　BCN$(\alpha,\beta,h,\gamma)(h \geqslant \gamma)$中任意服务器对之间的最短路径长度不超过$2^{h+1}+2^{\gamma+1}-1$。

证明：由算法 3-3 可知,src 到 dst 的完整路径由(src,dst1),(dst1,src1),(src1,dst)这 3 部分组成。由于 src 和 dst1 位于同一 BCN(α,β,γ)中,因此 (src,dst1)的路径长度为$2^{\gamma+1}-1$。而根据定理 3.4 可知,(src1,dst)的路径长度至多为$2^{h+1}-1$。从而,src 到 dst 的完整路径长度不超过$2^{h+1}+2^{\gamma+1}-1$。定理得证。　　□

值得注意的是,根据公式(3-3)和 3 个输入要素,GetInterLink 算法可直接推算出一条链路的两端服务器,因此,该算法时间复杂度为 $O(1)$。而算法 3-3 用于计算整条路径的时间复杂度为 $O(2^k)$,但若仅计算下一跳服务器,其时间复杂度可降低为 $O(k)$。

3.4.2　单播通信的多路径路由

在介绍 BCN 的多路径路由机制之前,我们首先给出平行路径的概念。所谓平行路径,指的是两条路径中除源服务器 src 和目的服务器 dst 之外没有其他任何共用的服务器。相对于单路径路由而言,多路径路由在容错能力等方面有很多优势。本小节主要探讨如何为 BCN 中任意服务器对之间生成多条平行路径。这里,我们首先给出一条引理及其证明。

引理 3.1　位于同一 $BCN(\alpha, \beta, h)$ 但不同 $BCN(\alpha, \beta, 0)$ 中的任意服务器对 src 和 dst 之间存在 $\alpha - 1$ 条平行路径。

证明:该引理的正确性将通过这 $\alpha - 1$ 条平行路径的构建过程来证明。具体构建方法采用的是 $h < \gamma$ 时的 FdimRouting 算法。假设 $BCN(\alpha, \beta, i)$ 是包含服务器对 src 和 dst 的最低层 BCN 网络,算法 FdimRouting 首先计算出分别包含 src 和 dst 的两个 $BCN(\alpha, \beta, i-1)$ 之间的链路(dst1, src1),然后构造通过链路(dst1, src1)的第 1 条路径。值得注意的是,包含 dst 的 $BCN(\alpha, \beta, i)$ 中有 α 个低层 $BCN(\alpha, \beta, i-1)$ 结构。除了第 1 条路径不需要途经任何中间 $BCN(\alpha, \beta, i-1)$ 外,其余 $\alpha - 2$ 条平行路径必然分别途经 $\alpha - 2$ 个中间 $BCN(\alpha, \beta, i-1)$ 结构。接下来,我们将重点阐述这些 $\alpha - 2$ 条平行路径的具体构建过程。

首先,令 $x_h \cdots x_1 x_0$ 和 $y_h \cdots y_1 y_0$ 分别表示 src1 和 dst1 的标识符。假设某服务器的标识符为 $z = z_h \cdots z_1 z_0$,若该服务器的标识符除 z_{i-1} 维不同于 x_{i-1} 和 y_{i-1} 外,其余维度都与 src1 相同,则该服务器为 src1 的候选服务器。于是,src 到 dst 的路由路径可由两部分组成:src 到候选服务器 z 的子路径以及候选服务器 z 到 dst 的子路径。这两条子路径都可由算法 FdimRouting 计算得到。考虑到 src1 的候选服务器共有 $\alpha - 2$ 个,因此除了第 1 条路径之外,src 和 dst 之间还存在 $\alpha - 2$ 条通过 z 的平行路径。引理 3.1 得证。　□

事实上,src 和 dst 间的全体 $\alpha - 1$ 条平行路径的构建过程只依赖于 src 和 dst 的标识符,因此可通过分布式方法完成。为便于理解,我们以图 3-2 为例展示任意两台服务器间的 3 条平行路径。对于服务器 111 和 144 来说,其第 1 条平行路径为 111→114→141→144,该路径由算法 3-2 计算得到。而剩余两条平行路径分别为 111→113→131→134→143→144 和 111→112→121→124→142→144。可以看到,这 3 条路径都是节点不相交路径,因此互相平行。

考虑 $BCN(\alpha, \beta, \gamma, \gamma)$ 内的服务器 src 和 dst,若二者位于同一 $BCN(\alpha, \beta, \gamma)$ 内,则由引理 3.1 可知,二者之间存在 $\alpha - 1$ 条平行路径。否则,首先假设 A 和 B

分别代表 src 和 dst 所处的 $BCN(\alpha,\beta,\gamma)$。因为 $BCN(\alpha,\beta,\gamma,\gamma)$ 采用完全图将 $\alpha^{\gamma}\beta+1$ 个 $BCN(\alpha,\beta,\gamma)$ 互联,故 A 和 B 之间存在有 $\alpha^{\gamma}\beta$ 条平行路径。因此,在引理 3.1 的基础上,我们可以得到下述引理 3.2。

引理 3.2 位于同一 $BCN(\alpha,\beta,\gamma,\gamma)$ 但不同 $BCN(\alpha,\beta,0)$ 中的任意服务器对 src 和 dst 之间存在 $\alpha-1$ 条平行路径。

当 $h>\gamma$ 时,$BCN(\alpha,\beta,h,\gamma)$ 的基本单元簇是 $BCN(\alpha,\beta,\gamma)$。设服务器对 src 和 dst 的标识符分别为 $[v(s_h\cdots s_1 s_0),u_s,s_h\cdots s_1 s_0]$ 和 $[v(d_h\cdots d_1 d_0),u_d,d_h\cdots d_1 d_0]$,并且分别位于标识符为 $\langle v(s_h\cdots s_1 s_0),u_s\rangle$ 和 $\langle v(d_h\cdots d_1 d_0),u_d\rangle$ 的两个单元簇内。根据引理 3.1 和引理 3.2 可知,如果 $u_s=u_d$ 或者 $v(s_h\cdots s_1 s_0)=v(d_h\cdots d_1 d_0)$,则服务器对 src 和 dst 间存在 $\alpha-1$ 条平行路径。而在其他情况下,我们选择标识符为 $\langle v(s_h\cdots s_1 s_0)\rangle$ 的 $BCN(\alpha,\beta,\gamma)$ 作为中继的单元簇。根据前面的定义,两个单元簇 $\langle v(s_h\cdots s_1 s_0),u_s\rangle$ 和 $\langle v(s_h\cdots s_1 s_0),u_d\rangle$ 之间存在 $\alpha^{\gamma}\beta$ 条平行路径,而两个单元簇 $\langle v(s_h\cdots s_1 s_0),u_d\rangle$ 和 $\langle v(d_h\cdots d_1 d_0),u_d\rangle$ 之间则只存在 $\alpha-1$ 条平行路径。同时,根据引理 3.1,同一单元簇中的任意服务器对之间存在 $\alpha-1$ 条平行路径,据此服务器对 src 和 dst 之间存在 $\alpha-1$ 条平行路径。事实上,若是采用标识符为 $\langle v(d_h\cdots d_1 d_0),u_s\rangle$ 的 $BCN(\alpha,\beta,\gamma)$ 作为中继单元簇,服务器对 src 和 dst 之间也存在 $\alpha-1$ 条平行路径。这两组平行路径只在单元簇 $\langle v(s_h\cdots s_1 s_0),u_s\rangle$ 和 $\langle v(d_h\cdots d_1 d_0),u_d\rangle$ 中存在相交,从而我们可以得到下述定理 3.6。

定理 3.6 无论是否有 $h\geqslant\gamma$,位于同一 $BCN(\alpha,\beta,h,\gamma)$ 但不同 $BCN(\alpha,\beta,0)$ 中的任意服务器对 src 和 dst 之间都存在 $\alpha-1$ 条平行路径。

尽管 BCN 的网络结构特征确保了任意服务器对之间拥有多条路由路径,但本章提出的 FdimRouting 算法和 BdimRouting 算法都只提供单路径路由。为了提高单播通信的可靠性,我们将在链路、服务器或交换机出现故障的情况下使用这些平行路径。值得注意的是,这些平行路径都需要经过与目的服务器相连的最后一跳交换机,除非该交换机与目的服务器的连接出现故障,否则不会影响这些平行路径的容错性能。在这种极端情况下,两台服务器之间至多存在一条可用路径。

3.4.3 容错路由模式

在讨论容错路由之前,我们首先给出失效链路的定义,该定义代表了数据中心内常见的 3 种典型失效情形。

定义 3.4   链路(src1,dst1)被认为失效,当且仅当源服务器 src1 未失效,但其无法与 dst1 正常通信。dst1 的失效、物理链路、连接 src1 或 dst1 交换机的失效都可能造成链路(src1,dst1)的失效。

在本章中,为提高算法 FdimRouting 和 BdimRouting 的容错性,我们采用了两种容错技术,分别为局部重路由和远程重路由。所有用于连接主服务器的链路均被称为局部链路(local link),而所有用于连接从服务器的链路均被称为远程链路(remote link)。局部重路由在 FdimRouting 算法的基础上调整路由路径中的局部链路。远程重路由则调整由 BdimRouting 算法生成的路由路径中的远程链路。

1. 局部重路由

给定 $BCN(\alpha,\beta,h,\gamma)$ $(h<\gamma)$ 中的服务器 src 和 dst,我们可以根据 FdimRouting 算法计算得到一条从 src 到 dst 的路由路径。假设这条路径上的失效链路为 $(src1,dst1)$,其中,src1 和 dst1 的标识符分别为 $x_k\cdots x_1 x_0$ 和 $y_k\cdots y_1 y_0$。由于算法 FdimRouting 并不考虑链接失效的情况,因此采用局部重路由的方法对原有路径进行局部调整以避开失效的链路。此时,每台服务器只获知一些本地信息,包括与其通过第 2 个 NIC 端口直连的服务器是否处于正常状态,以及其通过相同交换机互联的其他服务器是否处于正常状态。每台服务器需要为其失效的下一跳服务器计算出一组中继服务器。我们假设,至少有一个中继服务器是从 src 可达的。

局部重路由的基本思想是:src1 能够快速地找到 dst1 的所有可用的中继服务器,并从中选择一个中继服务器。调用 FdimRouting 算法可以计算得到一条从 src1 到该中继服务器的路由路径。src1 首先沿着该路由路径将数据包发送给中继服务器,然后再将数据包从中继服务器发送给最终目的服务器 dst。若 src1 到中继服务器的路径中任意链路出现故障,则数据包从失效路径的末端转向某个新的中继服务器。

局部路由方案的一个前提条件是 src1 能够仅依靠局部策略就能判定 dst1 的可选中继服务器。令 m 表示 src1 和 dst1 的最长公共前缀的长度,$x_h\cdots x_{h-m+1}$ 表示 $m\geq 1$ 时 src1 和 dst1 的最长公用前缀。若 $m\neq h$,dst1 和 src1 不与同一交换机相连,则中继服务器的标识符 $z_k\cdots z_1 z_0$ 为

$$\left.\begin{array}{l} z_h\cdots z_{h-m+1} = y_h\cdots y_{h-m+1} \\ z_{h-m} \in \{\{1,2,\cdots,\alpha\}-\{x_{h-m},y_{h-m}\}\} \\ z_{h-m-1}\cdots z_1 z_0 = y_{h-m-1}\cdots y_1 y_0 \end{array}\right\} \quad (3-6)$$

否则,我们需要推算出与 dst1 直接相连的服务器 dst2。失效链路(src1,dst1)实际上等价于链路(dst1,dst2)失效,除非 dst1 就是目的服务器。因此,根据公式(3-6)可计算出 dst2 的一个中继服务器,它同时也是 dst1 的中继服务器。事实上,这些中继服务器的总数为 $\alpha-2$,其中,$\alpha \approx (2\gamma n)/(2\gamma+1)$(如下面定理 3.8 所证)。由于数据中心内单台交换机端口数目 n 往往并不小,因此任意服务器的全体中继服务器同时失效的概率非常小。

在公式(3-6)中,符号 $h-m$ 代表 src1 和 dst1 处于同一个 $BCN(\alpha,\beta,h-m)$ 结构却在两个不同 $BCN(\alpha,\beta,h-m-1)$ 结构中,而且 $BCN(\alpha,\beta,h-m)$ 中存在 α 个 $BCN(\alpha,\beta,h-m-1)$ 结构。当 src1 发现 dst1 失效后,将从该 $BCN(\alpha,\beta,h-m)$ 的其他不包含 src1 和 dst1 的 $BCN(\alpha,\beta,h-m-1)$ 结构中为 dst1 选择一个中继服务器,然后源自 src1 的数据流将被转发到该中继服务器。但若从包含 src1 的 $BCN(\alpha,\beta,h-m-1)$ 中选择一个中继服务器,则数据流将依旧流向失效的 dst1。

为了便于理解,我们讨论如下针对局部重路由策略的一个简单示例。在图 3-2 中,111→114→141→144→411→414→441→444 是依据算法 3-2 得到的从服务器 111 到服务器 444 的路由路径。一旦链路 144→411 和/或服务器 411 失效,则服务器 144 立刻将服务器 211 或 311 作为 411 的一个中继服务器,并且计算出一条从 144 到该中继服务器的路径。若中继服务器是 211,则由算法 3-2 得到的从 144 到 211 的路由路径为 144→142→124→122→211。在 211 接收到数据流后,算法 3-2 计算出从 211 到 444 的路径 211→214→241→244→422→424→444。值得注意的是,若上述 144 到 221 的路由路径上仍出现失效链路,则该失效链路的源节点必须以同样的方式将流量绕过该失效链路,并到达 211。例如,若链路 122→211 失效,则服务器 311 将会代替 211 作为 411 的中继服务器;而若从 211 到 444 的路由路径上出现失效链路,则以同样的方式来加以解决。

值得注意的是,若是服务器 144 失效,则链路 141→144 同样被视为失效。在这种情况下,链路 141→144 失效和链路 144→411 失效对于从 111 到 444 的通信而言效果相同。根据前面提到的定理和公式(3-6)可知,服务器 211 和 311 是中继服务器,而标识符最左端为 1 的服务器将不能作为中继服务器,因为从这些服务器到目的服务器的路径会再次经过失效路径。

若服务器提前计算并储存这些中继服务器信息,则必须为其第 1 维的一跳邻居建立转发表,该转发表中保留的中继信息数目为 α,且每一项大小为 $\alpha-2$,因为对于失效的一跳邻居服务器有 $\alpha-2$ 个可选的中继服务器。这种提前计算的方法比起按需计算所造成的延迟更少,但需要额外的 $O(\alpha^2)$ 存储空间。若是转发项中只存储少量中继服务器信息,比如 3 个中继服务器,则存储消耗的复杂度可降为 α。

2. 远程重路由

对于 $BCN(\alpha,\beta,h,\gamma)$ $(h \geqslant \gamma)$ 中的任意两台服务器 src 和 dst,其三元组表示分别为 $[u_s,v_s,s_h \cdots s_1 s_0]$ 和 $[u_d,v_d,d_h \cdots d_1 d_0]$。如果 $u_s = u_d$,则 src 和 dst 位于相同的 $BCN(\alpha,\beta,h)$ 内。此时,局部重路由机制能够解决 src 和 dst 之间路由路径中任何链路失效的问题。否则,根据算法 3-3 的 GetInterLink 函数可推算出一对服务器 dst1 和 src1,其标识符分别为 $[u_s,v_s,x = x_h \cdots x_1 x_0]$ 和 $[u_d,v_d,y = y_h \cdots y_1 y_0]$。显然,dst1 和 src1 分别位于 $BCN_{u_s}(\alpha,\beta,h)$ 和 $BCN_{u_d}(\alpha,\beta,h)$ 的第 v_s 个 $BCN(\alpha,\beta,h)$ 中,而且链路(dst1,src1)是连接这两个 $BCN(\alpha,\beta,\gamma)$ 的唯一链路。

若失效链路发生在从 src 到 dst1 或从 src1 到 dst 这两条辅路上,则局部重路由便能解决。如果服务器 dst1 失效、src1 失效,或者链路(dst1,src1)失效,则局部重路由也无能为力。此时,数据流将不能通过链路(dst1,src1)从第 u_s 个 $BCN(\alpha,\beta,h)$ 流向第 u_d 个 $BCN(\alpha,\beta,h)$。为此,本章进一步提出远程重路由策略。

远程重路由的基本思想是:将数据流从 src 传送给另一个从服务器 dst2,其中,dst2 与 dst1 连接在同一交换机上,但前提是该从服务器和其相应链路均可用。令 dst2 的标识符为 $x_h \cdots x_1 x_0'$,其中,x_0' 可以是除了 x_0 以外从 $\alpha + 1$ 到 n 的任意整数。我们假设,与该从服务器 dst2 通过第 2 个端口连接的是从服务器 src2,其位于另一个 $BCN_{u_i}(\alpha,\beta,h)$ 中。此时,数据流将被转发到 src2 并被再度转发到目的地 dst,其中,从 src2 到 dst 的路径由算法 3-3 计算可得。如果从 src2 到 dst 的路径中出现失效,则本地重路由机制、远程重路由机制以及算法都可以很好地应对。

3.5　性能评估

本节首先分析 BCN 和 HCN 的拓扑属性,包括网络规模、网络直径、服务器的度数、网络连通性和路由路径多样性,并通过仿真实验评估路由路径长度、平均路径长度以及路由算法的鲁棒性。

3.5.1　网络规模

引理 3.3　$BCN(\alpha,\beta,h)$ 可容纳的服务器总数为 $\alpha^h(\alpha+\beta)$，包括 α^{h+1} 个主服务器和 $\alpha^h\beta$ 个从服务器。

证明：如前所述，任意高层 BCN 都包含有 α 个更低一层的 BCN。同时，$BCN(\alpha,\beta,h)$ 中有 α^h 个第 0 层的 BCN，而每个第 0 层 BCN 又有 α 个主服务器和 β 个从服务器。引理得证。　　□

引理 3.4　$G(BCN(\alpha,\beta,h))$ 可容纳的服务器总数为 $\alpha^h(\alpha+\beta)(\alpha^h\beta+1)$，包括 $\alpha^{h+1}(\alpha^h\beta+1)$ 个主服务器和 $\alpha^h\beta(\alpha^h\beta+1)$ 个从服务器。

证明：如前所述，$G(BCN(\alpha,\beta,h))$ 中包含有 $\alpha^h\beta+1$ 个 $BCN(\alpha,\beta,h)$。同时，根据引理 3.3 可知 $BCN(\alpha,\beta,h)$ 中包含的各类服务器的数量。引理得证。　　□

定理 3.7　$BCN(\alpha,\beta,h,\gamma)$ 中的服务器数量为

$$\begin{cases} \alpha^h(\alpha+\beta), & \text{if } h < \gamma \\ \alpha^{h-\gamma}\cdot(\alpha^\gamma\cdot(\alpha+\beta)(\alpha^\gamma\cdot\beta+1)), & \text{if } h \geqslant \gamma \end{cases} \tag{3-7}$$

证明：当 $h<\gamma$ 时，引理 3.3 已有证明。当 $h=\gamma$ 时，$BCN(\alpha,\beta,\gamma,\gamma)$ 实际上是 $G(BCN(\alpha,\beta,\gamma))$，因此根据引理 3.4 可知，$BCN(\alpha,\beta,\gamma,\gamma)$ 共包含有 $\alpha^\gamma(\alpha+\beta)(\alpha^\gamma\beta+1)$ 台服务器。当 $h>\gamma$ 时，考虑到 $BCN(\alpha,\beta,h,\gamma)$ 中包含有 $\alpha^{h-\gamma}$ 个 $BCN(\alpha,\beta,\gamma,\gamma)$，因此定理得证。　　□

定理 3.8　对任意 $n=\alpha+\beta$，$BCN(\alpha,\beta,\gamma,\gamma)$ 中服务器总数最大时 α 的最佳取值为

$$\alpha \approx (2\cdot\gamma\cdot n)/(2\gamma+1) \tag{3-8}$$

证明：$BCN(\alpha,\beta,\gamma,\gamma)$ 中服务器总数可表示为

$$\begin{aligned} f(\alpha) &= \alpha^\gamma\cdot(\alpha+\beta)(\alpha^\gamma\cdot\beta+1) \\ &= n\cdot\alpha^\gamma + n^2\cdot\alpha^{2\gamma} - n\cdot\alpha^{2\gamma+1} \end{aligned}$$

据此可得：

$$\frac{\varphi f(\alpha)}{\varphi\alpha} = n\alpha^{\gamma-1}(\gamma + 2\gamma\cdot n\cdot\alpha^\gamma - (2\gamma+1)\alpha^{\gamma+1})$$

$$\approx n\alpha^{\gamma-1}(2\gamma\cdot n\cdot\alpha^\gamma - (2\gamma+1)\alpha^{\gamma+1})$$

显然，当 $\alpha\approx(2\gamma\cdot n)/(2\gamma+1)$ 时，上述一阶导数为 0，而二阶导数小于 0。因此，当 $\alpha\approx(2\gamma\cdot n)/(2\gamma+1)$ 时，$BCN(\alpha,\beta,\gamma,\gamma)$ 中的服务器总数最大。定理得证。　　□

图 3-5 反映了 $n=32$ 或 48 时 $BCN(\alpha,\beta,1,1)$ 中服务器数量随 α 取值的变

化情况,可以看到,随着 α 值的增加,服务器数量先逐渐上升,到达顶点后再逐步下降。当 $n=48$ 时,BCN$(\alpha,\beta,1,1)$ 的最大服务器数量为 787968,此时,$\alpha=32$。当 $n=32$ 时,最大服务器数量则为 155904,此时,$\alpha=21$。该结果正好与定理 3.8 相吻合。

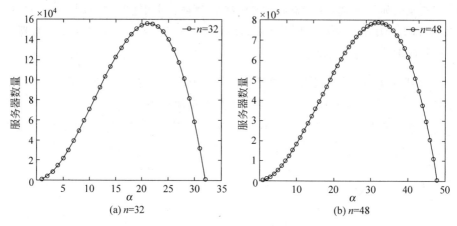

(a) $n=32$ (b) $n=48$

图 3-5 α 在 $[0,n]$ 内变化时 BCN$(\alpha,\alpha,1,1)$ 服务器数量的变化

图 3-6(a) 反映的是随交换机端口数目 n 的增加,BCN$(\alpha,\beta,1,1)$ 对 FiCoon$(n,2)$ 的网络规模之比的变化趋势,其中,$\alpha\approx(2\gamma n)/(2\gamma+1)$。可以看到,在服务器度数均为 2 且网络直径均为 7 的情况下,无论 n 如何取值,BCN 可容纳的服务器数量都要远远大于 FiCoon。

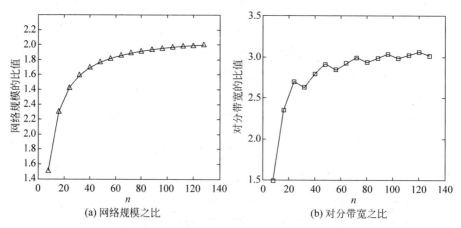

(a) 网络规模之比 (b) 对分带宽之比

图 3-6 BCN$(\alpha,\beta,1,1)$ 与 FiConn$(n,2)$ 的网络规模比值和对分带宽比值,二者的网络直径均为 7

事实上,从公式(3-7)不难发现,当 h 从 $\gamma-1$ 增加到 γ 时,BCN 的网络规模呈两倍指数增长,其余情况则呈指数增长。反之,FiCoon 则随着层次的增加一直呈两倍指数增长。考虑到 k 层 FiCoon 的形成需要大量的 $k-1$ 层 FiConn,因此 FiConn 结构本身并不特别支持渐进扩展。相反地,BCN 结构则更适合于渐进扩展。一方面是因为除 $h=\gamma$ 外,高层 BCN 的形成只需要 α 个更低一层的BCN 构成;另一方面,BCN 结构可进一步通过两个维度上的拓扑性质来支持网络的渐进扩展。

3.5.2　网络直径和节点度

根据定理 3.4 和定理 3.5 可知,BCN(α,β,h) 和 BCN$(\alpha,\beta,h,\gamma)(h<\gamma)$ 的网络直径分别为 $2^{h+1}-1$ 和 $2^{\gamma+1}+2^{h+1}-1$。考虑到 h 和 γ 通常是较小的整数,因此,BCN 网络具有较小的网络直径。

在 BCN(α,β,h,γ) 中节点度的分布方面,当 $h<\gamma$ 时,除用于进一步扩展的 α 个主服务器外,其他主服务器的度均为 2,而 α 个主服务器和所有从服务器的度则均为 1。当 $h\geqslant\gamma$ 时,存在 $\alpha\,(\alpha^{\gamma}\beta+1)$ 个可用的主服务器,它们的节点度均为 1,其他主服务器和全体从服务器的度均为 2。

实际中,若使用 56 端口的交换机,各个维度均只有一层的 BCN 网络能容纳超过 1000000 台的服务器,而服务器的度数和网络直径却只有 2 和 7。这也充分证明了 BCN 结构拥有较小的网络直径和服务器度数。

3.5.3　连通性和路由路径多样性

由上一节讨论可知,在 BCN(α,β,h,γ) 中单台服务器的边连通度为 1 或 2。考虑到 BCN(α,β,h,γ) 在第 1 维度是由给定数目的低层子网构建而成,因此在定理 3.9 中我们将研究不同层次 BCN 子网络的连通性。

定理 3.9　在任意 BCN(α,β,h,γ) 中,将 BCN(α,β,i) 从整个网络中分割出来需要移除的远程链路或服务器的最小数量为

$$\begin{cases} \alpha-1, & h<\gamma \\ \alpha-1+\alpha^{i}\beta, & h\geqslant\gamma \end{cases} \tag{3-9}$$

证明:当 $h<\gamma$ 时,考虑 BCN(α,β,h,γ) 中的任意子网 BCN(α,β,i),其中,$0\leqslant i\leqslant h$。如果该子网预留有一个可用主服务器被用于后续的扩展,那么只有 $\alpha-1$ 条远程链路可用于与其他同构的子网相连。因此,若移除这些 $\alpha-1$ 条远程链路或相应服务器,那么该子网也随之被分割。

当 $h\geqslant\gamma$ 时,除 $\alpha-1$ 条连接主服务器的远程链路外,BCN(α,β,i) 中还有 $\alpha^{i}\beta$

条与从服务器连接的额外远程链路。因此,只有将所有的 $\alpha-1+\alpha^i\beta$ 条远程链路或相应服务器删除时,该子网才能从整个网络中分割开来。定理得证。 □

定理 3.10 对分带宽:将 $\mathrm{BCN}(\alpha,\beta,h,\gamma)$ 分割成两个相同大小的部分需要删除的最少远程链路数目为

$$
\begin{cases}
a^2/4, & h<\gamma \text{ 且 } \alpha \text{ 为偶数} \\
(a^2-1)/4, & h<\gamma \text{ 且 } \alpha \text{ 为奇数} \\
\alpha^{h-\gamma}\dfrac{(\alpha^\gamma\beta+2)\alpha^\gamma\beta}{4}, & h\geqslant\gamma
\end{cases}
\tag{3-10}
$$

证明:复合图 $G(G_1)$ 的对分带宽是图 G 和 G_1 对分带宽中的最大值[14]。当 $1\leqslant h<\gamma$ 时,$\mathrm{BCN}(\alpha,\beta,h,\gamma)$ 是一个复合图,其中,G 为拥有 α 个节点的完全图,而 G_1 则为 $\mathrm{BCN}(\alpha,\beta,h-1,\gamma)$。若 α 是偶数,G 的对分带宽为 $a^2/4$;若 α 是奇数,G 的对分带宽为 $(a^2-1)/4$。$\mathrm{BCN}(\alpha,\beta,h-1,\gamma)$ 的对分带宽可以用相同的方法得到,并且和 G 的对分带宽一样。

当 $h\geqslant\gamma$ 时,$\mathrm{BCN}(\alpha,\beta,h,\gamma)$ 同样也是一个复合图,其中,G 为拥有 $\alpha^\gamma\beta+1$ 个节点的完全图,G_1 则为 $\mathrm{BCN}(\alpha,\beta,h)$。不难看出,$G$ 的对分带宽是 $(\alpha^\gamma\beta+2)\alpha^\gamma\beta/4$。当 α 是偶数时,G_1 的对分带宽为 $a^2/4$,当 α 是奇数时,G_1 的对分带宽为 $(a^2-1)/4$。显然,G_1 的对分带宽远小于 G 的对分带宽。此外,G_1 包含 $\alpha^{h-\gamma}$ 个 $\mathrm{BCN}(\alpha,\beta,\gamma)$,并且对任意的 $1\leqslant i\leqslant\alpha^{h-\gamma}$,两个 G_1 中的第 i 个 $\mathrm{BCN}(\alpha,\beta,\gamma,\gamma)$ 之间存在一条链路。也就是说,总共有 $\alpha^{h-\gamma}$ 条链路存在于任意两个 G_1 间,因此 $\mathrm{BCN}(\alpha,\beta,h,\gamma)$ 的对分带宽为 $\alpha^{h-\gamma}(\alpha^\gamma\beta+2)\alpha^\gamma\beta/4$。定理得证。 □

对于任意 $\mathrm{FiConn}(n,k)$,其对分带宽至少是 $N_k/(4\times 2^k)$,其中,$N_k=2^{k+2}\times(n/4)^{2^k}$ 表示网络中服务器的数量。在服务器度数、交换机度数和网络直径均相同的条件下,我们进一步评价 $\mathrm{FiConn}(n,2)$ 和 $\mathrm{BCN}(\alpha,\beta,1,1)$ 的对分带宽。如图 3-6(b)所示,实验结果表明,在对分带宽方面,$\mathrm{BCN}(\alpha,\beta,1,1)$ 要远远优于 $\mathrm{FiConn}(n,2)$,而对分带宽越大也意味着网络具有更大的容量和更强的抗毁能力。

由引理 3.2 可知,在任意 $\mathrm{BCN}(\alpha,\beta,\gamma,\gamma)$ 中任意两台服务器之间存在 $\alpha-1$ 条节点不相交的平行路径,且 α 的最佳取值为 $2\gamma n/(2\gamma+1)$。因此,任意两台服务器之间的路径数量大致为 $[2n/3]-1$,这些不相交路径也使得整个网络的传输速率和传输可靠性得到大幅加强。表 3.2 总结了在取不同 n 值的情况下,$\mathrm{BCN}(\alpha,\beta,1,1)$ 的网络规模和路径多样性,不难看出,$\mathrm{BCN}(\alpha,\beta,1,1)$ 在单播传输中具有较高的路径多样性,但需要在最大化网络规模或最大化路径多样性之间加以权衡。事实上,当 $\alpha=n$ 时路径多样性达到最高。

表 3-2　BCN($\alpha,\beta,1,1$)网络规模和路径多样性总结

n	8	16	24	32	40	48
网络规模	640	9856	49536	155904	380160	787968
路径多样性	5	10	15	21	26	31

3.5.4　路径长度

下面我们首先对 BCN($\alpha,\beta,1,1$)和 FiConn($n,2$)中任意节点间路径的长度进行比较,其中参数设定如下:$n \in \{8,10,12,14,16\}$,α 取最优值,BCN 相对 FiConn 的网络规模之比位于 1.4545 和 1.849 之间。在任意两个服务器间均发生通信的模式下,图 3-7(a)反映了 FiConn 平均最短路径长度、BCN 最短路径长度以及 BCN 路由路径随 n 取值产生变化的情况。可以看到,BCN 的实际路由路径长度总比其最短路径长度长一点,这也证明,当前的路由协议并不能真正实现最短路径路由。FdimRouting 算法则可进一步优化,充分利用第 2 维上的链路引入后出现的其他潜在最短路径路由。同时,尽管 BCN 的网络规模要远远大于 FiConn,但其平均最短路径长度也仅仅是稍大于 FiConn。

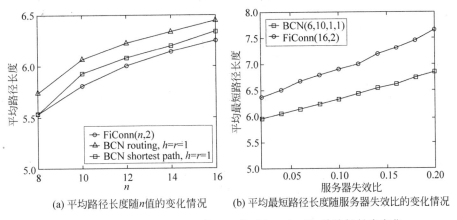

(a) 平均路径长度随 n 值的变化情况　　(b) 平均最短路径长度随服务器失效比的变化情况

图 3-7　不同参数下 BCN($\alpha,\beta,1,1$)和 FiConn($n,2$)的路径长度变化

下面我们分析 BCN(6,10,1,1)和 FiConn(16,2)在拓扑结构和路由算法层面的容错能力。其中,BCN(6,10,1,1)和 FiConn(16,2)的网络规模分别为 5856 和 5327。如图 3-7(b)所示,BCN 和 FiConn 的平均路径长度均随着服务器失效比的增加而增加。不难发现,在相同的服务器失效比下,BCN 的平均路径长度要比 FiConn 小很多,尽管服务器失效比接近 0 时 FiConn 的平均最短路径长度表现要比 BCN 优越些。这也表明了 BCN 的拓扑和路由算法具有更好的容错能力。值得注意的是,图 3-7(b)中 BCN(6,10,1,1)比图 3-7(a)中

BCN(11,5,1,1)所容纳的服务器数目要少。

为进一步比较 BCN($\alpha,\beta,1,1$) 和 FiConn($n,2$) 的路径长度分布特征,我们令 $n=16,\alpha=6$,此时 BCN(6,10,1,1) 和 FiConn(16,2) 的网络规模分别为 5856 和 5327。实验结果如图 3-8 所示,与 BCN 和 FiConn 的理论网络直径相一致。图 3-8(a) 中可以看到 BCN 的路由算法未能发现部分最短路径,造成路由路径长度在一定程度上较长。图 3-8(b) 反映的是 BCN 和 FiConn 的最短路径长度的分布,尽管这两种结构的服务器度数均为 2,网络直径也均为 7,且具有相似的网络规模,但是二者的最短路径长度分布并不相同。其中,FiConn 中 60% 的最短路径长度为 7,而 BCN 中长度为 7 的最短路径却只有 40%。

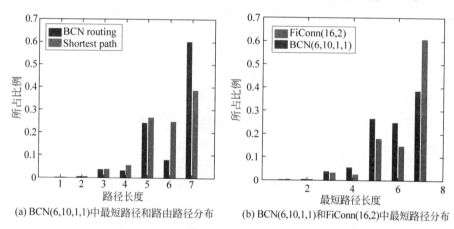

(a) BCN(6,10,1,1)中最短路径和路由路径分布   (b) BCN(6,10,1,1)和FiConn(16,2)中最短路径分布

图 3-8   多对多通信模式下路径长度分布

3.6   相关讨论

3.6.1   扩展至多端口服务器

尽管此前的讨论假设每台服务器具有两个 NIC 端口,但 HCN 和 BCN 拓扑结构经过调整后可适用于包含任意固定数量端口的服务器。随着技术的发展,已经出现配备有 4 个甚至更多 NIC 端口的服务器。假设服务器配置有 m 个 NIC 端口,则只需保留 1 个端口与交换机相连,剩余的 $m-1$ 个端口都可以用于更高层的扩展。换句话说,一个 m 端口服务器等同于 $m-1$ 个双端口服务器,所有服务器均采用第 1 个端口与交换机的连接,剩余的 $m-1$ 个端口被用于更高层的扩展。

3.6.2　位置关联的任务部署

尽管 HCN 和 BCN 网络具有许多优点,如良好的拓扑性能、易于布线、成本低廉等,但在全体节点同时发送或接收数据包时,其端对端的吞吐量却远不如 BCube 和 Fat-Tree 等结构。其根本原因在于,HCN 和 BCN 网络中链路和交换机数量要远远小于其他网络。但是,通过应用层的一些操作我们可以在一定程度上解决这一问题。

文献[5]中指出,数据中心的很多典型应用会产生大量的组通信、文件块复制、虚拟机迁移等需求,此时服务器普遍倾向于与一组少量服务器进行通信。除此之外,对于层次化构建的数据中心来说,低层网络用于支持本地通信,更高层网络则用于实现远程通信。

因此,我们可以将位置关联的方法应用于任务的部署中。也就是说,将那些有密集数据交换的任务布置在 $HCN(n,0)$ 中与相同交换机相连的服务器。倘若任务需要更多服务器,则使用更高一层的网络结构 $HCN(n,1)$,以此类推。这些服务器之间只存在少数甚至只有 1 跳的跳数。事实上,此前已证明 HCN 网络足够容纳成百上千台服务器,而服务器间的跳数最多为 3。因此,采用位置关联的任务部署可以避免不必要的远程数据传输,从而节约网络带宽。

3.6.3　服务器路由的影响

在 HCN 和 BCN 中,不同层间的服务器之间需要进行数据转发,而这些转发需要耗费服务器一定的处理资源。虽然我们可以在 HCN 和 BCN 中采用一些基于软件的转发机制,但是这样做会导致过大的 CPU 消耗。目前来看,CAFE[15] 和 ServerSwitch 这类基于硬件的转发机制将是数据中心网络的首要选择。事实上,我们可以对 CAFE 和 ServerSwitch 进行一定的改造,从而在不改变任何硬件设计的情况下实现用户自定义的转发策略。

参考文献

[1]　Al-Fares M,Loukissas A,Vahdat A. A scalable,commodity data center network architecture[J]. ACM SIGCOMM Computer Communication Review,2008,38(4): 63-74.

[2]　Greenberg A,Hamilton JR,Jain N,et al. VL2:a scalable and flexible data center network[J]. ACM SIGCOMM Computer Communication Review,2009,39(4): 51-62.

[3] Guo C, Wu H, Tan K, et al. DCell: a scalable and fault-tolerant network structure for data centers [J]. ACM SIGCOMM Computer Communication Review, 2008, 38(4): 75-86.

[4] Li D, Guo C, Wu H, et al. FiConn: Using backup port for server interconnection in data centers[C]. In: Proc. of the 28th IEEE INFOCOM. Rio de Janeiro, 2009, 2276-2285.

[5] Li D, Guo C, Wu H, et al. Scalable and cost-effective interconnection of data-center servers using dual server ports[J]. IEEE/ACM Transactions on Networking, 2011, 19(1): 102-114.

[6] Guo C, Lu G, Li D, et al. BCube: a high performance, server-centric network architecture for modular data centers[J]. ACM SIGCOMM Computer Communication Review, 2009, 39(4): 63-74.

[7] Wu H, Lu G, Li D, et al. MDCube: a high performance network structure for modular data center interconnection[C]. In: Proc. of the 5th ACM CoNEXT. Rome, 2009, 25-36.

[8] Alon N, Hoory S, Linial N. The Moore bound for irregular graphs[J]. Graphs and Combinatorics, 2002, 18(1): 53-57.

[9] Damerell RM. On Moore graphs [C]. In: Proc. of the Cambridge Philosophical Society. Cambridge, 1973, 227-236.

[10] Imase M, Itoh M. A design for directed graphs with minimum diameter[J]. IEEE Transactions on Computers, 1983, 32(8): 782-784.

[11] Agrawal DP, Chen C, Burke JR. Hybrid graph-based networks for multiprocessing [J]. Telecommunication System, 1998, 10: 107-134.

[12] Breznay PT, Lopez MA. Tightly connected hierarchical interconnection networks for parallel processors[C]. In: Proc. of the 22nd IEEE ICPP. NY, 1993, 1: 307-310.

[13] Breznay PT, Lopez MA. A class of static and dynamic hierarchical interconnection networks[C]. In: Proc. of the 23rd IEEE ICCP. Raleigh, 1994, 1: 59-62.

[14] Agrawal DP, Chen C, Burke JR. Hybrid graph-based networks for multiprocessing [J]. Telecommunication Systems, 1998, 10(1-2): 107-134.

[15] Lu G, Shi Y, Guo C, et al. CAFE: a configurable packet forwarding engine for data center networks[C]. In: Proc. of the 2nd ACM SIGCOMM Workshop on Programmable Routers for Extensible Services of Tomorrow. 2009, 25-30.

第 4 章
模块化数据中心互联结构 DCube

构建大规模数据中心有两种截然不同的趋势。第 1 种趋势是研究单个数据中心的可扩展互联结构,构造出单体的大规模数据中心。第 2 种趋势是在大量中小规模的单体数据中心基础上,采用模块化思想设计出更大规模的数据中心。在每个数据中心模块内,采用某种模块内网络互联结构将大量服务器互联为整体后置于集装箱等容器中,这些集装箱容器作为基本构造模块。本章介绍为模块化数据中心所设计的一组模块内网络互联结构 DCube,包括 H-DCube 和 M-DCube,每个 DCube 互连大量配备双网卡的服务器和低成本交换机。大量 DCube 互联结构的数据中心模块进一步互联可形成全新的模块化数据中心。

4.1 引言

数据中心网络(data center networking,DCN)设计的一项基本目标是依据特定的互联结构对大量服务器进行高效连接。构建大规模数据中心有两种截然不同的趋势。第 1 种趋势是研究单个数据中心的网络互联结构,构造出单体的大规模数据中心。如第 2 章所述,当前,针对大规模数据中心,已经提出了许多类型的网络互联结构。

第 2 种趋势是在大量单体数据中心的基础上,采用模块化思想设计出更大规模的分布式数据中心[1,2],也称为模块化数据中心。在每个数据中心模块内部,上千台服务器通过某种模块内的网络结构互连,并被置于一个集装箱容器。在众多数据中心模块的基础上,引入模块间网络结构构造成更大规模的数据中心。uFix[3] 和 MDCube[4] 是两种典型的数据中心模块间互联结构。MDCube 采用 BCube 作为数据中心模块的内部互联结构,在模块之间使用光纤直连到各模块内的交换机高速端口。MDCube 为同构的数据中心模块间的互联提供了参考方案,而 uFix 则关注于如何对异构的数据中心模块进行模块间互连。这种模块化的构造方法能够大幅度降低数据中心的建造成本、管理维护等成本,同时大大提高了建设和部署数据中心的灵活性和便捷性。

本章介绍为模块化数据中心所设计的一组模块内网络互联结构 $DCube(n,k)$,该结构由大量仅具有双端口的通用服务器和具有 n 个端口的通用交换机互联而成。$DCube(n,k)$ 包含 k 个互连的子网络,每个子网络都由许多基本构建模块和超立方体结构(或其变种结构 1-möbius)按照复合图的方式构造而成。其基本构建模块由一台交换机及其所连接的 n/k 台服务器组成。本章将分别阐述两种 $DCube(n,k)$ 网络互联结构 H-DCube 和 M-DCube,二者在按照复合图进行构造的过程中分别采用超立方体结构和 1-möbius 立方体结构。设计 M-DCube 互联结构的目的在于进一步提高 H-DCube 的网络聚集带宽。

n 维超立方体(hypercube)结构具有 2^n 个节点和 $n \times 2^{n-1}$ 条边,其网络直径为 n。每个节点的标识符被表示为 $X = x_n \cdots x_i \cdots x_1$,其中,任意维度的标识 x_i 都是二进制变量。两个节点互为邻居,当且仅当二者的标识符只在某一个维度上存在差异。möbius 立方体结构是超立方体结构的一种变化形式,延续了超立方体的很多性质。例如二者具有相同数量的节点和边,具有相似的连通度、正则性、递归性等。但是,möbius 结构的直径是 $\lceil (n+1)/2 \rceil$,大约是超立方体结构网络直径的一半,而且 möbius 立方体结构的平均路由长度是超立方体结构的三分之二左右。

上述两种 DCube 网络互联结构都体现出很好的规则性和对称性,但是对大量的双端口服务器进行高效互联面临着非常大的挑战,因为要同时确保互联结构具备较小的网络半径和较高的对分宽度。此外,DCube 为任意一对服务器间的单播传输提供了更高的网络带宽,同时具备很好的容错传输能力。数学分析和仿真实验结果显示,与 BCube 相比,DCbue 能够显著减少所使用的交换机和布线,同时建设成本、IT 设备的能量消耗以及布线复杂度都有显著的降低。对于一对多的传输模式,DCube 比 BCube 能够获得更高的加速比,因为其可以构造出更多链路不相交的完全图,进而可以沿不同的完全图同时向多个接收端发送数据。但是,DCube 并不能和 BCube 获得相同的聚合瓶颈吞吐量（aggregate bottleneck throughput,ABT）,这是因为 BCube 使用了更多的交换机,而且为每台服务器配备了更多的 NIC 端口。

需要注意的是,如果在 DCube 的构造过程中采用 Twisted cube、Flip MCube 和 Fastcube 等超立方体结构的其他变种结构,则可以获得另外一些类似的 DCube 结构,本章提出的设计方法仍然适用。

4.2 DCube 互联结构

本节首先讨论 DCube 结构的核心理念,然后分别阐述 DCube 网络互联结构家族中两种典型的结构 H-DCube 和 M-DCube。这两种结构在按照复合图进行构造的过程中分别采用超立方体结构和 1-möbius 立方体结构。

4.2.1 DCube 互联结构的设计思想

DCube 是为模块化数据中心设计的模块内互联结构,它同时也是以服务器为核心的网络互联结构。DCube 网络结构由两种类型的设备构成,分别是大量双端口服务器和 n 端口交换机,其基本构建单元 Cube 是由 n 台服务器与 1 台 n 端口交换机连接构成。当 Cube 内的 n 台服务器被划分为 k 个分组后,它也随之被划分为 k 个子模块,记为Cube$_0$,Cube$_1$,…,Cube$_{k-1}$。如图 4-1 所示,每个子模块由 $m=n/k$ 台服务器组成,而且这些服务器都与该 Cube 内的唯一交换机相连。同时,DCube 结构则由 k 个子网络构成,分别为DCube$_0$,DCube$_1$,…,DCube$_{k-1}$,所有子网络共享使用 DCube 结构中的全体交换机。本章中,我们将 k 的取值限定为满足条件 $n\%k=0$。

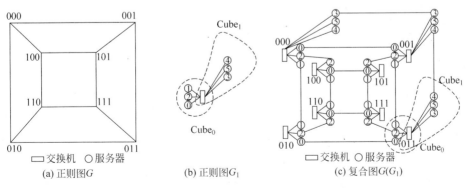

(a) 正则图 G (b) 正则图 G_1 (c) 复合图 $G(G_1)$

图 4-1 $n=6,k=2$ 时的 H-DCube 互联结构示意图

当 $0 \leqslant i \leqslant k-1$ 时，DCube$_i$ 是由 Cube$_i$ 结构和某种超立方体结构按照复合图理论构造而得。其基本思想是：超立方体结构中的各个节点被一个 Cube$_i$ 所替代，每条边也通过在对应的两个 Cube$_i$ 之间建立一条连线来替代。最终的拓扑结构在宏观层面保持了超立方体结构的特征，与此同时带来的代价是全体服务器仅额外增加一条连线。本书第 2 章和第 3 章中已详细论述了复合图理论，这里不再赘述。DCube$_i$ 中所有服务器的端口 1 用于与交换机相连，端口 2 则用于与其他 Cube$_i$ 中的服务器相连。尽管 DCube 结构首先要求每个子网络 DCube$_i$ 采用相同的超立方体结构，但是相关基础理论同样适用于 DCube$_i$ 采用变化后的超立方体结构。例如，本章在关注标准的超立方体结构之外还研究了 1-möbius 立方体结构的运用。

构建 DCube$_i$ 时必须满足一个约束条件，即选用的超立方体结构的节点度数必须等于 Cube$_i$ 中服务器的数目，这样才能确保最终获得的结构是完全复合图。为满足该约束，我们必须选用一个 m 维的超立方体结构，其中，$m = n/k$，而且每个节点都分配有唯一的标识符 $a_{m-1} \cdots a_1 a_0$。当 $0 \leqslant i \leqslant k-1$ 时，可推断出每个 DCube$_i$ 拥有 $2^m \times m$ 台服务器和 2^m 台交换机，因而，DCube 拥有 $2^m \times m \times k = 2^m \times n$ 台服务器和 2^m 台交换机。至此，DCube 互联结构本质上可以通过 n 和 k 两个参数来唯一确定，进而表示为 DCube(n,k)。为了便于表述，本章随后部分常常采用 DCube 来表示 DCube(n,k)。

令 DCube 中的 k 个子网络分别标记为 DCube$_0$，DCube$_1$，$\cdots$，DCube$_{k-1}$。此后，全体交换机按照从 0 到 $2^{n/k}-1$ 的顺序依次编号，这等同于用一个唯一的地址标识符 $a_{m-1} \cdots a_1 a_0$ 来指代一台交换机。我们进一步采用符号 u 对与同一交换机相连的全体服务器进行编号，显然，u 的取值范围为 0 到 $n-1$。至此，我们可以使用二元组 $\langle a_{m-1} \cdots a_1 a_0, u \rangle$ 来唯一标识 DCube(n,k) 中的一台服务器。服务器之间采用端口 2 进行彼此互连的规则取决于所选用的 $m(m = n/k)$ 维超立方体结构。在本章中，我们重点关注采用超立方体结构的 H-DCube 和采用 1-möbius 结构的 M-DCube，而超立方体结构和 1-möbius 立方体结构的网络直径分别为 m 和 $\lceil (m+1)/2 \rceil$。值得说明的是，本章提出的 DCube 构建方法同样适用于和 1-möbius 拥有类似网络直径的其他超立方体结构，比如 0-möbius、Twisted、Flip MCube 和 Fastcube 等。

在详细介绍 H-DCube 和 M-DCube 的构建方法之前，我们首先给出本章后续章节广泛使用的一些符号和定义：

(1) 令 e_j 表示一个 m 维的二进制向量，且只在第 j 维等于 1。

(2) 令 E_j 表示一个 m 维的二进制向量，且从第 x_j 维到第 x_0 维均为 1。

（3）给定两个 m 维的二进制向量，运算符号"＋"表示对向量各相同维度的取值进行加运算后按照 2 求模。

4.2.2　H-DCube 互联结构

　　首先采用 $H(m)$ 来指代一个 m 维的超立方体结构（hypercube）。$H(m)$ 中的任意两个节点 $x_{m-1}\cdots x_1 x_0$ 和 $y_{m-1}\cdots y_1 y_0$ 互为第 j 维的邻居，当且仅当二者的标识符仅在第 j 维不同，即 $y_{m-1}\cdots y_1 y_0 = x_{m-1}\cdots x_1 x_0 + e_j$，其中，$0 \leqslant j \leqslant m-1$。众所周知，$H(m)$ 的节点度数和网络直径均为 m。在 H-DCube(n,k) 中，任意一台服务器 $\langle a_{m-1}\cdots a_j\cdots a_0, u\rangle$ 通过其端口 2 互连到服务器 $\langle a_{m-1}\cdots \bar{a}_j\cdots a_0, u\rangle$，其中，$j = u \bmod m$。这种简单的互连规则能够确保实现 H-DCube 网络结构，而该结构由 k 个子网络构成。我们进一步就上述互联规则的正确性进行下述论述。

　　给定 m 台服务器和与之相连的一台交换机，若这些服务器的序号 u 均处于区间 $[i \times m, (i+1) \times m)$ 内，则该交换机和 m 台服务器属于基本构建模块 Cube$_i$，其中，$0 \leqslant i \leqslant k-1$。子网络 H-DCube$_i$ 是由一定数量的基本构建模块 Cube$_i$ 通过 $H(m)$ 结构按照复合图的方式互连而得。其具体构建过程是：首先，$H(m)$ 中任意节点 $\langle a_{m-1}\cdots a_j\cdots a_0\rangle$ 和其 j 维邻居 $\langle a_{m-1}\cdots \bar{a}_j\cdots a_0\rangle$ 均被 Cube$_i$ 所替换。其次，这两个节点在 $H(m)$ 中的边由一对服务器 $\langle a_{m-1}\cdots a_j\cdots a_0, u\rangle$ 和 $\langle a_{m-1}\cdots \bar{a}_j\cdots a_0, u\rangle$ 间的远程连线所取代，其中，$u = i \times m + j$。不难看出，全体服务器都通过端口 2 与其他服务器相连，这符合此前提出的构造规则。此外，我们可以获知 k 个子网络都可由上述方法所构建，而且全体子网络共享使用 2^m 台交换机。至此，上述简单的互联规则能够确保获得预想的 H-DCube 互联结构。

　　图 4-1 描述了 $n = 6, k = 2$ 时的 H-DCube 互联结构图。不难看出，该 H-DCube 由 8 个基本构建模块构成，每个基本构建模块则由 6 台服务器和 1 台交换机组成，而图中只刻画了标识符为 000、001 和 011 这 3 个基本构建模块。整个 H-DCube 被分为两个子网络 H-DCube$_0$ 和 H-DCube$_1$，每个子网络都是由 Cube$_i$ 和三维超立方体构成的复合图。其中，每个基本构建模块内编号小于 3 的服务器属于 H-DCube$_0$，而其余的服务器属于 H-DCube$_1$。同时，H-DCube$_0$ 和 H-DCube$_1$ 共享使用网络内的全体交换机。

4.2.3　M-DCube 互联结构

　　一个 m 维 möbius 立方体结构是满足如下条件的无向图：其节点集合与 m 维超立方体的节点集合完全相同；任意节点 $X = x_{m-1}\cdots x_1 x_0$ 与 m 个其他节点

$Y_j(0 \leqslant j \leqslant m-1)$ 相连,其中,Y_j 需要满足如下等式条件:

$$Y_j = \begin{cases} x_{m-1}\cdots x_{j+1}\,\overline{x_j}x_{j-1}\cdots x_0, & \text{if } x_{j+1} = 0 \\ x_{m-1}\cdots x_{j+1}\,\overline{x_jx_{j-1}\cdots x_0}, & \text{if } x_{j+1} = 1 \end{cases} \qquad (4\text{-}1)$$

根据上述定义可知,若 $x_{j+1}=0$,则节点 X 与其 j 维邻居 $Y_j=X+e_j$ 相连,即二者的标识符仅在第 j 维不同;若 $x_{j+1}=1$,则节点 X 与节点 $Y_j=X+E_j$ 相连。互联两个节点 X 与 Y_{m-1} 时,x_m 是不确定变量,可以取 0 或 1。x_m 取值的这两种设置会导致所产生的网络互联结构存在细微差别。本章仅考虑 $x_m=1$ 的情况,此时获得的互联结构被称为 1-möbius 立方体结构。一个 m 维 1-möbius 立方体结构的节点度数和网络直径分别为 m 和 $\lceil(m+1)/2\rceil$。

在 M-DCube(n,k) 中,全体 $2^m \times n$ 台服务器和 2^m 台交换机首先被分组到 2^m 个基本构建模块,每个基本构建模块由 n 台服务器通过端口 1 与一台交换机互联而成。对任意服务器 $\langle a_{m-1}\cdots a_{j+1}a_ja_{j-1}\cdots a_0, u\rangle$ 而言,在 $a_{j+1}=0$ 时,通过端口 2 与服务器 $\langle a_{m-1}\cdots a_{j+1}\overline{a_j}a_{j-1}\cdots a_0, u\rangle$ 相连,而在 $a_{j+1}=1$ 时,通过端口 2 与服务器 $\langle a_{m-1}\cdots a_{j+1}\overline{a_ja_{j-1}\cdots a_0}, u\rangle$ 相连,其中,$j=u \bmod m$。上述互联规则可以确保最终得到预想的 M-DCube 互联结构,而且其由 k 个子网络构成。图 4-2 描述了 $n=6, k=2$ 时 M-DCube 互联结构的示意图,该结构由 8 个基本构建模块构成,每个基本构建模块由 6 台服务器和 1 台交换机组成。整个 M-DCube 被分为两个子网络 M-DCube$_0$ 和 M-DCube$_1$,在每个基本构建模块内编号小于 3 的服务器被划分到 M-DCube$_0$,而其他服务器则被划分到 M-DCube$_1$。

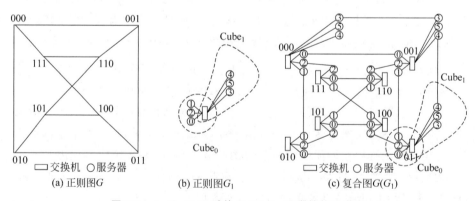

图 4-2 $n=6, k=2$ 时的 M-DCube 互联结构示意图

概括来看,无论 H-DCube 或 M-DCube,使用 8 端口交换机的 DCube$(8,1)$ 可以容纳 2048 台服务器,而使用 16 端口交换机的 DCube$(16,2)$ 则可以容纳 4096 台服务器。除此之外,16 端口交换机还可用来构建 DCube$(16,1)$,该结

构则可以容纳 1048576 台服务器,然而对于模块化数据中心来说,DCube(16,1)这种结构规模过于庞大,且其网络直径和路由路径长度也要大于 DCube(16,2)。综合考虑后,当交换机端口数目超过某个上限(如 8)后,我们倾向于构建 $k>1$ 的 DCube(n,k) 互联结构。

4.3 DCube 的单播单径路由

单播是数据中心中的基本流量模式,以其为基础可以进一步支持一对多和多对多等传输模式。本节关注单播流量的单路径路由问题,其仅仅根据任意一对服务器的标识符即可通过本地决策识别出一条单一路径或该路径中的下一个节点。

对于任意两台服务器 A 和 B,令 $h(A,B)$ 表示分别连接 A 和 B 的两台交换机之间的海明距离,即交换机的地址标识符中存在差异的位数总和。显然,DCube(n,k) 中任意两台交换机之间的最大海明距离为 $m=n/k$。本章中,两台服务器互称邻居,当且仅当二者通过端口 2 直接相连或通过端口 1 连接到相同的交换机。此时,两台邻居服务器之间的距离为 1。两台交换机互为邻居,则至少存在一对通过端口 2 直接相连的服务器,而且这对服务器与这两台交换机分别通过端口 1 互连。事实上,H-DCube 和 M-DCube 的构建规则已经确保了互为邻居的两台交换机之间有 k 对直接相连的服务器,这些服务器分别属于 k 个不同的子网络。例如,如图 4-1 所示,交换机 000 和 001 互为邻居,同时,服务器⟨000,0⟩、⟨000,3⟩分别和服务器⟨001,0⟩、⟨001,3⟩直接相连。

基于以上事实,本章将重点设计两种路由算法为任意服务器对寻找单路由路径,分别是算法 4-1 代表的 H-DCubeRouting 和算法 4-2 代表的 M-DCubeRouting。

4.3.1 H-DCube 的单路径路由方法

在 H-DCubeRouting 中,我们假设 $A=\langle a_{m-1}\cdots a_0, u_a\rangle$ 和 $B=\langle b_{m-1}\cdots b_0, u_b\rangle$ 分别代表源服务器和目的服务器,与源服务器和目的服务器直接相连的交换机分别是源交换机 $a_{m-1}\cdots a_0$ 和目的交换机 $b_{m-1}\cdots b_0$。事实上,通过逐步修正前一台交换机标识符中的某一位,可以快速找到从源交换机到目的交换机途经的一系列中间交换机,最终形成一个完整的交换机层面的路径。为确保在该交换机路径上相邻的交换机真正互为邻居,必须从相邻交换机之间的 k 对直接相连的服务器中选择一对。

算法 4-1 提出了一种最常见的服务器对选择方法,即选择位于同一子网络 H-DCube$_i$($i=\lfloor u_a/m \rfloor$ or $i=\lfloor u_b/m \rfloor$)中直连的那对服务器。这种选择方式使得路由路径上的所有中间服务器都属于同一子网络,从而保证在网络流量服从均匀分布时全体服务器的负载基本均衡。算法 4-1 所确定的路由路径上的交换机可由相邻的服务器唯一确定,故在路径中被忽略不计。另外,由算法 4.1 我们可以得到定理 4.1。

定理 4.1   H-DCube(n,k)互联结构的网络直径为 $2\times m+1$,其中,$m=n/k$。

证明:在 H-DCube(n,k)互联结构中,任意服务器对之间的路由路径至多经过 $m+1$ 台交换机,包括源交换机和目的交换机以及 $m-1$ 台中间交换机。而对于任意的中间交换机,从服务器接收数据包到传输给互连的另一台出口服务器之间形成 1 跳的包转发。对于源交换机而言,如果源服务器不能直接将数据包传输给下一跳交换机互联的某台服务器,则同样存在 1 跳的数据转发。对于目的交换机而言,若接收数据包的服务器并非目的服务器,则也存在内部的 1 跳数据转发。除此之外,所有相邻交换机之间通过选用一条直连线路一跳可达。因此,这 $m+1$ 台交换机内部总共产生了 $m+1$ 跳数据转发,而这 $m+1$ 台交换机之间则共产生了 m 跳数据转发。定理得证。   □

算法 4-1   H-DCubeRouting(A,B)

要求:$A=\langle a_{m-1}\cdots a_0, u_a \rangle$ 和 $B=\langle b_{m-1}\cdots b_0, u_b \rangle$

1:令 path(A,B)={A};

2:令 symbols 为 **Expansion-hypercube**(A,B)的一个排列

3:令 Pswitch 为 $a_{m-1}\cdots a_0$,而 Cswitch 为 $b_{m-1}\cdots b_0$

4:**while** symbols 非空 **do**

5:    令 e_i 代表 symbols 中最左端一位成员

6:    Cswitch=Cswitch+e_i 且 $u=\lfloor u_a/m \rfloor \times m+i$

7:    将 $\langle$Pswitch,$u\rangle$ 和 $\langle$Cswitch,$u\rangle$ 追加到 path(A,B)中

8:    将 e_i 从 symbols 中移除,同时令 Pswitch=Cswitch

9:将服务器 B 追加到 path(A,B)中

10:返回 path(A,B)

Expansion-hypercube(A,B)

1:terms={ }

2:**for** $i=m-1$ to 0 **do**

3:    **if** $A[i]\neq B[i]$ **then**

4：　　　　$\{A[i]=a_i; B[i]=b_i\}$

5：　　　　将 e_i 追加到 terms 中

6：返回 terms

4.3.2　M-DCube 的单路径路由方法

在为 M-DCube(n,k) 互联结构设计单路径路由方法之前，我们首先讨论向量扩展的相关技术，这也是设计单路径路由的基础。集合 $R = \{e_j, E_j \mid 0 \leqslant j \leqslant m-1\}$ 为空间 Z_2^m 形成了一个冗余基底。空间 Z_2^m 中的任意向量 X 可由 R 通过如下形式扩展而得：

$$X = \sum_{j=1}^{m-1} (\alpha_j e_j + \beta_j E_j) \tag{4-2}$$

其中，$\alpha_j \in \{0,1\}$，$\beta_j \in \{0,1\}$。

定义 4.1　对于向量 X，其扩展公式(4-2)中系数不为 0 的 e_j 和 E_j 形成的集合被记为 $E(X)$，并被称为向量 X 的扩展。任意 $t \in E(X)$ 被称为向量 X 的扩展中的一项。令 $W(X)$ 表示 $E(X)$ 的权重，其取值等于集合 $E(X)$ 的势。

由于使用了冗余基底 R，任意向量 X 的扩展往往不唯一，其中权重 $W(X)$ 最小的向量扩展被标记为向量 X 的最小扩展。算法 4-2 给出了为任意向量求解最小扩展的基本过程。在每一轮运算中，首先从向量 X 提取出从 index 起始到最右端的整个子向量。如果该子向量为 1，则将项 E_0 加入集合 symbols，否则，该算法终止运算。如果该子向量最左侧一位为 0，则将 index 减去 1 之后进入算法的下一轮。如果该子向量最左端两位为 10，则将项 e_{index} 加入集合 symbols。如果该子向量最左端两位为 11，则将项 E_{index} 加入集合 symbols。此时，向量 X 被更新为 $X + E_{\text{index}}$，因为 E_{index} 会将向量 X 中从 index 到最右端所有位的取值进行补运算。此后，该算法将 index 减去 2 之后进入下一轮运算。

对于源服务器 $A = \langle a_{m-1} \cdots a_0, u_a \rangle$ 和目的服务器 $B = \langle b_{m-1} \cdots b_0, u_b \rangle$，本章定义 $A + B$ 为一个新向量，它是两个向量 $a_{m-1} \cdots a_0$ 和 $b_{m-1} \cdots b_0$ 的对应位求和后再进行模 2 运算的结果。为生成两台服务器 A 和 B 之间的最短路径，我们首先推算出从源交换机 $a_{m-1} \cdots a_0$ 到目的交换机 $b_{m-1} \cdots b_0$ 在交换机层面的最短路径。事实上，M-DCube(n,k) 中任意一对交换机之间的交换机最短路径等价于 m 维 möbius 立方体中两个对应节点之间的最短路径。

对于任意交换机，e_i 或 E_i 表示其 i 维的直接邻居。出于这个原因，我们用

e_i 或 E_i 来代表一个路由符号。为产生一台交换机层面的路由路径,需要在源交换机的标识符基础上持续执行一个路由序列(由一系列路由符号构成)。由算法 4-2 得到的最小扩展 $E(A+B)$ 并不能直接用于产生该交换机路由路径。根据 1-möbius 立方体的定义,对于任意节点而言,只有 e_i 或 E_i 可作为其 i 维的路由符号,其中,$0 \leqslant i \leqslant m-1$。因此,最小扩展中的一个路由符号并不总对应于 1-möbius 立方体中的某条边,导致该路由符号并不适用于当前节点。一种可行的解决方案是,将每个不适用的路由符号替换为由定理 4.2 得出的一个路由序列。

定理 4.2　给定一个节点 $A = a_{m-1} a_{m-2} \cdots a_0$,

(1) 如果 e_i 不适用于节点 A,则其将由等价路由序列 $E_i E_{i-1}$ 或 $E_{i-1} E_i$ 所替代,而该路由序列适用于节点 A。

(2) 如果 E_i 不适用于节点 A,则其将由等价路由序列 $e_i E_{i-1}$ 或 $E_{i-1} e_i$ 所替代,而该路由序列适用于节点 A。

证明:显然可知 $e_i = E_i + E_{i-1}$,并且 $E_i = e_i + E_{i-1}$。假设 e_i 不适用于节点 A,这意味着 $a_{i+1} = 1$,因此 E_i 适用于节点 A。如果 $a_i = 1$,则 E_{i-1} 适用于节点 A,因此 $E_{i-1} E_i$ 适用于节点 A。此时,$E_i E_{i-1}$ 不适用于节点 A,因为从节点 A 沿着边 E_i 遍历会使得 a_i 变为 0。如果 $a_i = 0$,则 E_{i-1} 不适用于节点 A,但若使用 E_i 则可对 a_i 位进行补运算,令 $a_i = 1$。此时,E_{i-1} 适用于节点 $A + E_i$,从而使得 $E_i E_{i-1}$ 适用于节点 A。

假设 E_i 不适用于节点 A,此时 $a_{i+1} = 0$,并使得 e_i 适用于节点 A。如果 $a_i = 1$,则 E_{i-1} 适用于节点 A。此时,从节点 A 沿着边 E_{i-1} 遍历并没有对 a_{i+1} 位进行补运算,因此 $E_{i-1} e_i$ 适用于节点 A。如果 $a_i = 0$,运用 e_i 后会对 a_i 位进行补运算。这时,E_{i-1} 适用于节点 $A + e_i$,从而使得 $e_i E_{i-1}$ 适用于节点 A。定理得证。　□

算法 4-2　Expansion-mobius(A)
要求:$A = a_{m-1} \cdots a_0$ 是 m 维二进制向量;$A[i] = a_i$
1: symbols$= \{\ \}$ 且 index$= m-1$
2: **while** index < 0 **do**
3:　**if** index $== 0$ **then**
4:　　**if** $A[\text{index}] == 1$ **then**
5:　　　将 E_0 追加到 symbols 中
6:　　　index $=$ index -1
7:　**else**
8:　　**if** $A[\text{index}] == 0$ **then**

9：　　　　　index＝index－1

10：　　**else**

11：　　　　**if** $A[\text{index}]A[\text{index}-1]==10$ **then**

12：　　　　　　将 e_{index} 追加到 symbols 中

13：　　　　**if** $A[\text{index}]A[\text{index}-1]==11$ **then**

14：　　　　　　将 E_{index} 追加到 symbols 中

15：　　　　$A=a_{m-1}\cdots\overline{a_{\text{index}-2}}\cdots a_0$

16：　　　　index＝index－2

17：返回 symbols

根据上述讨论,我们设计了如算法 4-3 所示的 M-DCubeRouting 算法,从而快速找到一条从源服务器 A 到目的服务器 B 的路由路径。算法 4-3 首先调用算法 4-2 寻找$(A+B)$的最小扩展,然后调用 Exactrouting 算法推算出一个路由符号的序列,在源交换机的基础上成功运用该路由符号序列后可以从中找到可抵达目的交换机的交换机层面的路径。在每一轮运算中,Exactrouting 算法对 symbols 中所有项按照各自的 index 取值进行降序排列,并检查序列中位于最左端的项。如果最左端的项 t 不适用于当前交换机,则根据定理 4.2 将其替换为一个等价的路由序列。如果最左端的项 t 适用于当前交换机,位于右侧的第 1 个适用项 t' 被首先运用于当前的交换机,此外还需要更新当前交换机 S 和 symbols。这种策略可以避免出现如下最糟糕的情况,即如果最左端可用项是 E_i,则 E_i 的使用将导致后续其他可用项变得不可用。

在得到源服务器和目的服务器间在交换机层面的最短路由路径之后,我们需要从任意相邻交换机 S 和 $S+t'$ 之间的 k 对直接相连的服务器中选择 1 对,从而使得这两台交换机在 M-DCube(n,k) 中互为邻居。如图 4-2 所示,当服务器$\langle 000,2\rangle$和$\langle 000,5\rangle$分别与服务器$\langle 111,2\rangle$和$\langle 111,5\rangle$直接相连时,交换机 000 和 111 互为邻居。显然,我们应该选择与源服务器 A 位于同一子网络 M-DCube$_i$ $(i=\lfloor u_a/m\rfloor)$ 中的一对服务器。服务器$\langle S,u\rangle$和$\langle S+t',u\rangle$被追加到路由路径中,其中,$u=\lfloor u_a/m\rfloor\times m+i$ 而 i 表示 t' 的 index。事实上,与目的服务器 B 位于同一子网络 M-DCube$_i$ $(i=\lfloor u_b/m\rfloor)$ 中的另一对服务器也是理想的选择。由算法 4-3 我们可以得到如下定理。

定理 4.3　M-DCube(n,k) 的网络直径为 $2\times\lceil(m+1)/2\rceil+1$,其中,$m=n/k$。

证明：给定 m 维 1-möbius 立方体中的任意两台服务器 A 和 B,根据算法 4-2 可知最小扩展 $E(A+B)$ 的权值不超过$\lceil m/2\rceil$。我们用长度为 2 的路由序

列替代最小扩展 $E(A+B)$ 最左端的不可用项 t_i。这种策略使得在替换 t_i 后路由路径中将不再存在其他不可用的项,因为对任意不可用的 $t_j(j<i)$, E_{i-1} 已对其位置 a_{j+1} 进行了补运算处理。因此,算法 4-3 可确保 m 维 1-möbius 立方体的直径为 $\lceil(m+1)/2\rceil$,从而 M-DCube(n,k) 中任意两台服务器之间的最短路径至多经过 $\lceil(m+1)/2\rceil+1$ 台交换机。从定理 4.1 的证明过程可知,在上述交换机层面的最短路径中,途径的每台交换机内及两台相邻交换机之间都存在 1 跳的数据转发。因此,定理得证。 □

算法 4-3 M-DCubeRouting(A,B)

要求:$A=\langle a_{m-1}\cdots a_0,u_a\rangle$ 和 $B=\langle b_{m-1}\cdots b_0,u_b\rangle$

1:symbols=**Expansion-mobius**$(A+B)$

2:path$(A,B)=\{A\}$;

3:**Exactrouting**$(a_{m-1}\cdots a_0,$symbols$)$

4:将服务器 B 追加到 path(A,B) 中

Exactrouting$(S,$symbols$)$

要求:S 代表最短路径上的当前交换机

1:**while** symbols 非空 **do**

2:     令 t 代表 symbols 中最左端的项(term)

3:     **if** t 适用于 S **then**

4:         令 t' 代表 symbols 中能够适用于 S 且处于最右端的项
         {最右端可用项可以与最左端可用项等同}

5:         $u=\lfloor u_a/m\rfloor\times m+i$,其中,$i$ 是 $t'=e_i$ 或 $t'=E_i$ 的 index

6:         将 $\langle S,u\rangle$ 和 $\langle S+t',u\rangle$ 追加到 path(A,B) 中

7:         将 t' 从 symbols 中移除,**Exactrouting**$(S+t',$symbols$)$

8:     **else**

9:         **if** 项 t 是 e_i 这种形态 **then**

10:            若 $a_i=0$,将 e_i 用 $E_i E_{i-1}$ 替换,否则用 $E_{i-1}E_i$ 替换

11:        else

12:            若 $a_i=1$,将 E_i 用 $e_i E_{i-1}$ 替换,否则用 $E_{i-1}e_i$ 替换

13:     **Exactrouting**$(S,$symbols$)$

4.4   DCube 的单播多径路由及组播传输

若源服务器和目的服务器之间的两条路径不存在共用的服务器和交换机,则这两条路径称为平行不相交路径。显然,在该定义下由于服务器具有双 NIC

端口,因此任意服务器对之间至多存在两条这样的平行路径。在本章中,我们不妨对这一定义稍加放松。若一条路径上除了源交换机和目的交换机之外,其他交换机不会出现在另一条路径上,我们称这两条路径为平行路径。此外,两个邻居交换机之间存在 k 对直接相连的服务器。为了最大化利用这种拓扑优势,一条交换机路径可衍生出 k 条弱平行路径。这 k 条弱平行路径所用的交换机相同,但相邻交换机间的中间服务器却各不相同。这些平行路径和弱平行路径不仅能够提高数据传输速率,同时也能通过多路径 TCP 提高单播传输的可靠性。而多路径 TCP 协议利用这些平行路径解决网络拥塞问题,从而获得更高的网络利用率。

下面的理论分析将用于度量 DCube(n,k) 中任意服务器对之间的平行路径和弱平行路径的数量。

4.4.1　H-DCube 的多路径路由方法

定理 4.4　H-DCube(n,k) 中任意服务器对之间有 m 条平行路径和 n 条弱平行路径,其中,$m=n/k$。

H-DCube(n,k) 中任意服务器对之间的 m 条平行路径可看作是 m 条并行的交换机路径,这是因为,这 m 条平行路径上的交换机彼此不相交。因此我们通过这 m 条平行的交换机路径的构建来说明定理 4.4 的正确性。利用最小扩展 $E(A+B)$ 的任意排列,算法 4-1 给出了从服务器 A 到 B 之间的最短交换机路径,对于某些 $0 \leqslant j \leqslant m-1$ 其包含 e_j,但对于任何 $0 \leqslant j \leqslant m$ 其都不包含 E_j。在 $A+B$ 的最小扩展中,$W(A+B)$ 个成员形成一个初始的路由序列,据此可以演化出 $W(A+B)!$ 种最小路由序列。定理 4.5 说明服务器 A 和 B 之间只可生成 $W(A+B)$ 条并行的交换机路径。

定理 4.5　令由 Expansion-hypercube 算法计算得到的最小扩展 $E(A+B)$ 被记为 $t_1, t_2, \cdots, t_{W(A+B)}$。算法 4-1 采用如下排列获得从服务器 A 到 B 的 $W(A+B)$ 条并行的交换机路径:第 i 种排列被记为 $p_1, p_2, \cdots, p_{W(A+B)}$,其中,$0 \leqslant i \leqslant W(A+B)$,而且对于任意 $1 \leqslant j \leqslant W(A+B)$ 有 $p_j = t_{(j+i) \bmod W(A+B)}$。

证明:事实上,这些排列都是通过将初始路由序列中的各个成员依次向左移动到模 i 位而得到的,其中,$0 \leqslant i \leqslant W(A+B)$ 且需满足以下两个约束:①任意两个排列的最左端 j 个成员之和不同,其中,$1 \leqslant j \leqslant W(A+B)$;②如果 $j \neq j'$,则每个排列的最左端 j 个成员之和不同于最左端 j' 个成员之和。上述条件可以确保除了源和目的交换机之外,产生的 $W(A+B)$ 条交换机路由路径彼此不相交,从而顺利获得了 $W(A+B)$ 条平行路径。如图 4-1 所示,$e_1 e_0$ 和 $e_0 e_1$ 是两个最小路由序列,据此可以为服务器$\langle 000,0 \rangle$和$\langle 011,0 \rangle$产生两条平行的交换机路径。于是,可为这两台服务器之间产生两条平行路径$\{\langle 000,0 \rangle,\langle 000,1 \rangle,$ $\langle 010,1 \rangle,\langle 010,0 \rangle,\langle 011,0 \rangle\}$和$\{\langle 000,0 \rangle,\langle 001,1 \rangle,\langle 001,1 \rangle,\langle 011,1 \rangle,\langle 011,0 \rangle\}$。

假设t'_h属于$\{e_{m-1},\cdots,e_1,e_0\}$但不属于最小扩展$E(A+B)$。我们将$t'_h$加入已有路由序列的最左端和最右端,从而获得了一个新的路由序列。这将产生一条新的交换机路径,并且与根据定理4.5获得的$W(A+B)$条交换机路径并行。如图4-1所示,对于服务器$\langle 000,0 \rangle$和$\langle 011,0 \rangle$,由路由序列$e_2e_1e_0e_2$或$e_2e_0e_1e_2$生成的路径与由e_1e_0和e_0e_1生成的路径并行。由$e_2e_1e_0e_2$生成的路径为$\{\langle 000,0 \rangle,$ $\langle 000,2 \rangle,\langle 100,2 \rangle,\langle 100,1 \rangle,\langle 110,1 \rangle,\langle 110,0 \rangle,\langle 111,0 \rangle,\langle 111,2 \rangle,\langle 011,2 \rangle,$ $\langle 011,0 \rangle\}$,而由$e_2e_0e_1e_2$生成的路径为$\{\langle 000,0 \rangle,\langle 000,2 \rangle,\langle 100,2 \rangle,\langle 100,0 \rangle,$ $\langle 101,0 \rangle,\langle 110,1 \rangle,\langle 111,1 \rangle,\langle 111,2 \rangle,\langle 011,2 \rangle,\langle 011,0 \rangle\}$。

考虑到$\{e_{m-1},\cdots,e_1,e_0\}$中有$m-W(A+B)$项并未出现在最小扩展$E(A+B)$中。因此,通过上面的方法我们可以生成$m-W(A+B)$条并行的交换机路径,每条路径的长度为$W(A+B)+2$。从而,我们可以为H-DCube$(n,k)$中的任意服务器对之间构造出$m$条并行的交换机路径。但若是采用新的路由序列,则由其产生的交换机路径中必然至少有一台交换机在之前的m条交换机路径中出现过。这是因为该新的路由序列的首部和尾部已经在之前m条路由序列的首部和/或尾部出现过。综上所述,H-DCube(n,k)中的任意服务器对之间至多存在m条平行的交换机路径。

我们进一步考虑在这m条平行的交换机路径中,任意相邻交换机之间的子路径构造方法。算法4-1为任意交换机路径上的所有相邻交换机间都选择了一对相连的服务器,从而得到包含交换机和服务器的完整路由路径。然而,在将算法的第6行更改为$u=j\times m+i,0\leqslant j\leqslant k-1$后,我们可以在每条交换机路径的基础上生成$k$条弱平行的路径。因此,H-DCube$(n,k)$中任意一对服务器间存在$m\times k=n$条弱平行路径。定理4.4得证。 □

4.4.2　M-DCube 的多路径路由方法

定理 4.6　M-DCube(n,k)中任意服务器对之间有m条平行路径和n条弱平行路径,其中,$m=n/k$。

我们通过构造出这些平行路径和弱平行路径来论述定理4.7的正确性。考虑 M-DCube(n,k)中的两台服务器A和B,算法 Expansion-mobius 为其生成最小扩展$E(A+B)$。但是该最小扩展中的一些成员可能并不适用于当前交换机,因此要被替换为由定理4.2所定义的长度为2的等价路由序列。为此,M-DCubeRouting 算法以最小扩展$E(A+B)$为输入,通过调用 exact-routing

函数计算出一个初始的路由序列。该初始路由序列被表示为 $t_1, t_2, \cdots, t_l$，其中，$l \geqslant W(A+B)$。

M-DCubeRouting 算法进一步使用该初始路由序列的其他排列为服务器 A 和 B 生成一系列并行的交换机路径。对初始路由序列的任何置换都会形成一个新的路由序列。由此可知，共存在 $l!$ 种路由序列，但只有如下路由序列能够生成 l 条平行的交换机路由路径。令第 i 次置换后的路由符号排列被记为 $p_1, p_2, \cdots, p_l$，其中，$p_j = t_{(j+i) \bmod l}, 0 \leqslant i \leqslant l, 1 \leqslant j \leqslant l$。

我们面临的第 1 个挑战是，在初始路由序列的每种排列中有一些项可能并不适用于当前的交换机，因此需要由定理 4.2 定义的等价路由序列来替换，从而生成一个可用的路由序列。该可用路由序列可产生新的交换机路径，并与此前获得的交换机路径平行。如图 4-2 所示，初始的路由序列 $E_2 E_1$ 可以为服务器 $A = \langle a_2 a_1 a_0 = 000, 0 \rangle$ 和服务器 $B = \langle 100, 0 \rangle$ 之间产生一条最短路径。$E_2 E_1$ 的第 1 种排列就是其本身。$E_2 E_1$ 的第 2 种排列是 $E_1 E_2$，$a_2 = 0$ 导致 E_1 并不适用于交换机 $A = 000$，因此，$E_1 E_2$ 需要被替换为 $e_1 E_0 E_2$。

除了上述 l 条平行的交换机路径外，M-DCube(n, k) 中任意一对服务器之间还存在另外 $m - l$ 条平行的交换机路径。假设 t'_m 是 $\{e_{m-1}, \cdots, e_1, e_0\}$ 中的任意项，但并不出现在上述置换排列操作生成的诸多路由序列的最左端。通过将 t'_m 加入已有路由序列的最左端和最右端，我们可以获得一个新的路由序列，并随之获得一条新的交换机路径，其与上述 l 条交换机路径保持并行。如图 4-2 所示，将 $t'_m = e_0$ 加入已有路由序列 $E_2 E_1$ 的首尾两端，得到新的路由序列 $e_0 E_2 E_1 e_0$。根据该新的路由序列，我们可以得到从服务器 $A = \langle 000, 0 \rangle$ 到 $B = \langle 100, 0 \rangle$ 的一条新的交换机路径 $\{\langle 000, 0 \rangle, \langle 001, 0 \rangle, \langle 001, 2 \rangle, \langle 110, 2 \rangle, \langle 110, 1 \rangle, \langle 101, 1 \rangle, \langle 101, 0 \rangle, \langle 100, 0 \rangle\}$。

我们面临的第 2 个挑战是，将 t'_m 加入某个已有路由序列的首尾两端并不能必然得到一条新的平行交换机路径。事实上，若 t'_m 本身已出现在已有路由序列的尾端，则新交换机路径上包括目的交换机在内的最后两台交换机已经出现在相关路径中。

为解决该挑战性难题，我们需要从 $t_1, t_2, \cdots, t_l$ 中找到某个 t''_m，该 t''_m 并未出现在 $t_1, t_2, \cdots, t_l$ 历经重排列后生成的各个路由序列的末端。如果这样的 t''_m 存在，则将其移动到 $t'_m t_1, t_2, \cdots, t_l t'_m$ 的最末端，并优化得到一个可用而且平行的路径。否则，我们需要将 $t_1, t_2, \cdots, t_l$ 中的某个成员根据定理 4.2 替换为包含 t''_m 的长度为 2 的等价路由序列，从而获得新的路由序列。同时将 t''_m 加入到上述路由序列的末端,进一步优化得到可用且平行的交换机路径。通过上述操作,我们可以得到 $m-l$ 条额外的交换机路径,其与上述 l 条交换机路径之间保持并行。

由定理 4.4 的证明过程可知,任意邻居交换机之间存在 k 对直连的服务器。因此,将算法 M-DCubeRouting 的第 5 行更改为 $u=j\times m+i, 0\leqslant j\leqslant k-1$ 后,我们可在任意给定的交换机路径基础上生成 k 条弱平行路径。也就是说,任意服务器对之间的 m 条平行的交换机路径中的每一条都可生成 k 条弱平行路径。因此,M-DCube(n,k) 中的任意服务器对存在 $m\times k=n$ 条弱平行路径。定理 4.6 得证。   □

4.4.3   组播传输的速率提升

研究发现,分布式文件系统中一组服务器构成的完全图结构有助于加速数据在组内服务器间的复制速率。本质上,一组服务器之间最终形成了组播通信模式。我们证明在 DCube(n,k) 中可构造多个由 $m+1$ 台服务器组成的边不相交完全图。

定理 4.8   在 DCube(n,k) 中,服务器 $\langle src, u_s \rangle$ 和一组 m 台服务器可构成一个边不相交的完全图,其中,这组 m 台服务器中的每台服务器都与交换机 src 的不同邻居交换机相连。

在 H-DCube(n,k) 中,交换机 src 的第 i 个邻居交换机记为 src$+e_i(0\leqslant i< m)$。假设交换机 src$+e_i$ 和 src$+e_j$ 是 src 的两个邻居交换机,从 src$+e_i$ 到 src$+e_j$ 长度为 2 的交换机路径可以由路由序列 $e_j e_i$ 生成,并被记为 $\{$src$+e_i,$ src$+e_i+e_j,$ src$+e_i+e_j+e_i=$src$+e_j\}$。显然,两对不同的路由符号 e_i 和 e_j 所得到的 e_i+e_j 值也不相同。因此可以保证交换机 src 与其 m 个邻居交换机之间的交换机路径之间都是不相交的。

在 M-DCube(n,k) 中,交换机 src 的第 i 个邻居交换机记为 src$+t_i(0\leqslant i< m)$,其中,t_i 是 e_i 或 E_i,并取决于 m 维 möbius 立方体的定义。假设交换机 src$+t_i$ 和 src$+t_j$ 是 src 的两个邻居交换机,从 src$+t_i$ 到 src$+t_j$ 的交换机路径可由路由序列 $t_j t_i$ 生成。在特殊情况下,该交换机路径是可用的且被记作 $\{$src$+t_i,$ src$+t_i+t_j,$ src$+t_i+t_j+t_i=$src$+t_j\}$。而在通用情况下,初始路由序列中的每一项都可能不适用于当前交换机。为此,我们需要将不适用的项根据定理 4.2 替换为长度为 2 的等价路由序列。因此,从 src$+t_i$ 到 src$+t_j$ 的交换机路径长度最多为 4。显然,两对不同的 t_i 和 t_j 所产生的 t_i+t_j 值也不相同。因此可以保证交换机 src 及其 m 个邻居之间的交换机路由路径之间彼此不相交。

综上所述,在 H-DCube(n,k) 和 M-DCube(n,k) 中一台交换机及其 m 个邻居形成的完全图分别是交换机层面的 2 跳或至多 4 跳可达。

给定由交换机 src 及其 m 个邻居构成的边不相交的完全图,由于交换机之间并没有直接相连,因此完全图中的每一条边需要被一对相连的服务器所取代。值得注意的是,任意一对邻居交换机之间都存在 k 对这样的服务器。为将服务器 $\langle src, u_s \rangle$ 的完全图内的流量全部隔离于同一子网中,我们只选择与服务器 $\langle src, u_s \rangle$ 位于同一子网 DCube$_i$ 中的一对服务器。这样的做法也确保了服务器 $\langle src, u_s \rangle$ 和其他 m 台所选服务器之间的整个路径,包括交换机和服务器,仍然是边不相交的。

我们进一步讨论如何根据源服务器 $\langle src, u_s \rangle$ 来选择这 m 台服务器。记这些服务器为 d_j,其中,$0 \leqslant j \leqslant m-1$。对于交换机 src 的第 j 个邻居交换机,我们从与其相连的 n 台服务器中选择一台服务器 d_j,满足 d_j 与源服务器 $\langle src, u_s \rangle$ 位于同一子网 DCube$_i$ 中的条件,其中,$i = \lfloor u_s/m \rfloor$。如此一来,由于与交换机直接相连的 n 台服务器中有 m 台服务器和源服务器 $\langle src, u_s \rangle$ 位于相同子网 DCube$_i$ 中,因此 d_j 有 m 个选择。本章我们仅随机选择其中一个即可,未来的研究工作中将考虑其他选择方法。

至此,我们已经展示了如何根据一台源服务器和从子网 DCube$_i$ 中选出的 m 台服务器形成一个完全图。事实上,考虑到 DCube(n,k) 网络中包含有 k 个 DCube$_i$ 子网,因此根据任意服务器 $\langle src, u_s \rangle$ 可构造出 k 个上述完全图。假设从子网 DCube$_i$ 中选出的 d_j 被记作 $\langle src+t_j, u_j \rangle$,其中,$0 \leqslant j \leqslant m-1$,则源服务器 $\langle src, u_s \rangle$ 和相应的服务器 $\langle src+t_j, u_j+k \times m \rangle$ 在子网 DCube$_k$ 中形成一个新的完全图,其中,$k \neq i$。

众所周知,GFS 等典型的分布式文件系统将一份文件划分为若干个数据块,每个数据块被存储在 3 个不同的块服务器。为缩短数据块的写入时间,文献[5] 中提出从源服务器到 3 个块服务器之间建立一个数据管道。在本章中,DCube(n,k) 中从源服务器到多个块服务器构建的边不相交完全图能够提高数据块的写入速度。当源服务器需要向 r 个块服务器写入数据时,它只需分别向每个块服务器沿着不同的路径传输总量的 $1/r$ 即可。同时,每个块服务器将接收到的 $1/r$ 部分数据通过边不相交完全图传输给其他 $r-1$ 个块服务器。因此,这种加速方法比传统的管道传输模型要快约 r 倍。

4.5　性能评估

本节旨在通过仿真实验来评估 DCube 互联结构的多项性能指标,包括单播传输的加速性能、多播传输的加速性能、聚合瓶颈吞吐量。实验采用了文献[6]

所提供的数据中心的真实网内流量。此外,我们还将分别探讨 DCube 互联结构的构造成本、电力消耗、布线复杂性以及单路径路由状况。最后,我们将 DCube 和 Fat-tree、DCell、HCN 以及 BCube 进行了分析比较。在整个实验设置中,DCube 包含 2048~12288 台服务器,每条链路的带宽为 1Gb/s。该实验设置与典型的集装箱数据中心规模相符。

为了确保比较的公平性,上述多种网络互联结构互连相同或相近规模的服务器,记服务器总数为 N。这些互联结构均使用端口数为 n 的交换机,但在服务器 NIC 端口数量、交换机数量、链路数量以及互联规则方面存在很大差异。DCell、HCN 以及 BCube 都是采用递归方式定义的互联结构,其递归层次分别被记为 k_1、k_2 以及 k_3,其中,$k_1 \leqslant k_3$。

4.5.1 单播和组播的传输加速能力

对于一对一的单播和一对多的组播流量模式,本节将论述 DCube 和其他相关网络互联结构对这两种流量模式的加速能力。在表 4-1 中,我们首先给出了多种网络互联结构在 3 种典型流量模式下的吞吐量。

表 4-1   M-DCube,DCell,HCN,Fat tree,BCube 的吞吐量比较

传输方式	M-DCube	DCell	HCN	Fat tree	BCube
一对一传输	2	k_1+1	2	1	k_3+1
一对多传输	$\dfrac{n}{k}+1$	k_1+2	n	1	k_3+2
多对多传输	$\dfrac{N}{1/3 \times n/k}$	$\dfrac{N}{2^{k_1}}$	$\dfrac{N}{2/3 \times 2^{k_2}}$	N	N

给定一对服务器 A 和 B,DCube(n,k) 为它们提供了 $\lceil n/k \rceil$ 条平行路径和 n 条弱平行路径。这些平行路径不仅可以加速数据的传输速率,同时还能获得很好的容错性能。从图 4-3(a) 中可以看出,当网络规模从 2048 依次增长到 4096、8192 和 12288 时,DCube 比 BCube 和 HCN 为每对服务器提供了更多的平行路径以及大量的弱平行路径。虽然 DCell 比 DCube 为每对服务器提供了更多的平行路径,但是 DCube 提供大量的弱平行路径,进而为单播通信提供更强的加速能力。

如果从一台源服务器到多个目的服务器形成一个全连通图,则可以对该组播传输模式进行加速。假设图 4-1 中的服务器 $A=\langle 000,2 \rangle$ 复制 20GB 数据到服务器 $B=\langle 010,2 \rangle$ 和 $C=\langle 001,2 \rangle$。若使用管道的方式,A 将所有数据发送给 B,然后 B 再发送数据给 C。若按照完全图的方式,所有数据将被分割成两部

分,首先分别发送给 B 和 C,然后 B 和 C 交换其各自的数据。此时,完全图方式比管道方式能够获得两倍的传输加速。在通用场景下,若一台源服务器将数据块分发给完全图中其他 r 台接收端服务器,则数据源会将数据块分割为 r 部分,随后将每部分发送给一台接收端,同时每个接收端会将收到的数据块分发给其他接收端。综合来看,DCube 采用的完全图方法比管道方法能取得 r 倍的传输加速。

如前所述,DCube 可以支持的最大完全图规模为 $n/k+1$,而如文献[5]所述,DCell 和 BCube 可支持的最大完全图规模分别为 k_1+2 和 k_3+2。图 4-3(b) 展示了组播通信模式下 DCube、HCN、DCell、BCube 互联结构支持的完全图的最大规模。不难发现,当网络规模分别由 2048 增大到 4096、8192 和 12288 时,DCube 总是比其他互联结构表现得更突出。这意味着 DCube 能比 DCell、HCN、BCube 对组播通信提供更好的加速效果。

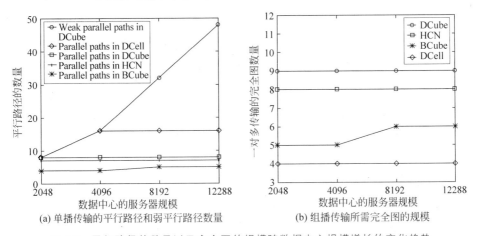

(a) 单播传输的平行路径和弱平行路径数量　　(b) 组播传输所需完全图的规模

图 4-3　平行路径的数量以及完全图的规模随数据中心规模增长的变化趋势

4.5.2　聚合瓶颈吞吐量

首先,我们定义聚合瓶颈吞吐量 ABT 为多对多通信模式下数据流数量乘以瓶颈流的吞吐量[7]。由于 Fat-Tree 和 BCube 能够为任意一对服务器间提供无阻塞通信,因此二者的 ABT 均为 N。根据文献[7]可知,DCell 的 ABT 为 N/k_1,而 HCN 的 ABT 则为 $\dfrac{N}{2/3 \times 2^{k_2}}$。我们将通过定理 4.9 和引理 4.1 分别给出 H-DCube 和 M-DCube 的 ABT 取值。

定理 4.9　H-DCube(n,k) 网络互联结构在多对多通信模式下的 ABT 是

$\dfrac{N}{2/3\times n/k}$，其中，n 为每台交换机的端口数量，N 为服务器的数量。

证明：H-DCube(n,k) 的网络直径为 $\dfrac{2\times n}{k}+1$，其平均路径长度近似等于 n/k。整个互联结构中的链路由两部分组成：①每台服务器通过第 1 个端口与交换机相连，这种链路的数量为 N；②服务器通过第 2 个端口与其他服务器相连，这种链路的数量为 $N/2$。因此，H-DCube(n,k) 中的链路总数为 $3N/2$。每条链路所承载的数据流平均数量为

$$f_{\mathrm{num}}=\frac{N(N-1)\times n/k}{3N/2},$$

其中，$N(N-1)$ 为数据流的总数。每条数据流的平均吞吐率为 $1/f_{\mathrm{num}}$，此时假设每条链路的带宽为 1，则有 ABT 为 $N(N-1)\times 1/f_{\mathrm{num}}=\dfrac{N}{2/3\times n/k}$，定理得证。　　　　　□

引理 4.1　M-DCube(n,k) 网络互联结构在多对多通信模式下的 ABT 是 $\dfrac{N}{1/3\times n/k}$，其中，n 为交换机端口数，N 为服务器数量。

证明：定理 4.3 已经证明，M-DCube(n,k) 的网络直径为 $2\times\lceil(n/k+1)/2\rceil+1$，据此可得其平均路径长度近似等于 $n/2k$。后续证明过程与定理 4.9 类似。□

可以看到，在多对多通信模式下，Fat-Tree 和 BCube 的 ABT 要优于 M-DCube，这是因为 Fat-Tree 和 BCube 结构比 M-DCube 采用了更多的交换机、链路以及服务器端口。然而并不是所有的服务器都频繁参与多对多的通信，且 Fat-Tree 和 BCube 结构的设计会带来高昂的交换机成本或布线成本。另外，与 HCN 和 DCell 相比，M-DCube 却能获得更高的 ABT，因为 $n/(3k)$ 显然要小于 $2^{k_2+1}/3$ 和 2^{k_1}。除了上述理论分析外，我们也开展了大规模仿真来评估这 3 种数据中心互联结构的 ABT。评价结果如图 4-4 所示，从中可以看出，随着数据中心规模的变化，M-DCube 始终都比 HCN 和 DCell 能够获得更高的 ABT。

4.5.3　成本与布线复杂度的量化比较

在比较成本和布线复杂度方面，我们为模块化数据中心考虑了 5 种网络互联结构，分别包含 2048 台服务器和一些 8 端口的交换机。其中，DCube 的结构为 DCube$(8,1)$；DCell 的结构为拥有 28 个 DCell$(8,1)$ 的局部 DCell$(8,2)$；HCN 的结构为拥有 4 个完整 HCN$(8,2)$ 的局部 HCN$(8,3)$；BCube 的结构为拥有 4 个 BCube$_2$ 的局部 BCube$_3$，且 $n=8$；Fat-Tree 结构有 5 层交换机，第 0～3 层

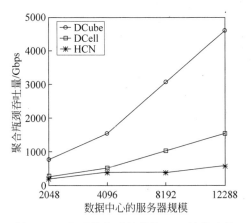

图 4-4　不同网络互联结构的 ABT 性能比较

每层使用 512 台交换机,第 4 层使用 256 台交换机。在上述的配置下,DCube、DCell、HCN、BCube 和 Fat-Tree 分别使用 256、252、256、1280 以及 2304 个 8 端口交换机,且服务器 NIC 端口数分别为 2、3、4、4 和 1。注意到,一台 8 端口交换机大约花费 40 美元且消耗 4.5W 的电能,而 1 个端口、2 个端口和 4 个端口的 NIC 则分别花费 5 美元、10 美元和 20 美元,且电力消耗分别为 5W、7.5W 和 10W。

在上述基础上,我们进一步考虑每个集装箱内包含 4096、8192 和 12288 台服务器的情况。此时,DCube 结构分别为使用 16 端口交换机的 DCube(16,2),使用 32 端口交换机的 DCube(32,4) 和使用 48 端口交换机的 DCube(48,6)。DCell 的结构分别是 15 个、30 个以及 45 个 DCell(16,1) 组成的局部 DCell(16,2),且 3 种结构全部使用 16 端口交换机。HCN 的结构分别为 HCN(8,3),由 2 个 HCN(8,3) 组成的局部 HCN(8,4) 以及由 3 个 HCN(8,3) 组成的局部 HCN(8,4),且 3 种结构全部使用 8 端口交换机。BCube 的结构分别为 $BCube_3$,由 2 个 $BCube_3$ 组成的局部 $BCube_4$ 以及由 3 个 $BCube_3$ 组成的局部 $BCube_4$,且 3 种结构全部使用 8 端口交换机。注意到,一台 16 个端口的交换机需要花费 150 美元且消耗 21W 电能,一台 32 端口的交换机需要花费 400 美元且消耗 75W 电能,一台 48 端口的交换机需要花费 600 美元且消耗 103W 电能。

在分别支持 2048、4096、8192 和 12288 台服务器的情形下,图 4-5 总结了上述 5 种不同互联结构使用的连线与交换机数目、全体交换机与 NIC 的花销以及全体交换机与 NIC 的电能消耗情况。如果在某种规模的服务器设置下,DCell、HCN 以及 BCube 不能形成完整的互联结构,则需要为其构造某种局部结构[5]。

		Cost(k$)		Power(kW)		Wires No.	Switchs No.
		Switch	NIC	Switch	NIC		
2048	Fat-tree	92	10	10	10	10240	2304
	BCube	51	41	5.8	20	8192	1280(8-port)
	HCN	10	20	1.2	15	3068	256(8-port)
	DCell(2016)	10	40	1.1	18	4032	252(8-port)
	DCube(8,1)	10	20	1.2	15	3072	256(8-port)
4096	BCube	81	82	9.3	40	16384	2048(8-port)
	HCN	20.5	82	2.3	41	6140	512(8-port)
	BCube	115	61	16	37	12288	768(16-port)
	DCell(4080)	38	81.6	5.4	41	8160	255(16-port)
	DCube(16,2)	38	41	5.4	31	6144	256(16-port)
8192	BCube	324	205	37.1	100	40960	8192(8-port)
	HCN	41	164	4.6	82	12290	1024(8-port)
	BCube	845	164	118	82	32768	5632(16-port)
	DCell(8160)	76.5	163	10.7	82	16320	510(16-port)
	DCube(32,4)	102	82	19.2	61	12288	256(32-port)
12288	BCube	571	307.5	65	120	61440	14336(8-port)
	HCN	61	246	7	123	18428	1536(8-port)
	BCube	960	246	134	123	49152	6400(16-port)
	DCell(12240)	114.7	245	16	122	24480	765(16-port)
	DCube(48,6)	153.6	123	26	92	18432	256(48-port)

图 4-5　不同网络规模下 5 种数据中心互联结构的代价比较

图 4-6 显示,无论数据中心的规模如何设定,DCube 中全体服务器的 NIC 端口总量以及全体连线的数量都显著小于 BCube 和 DCell。另外,DCube 与 HCN 取得相似的结果,因为二者都关注于互连配备有双 NIC 端口的服务器。显然,DCube 可大幅降低数据中心的布线复杂性,这对于大型的模块化数据中心来说尤为重要。除此之外,DCube 使用少量的布线和交换机,因而具有其他方面的优势。如图 4-5 和图 4-7 所示,DCube 在交换机和 NIC 方面的整体花费和电力消耗总是显著小于 BCube、DCell 以及 HCN 互联结构。另外,为容纳相同规模的交换机可以采用不同的互联结构,我们发现,采用 16 个端口交换机的 BCube 比使用 8 个端口交换机的 BCube 会带来更高的成本和能耗。

4.5.4　评估小结

根据上述仿真评估结果,DCube 互联结构具有如下优点。首先,与 Fat-

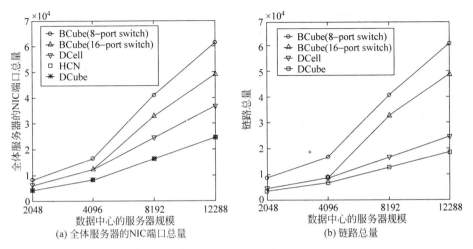

图 4-6　多种网络互联结构下，全体服务器的 NIC 端口总量以及链路总量

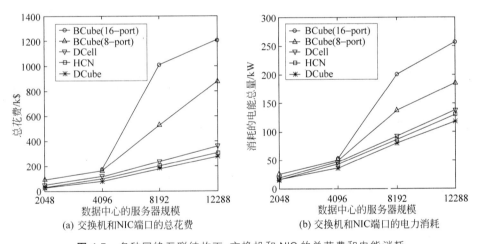

图 4-7　多种网络互联结构下，交换机和 NIC 的总花费和电能消耗

Tree 和 BCube 相比，DCube 显著减少了需要的交换机和物理连线，并大幅度降低了布线的复杂性。其次，无论数据中心规模大小如何，DCube 在交换机和 NIC 方面的整体花销和电力消耗也远远小于 BCube。虽然 DCube 的最大吞吐量小于相同规模下的 DCell 和 BCube，但仍然是 Fat-Tree 的最大吞吐量的 2 倍。在一对多的组播通信模式下，DCube 比 Fat-Tree、DCell 以及 BCube 获得了更高的传输速度。最后，DCube 的 ABT 要高于 DCell，并且网络性能在设备故障时平稳退化。

4.6   相关问题讨论

4.6.1   任务的局部性部署

虽然提出的 DCube 互联结构有很多优点,例如连线简单和代价低廉,但其却无法在多对多通信模式下获得像 BCube 互联结构一样的 ABT。BCube 结构通过使用更多的 NIC 端口和交换机来获得更高的 ABT,因此也造成了更高的代价和能源消耗。事实上,正是由于使用了较少的连线和交换机,DCube 的平均路由路径较长,从而获得了比 BCube 相对较低的 ABT。幸运的是,很多数据中心应用可以通过有效的控制方式被部署在互联结构的某个子网范围内,从而有效地减少远距离的数据通信需求。

对于 DCube 网络结构来说,我们可以根据局部性原则将任务部署到不同的服务器上。也就是说,那些存在密集数据交换的任务会被首先尝试分配给连接在同一交换机的诸多服务器上。如果这些任务需要更多的服务器,则分配给临近的其他基本构造单元。在这些基本构造单元间只需要很少次数的路由转发,甚至可能仅需要 1 次转发。事实上,在 DCube 互联结构中 2 次路由转发已足够覆盖数百台服务器。因此,局部性部署机制可以避免不必要的远程数据通信,进而大幅节省网络带宽。

4.6.2   服务器配备更多的 NIC 端口

本章的基本理念是为模块化数据中心设计一系列新型互联结构,进而对大量配备有常量个数 NIC 端口的服务器进行高效互连。尽管 DCube 网络结构假设全体服务器都配备有 2 个 NIC 端口,但其设计方法可以被扩展到更通用的场景。随着服务器硬件技术的发展,目前拥有 4 个甚至更多 NIC 端口的服务器已经非常普遍。

考虑 $q-1$ 台配备有 2 个 NIC 端口的服务器,这些服务器均使用第 1 个端口与同一台交换机相连。从而,这 $q-1$ 台服务器对外共提供 $q-1$ 个 NIC 端口用于与其他基本构建模块互连。进一步地,如果一台服务器具备 q 个 NIC 端口,则其可提供 $q-1$ 个端口与其他基本构建模块互联。直观来看,一台拥有 q 个 NIC 端口的服务器可被看作 $q-1$ 个拥有双端口的服务器集合。通过这种方式,我们可将 DCube 的构造方法扩展到互连大量具有更多 NIC 端口的服务器。此外,服务器采用链路聚合(port trunking)技术[4]可将其 $q-1$ 个端口虚拟为 1 个端口使用。例如,3 个 1Gbps 的端口可以聚合为 1 个 3Gbps 的虚拟端口。通过这种方式,两台服务器间的链路容量将得到大幅提高。

4.6.3　服务器参与路由决策的影响

对于以服务器为核心的数据中心来说,服务器参与路由一直都是极具挑战性的难题。在 DCube 网络结构中,与其他服务器直连的服务器都需要负责处理数据包的转发。尽管可以采用最常见的基于软件或 FPGA 的转发机制,但是这将带来新的转发延迟。为减少服务器参与路由带来的延迟,近年来学术界和工业界提出了多种专用的 NIC 设备,其典型代表有 Server-Switch[8] 和 Sidecar[9,10]。这些 NIC 设备中嵌入了可编程商用交换芯片来支持数据包的转发,同时可使用服务器的 CPU 和 RAM 资源支持数据包的存储和处理[4,8]。通过这种方式,服务器不再仅仅作为计算终端,也同时具备小型交换设备的功能。

参考文献

[1]　Hamilton J. Architecture for modular data centers[J]. arXiv preprint cs/0612110, 2007, 306-313.

[2]　Waldrop MM. Data center in a box[J]. Scientific American, 2007, 297(2): 90-93.

[3]　Li D, Xu M, Zhao H, et al. Building mega data center from heterogeneous containers [C]. In: Proc. of the 19th IEEE ICNP. Vancouver, 2011, 256-265.

[4]　Wu H, Lu G, Li D, et al. MDCube: a high performance network structure for modular data center interconnection[C]. In: Proc. of the 5th ACM CONEXT. Rome, 2009, 25-36.

[5]　Guo C, Lu G, Li D, et al. BCube: a high performance, server-centric network architecture for modular data centers[J]. ACM SIGCOMM Computer Communication Review, 2009, 39(4): 63-74.

[6]　Benson T, Akella A, Maltz DA. Network traffic characteristics of data centers in the wild[C]. In: Proc. of the ACM SIGCOMM Conference on Internet Measurement Conference. Melbourne, 2010.

[7]　Li D, Guo C, Wu H, Tan K, Zhang Y, et al. Scalable and cost-effective interconnection of data-center servers using dual server ports [J]. IEEE/ACM Transactions on Networking, 2011, 19(1): 102-114.

[8]　Lu G, Guo C, Li Y, et al. ServerSwitch: a programmable and high performance platform for data center networks [C]. In: Proc. of the USENIX NSDI. BOSTON, 2011.

[9]　Costa P. Bridging the gap between applications and networks in data centers[J]. Operation System Review, 2013, 47(1): 3-8.

[10]　Alan S, Srikanth K, Gn S E. Sidecar: building programmable datacenter networks without programmable switches. In: Proc. of the HotNets. Monterey, 2010.

第 5 章
数据中心的混合互联结构 R3

在数据中心内,许多服务器通过特定的互联结构实现互联互通,以此来实现低硬件成本、高容量以及增量可扩展等设计目标。数据中心的互联结构是影响上层应用服务质量的重要因素。当前的数据中心要么采用完全随机的互联结构,要么采用完全规则的互联结构。虽然这两类数据中心互联结构各在某些方面展示出了独特的优点,但在其他方面也反映出一些缺点和不足。本章论述了一种基于复合图理论的混合互联结构设计方法,其可兼容现有的规则互联结构和随机互联结构,并进一步提出了一种具体的混合互联结构 R3。该结构采用随机正则图作为基本单元,并采用通用超立方体这种规则互联结构将这些基本单元进行互联。该混合互联结构兼具随机正则图和通用超立方体的拓扑优势,并有效地避免了二者的不足。

5.1 引言

数据中心网络 DCN 的基本目标是依据特定的互联结构对大量服务器进行高效连接。如第 2 章所述,工业界和学术界针对数据中心提出了很多种互联结构,并根据互联技术体制的不同可被分为 5 种类型。本章从互联结构所受约束规则的角度,将各种互联结构大致分为两类。第 1 类是规则互联结构,依据严格的约束条件将全体交换机组织成为一个规则的互联结构。Fat-Tree[1]、VL2[2]以及BCN[3]便属于这种类型。第2类是随机互联结构,随机互联结构引入了一定数量的随机连接,进而打破了严格的互联规则。SWDC[4]、Jellyfish[5]以及Scafida[6]属于这种类型。规则互联结构具有高吞吐量的优势,但其难以支持网络规模的渐进扩展。随机互联结构虽然支持渐进扩展,却受制于复杂的布线和路由过程。事实上,规则和随机互联结构的优势是互补的。下述两个基本问题促使我们为数据中心设计新的网络互联结构,进而将这两种类型互联结构的优势紧密结合在一起。

问题1:数据中心的现有规则互联结构能否完好地满足当前应用的需求?在规则互联结构中,严格的互联规则简化了数据中心网络的构造过程,但却难以支持已有数据中心的渐进扩展。实际上,随着业务和用户的扩张,已部署的数据中心往往面临着严重的逐步扩展问题。

问题2:当前的随机互联结构能否真正有效地提高数据中心的性能?上述的几种随机互联结构能够天然地支持渐进扩展,同时通过随机连接相距较远的节点从而减小网络直径。另外,随机互联结构还能在扩展过程中纳入异构的网络设备。但是,除了新增远程连接所导致的布线成本之外,随机互联结构的路由表构造和维护都是极具挑战性的难题。一是,诸如Dijkstra和Floyd的路径搜索算法被用于寻找节点之间的最短路径,而此类算法的复杂度则分别在$O(n^2)$和$O(n^3)$级别。因此,全网范围内的路由表构建变得非常耗时。二是,无规则、不对称的链路分布会导致非常高昂的运维成本。

通过分析上述两类互联结构,我们发现规则互联结构和随机互联结构的优势是互补的。这促使我们设计新的混合型互联结构,进而将二者的优势相互结合起来,从而避免各自的不足。为此,我们提出采用复合图理论,将任意一对规则互联结构和随机互联结构融合为一个混合型互联结构。换句话说,一定数量的某种随机互联结构被视为一系列基本单元簇,将这些单元簇内嵌到另一种规则的互联结构中即可得到混合型互联结构。显然,选用规则互联结构和随机互联结构的不同组合,最终会派生出完全不同的混合互联结构。这种混合互联结构能够通过复合图理论将易于渐进扩展和路由等优势有效地融合。值得注意的是,本章设计的任何混合互联结构在宏观上都是某种规则的互联结构,而在微观上则是一系列随机互联结构。

5.2   混合互联结构的设计方法

本章的基本目标是设计出一种数据中心的混合互联结构,将任意一对规则互联结构和随机互联结构融合为整体,从而发挥二者的拓扑优势。具体而言,我们运用复合图理论将随机正则图（random regular graph，RRG）和通用超立方体结构（generalized hypercube，GHC）融合为新的混合互联结构 R3。我们已在前序章节介绍了通用超立方体结构和复合图的概念，本章只对随机正则图的基本概念进行简要说明。

随机正则图（random regular graph，r-RRG）是从 $G_{n,r}$ 中随机选取而得，其中 $G_{n,r}$ 代表所有拥有 n 个节点的正则图组成的集合，其中，$3 \leqslant r \leqslant n$ 并且 $r \times n$ 是偶数[7]。RRG 具有诸多杰出的网络特性，例如全部节点的度均为 r，r 和 n 给定时，RRG 的网络直径有确定的上界。更明确地讲，RRG 的网络直径是 $\log_{r-1} n$。r-RRG 在解决着色和哈密顿圈等问题方面拥有良好的性质。最重要的是，RRG 能够完美地支持网络规模的渐进扩展，添加新增节点不会给已有的互联结构带来太大的改变。正是由于其诸多优点，RRG 才得以被运用于设计数据中心的互联结构。表 5-1 列出了本章涉及的重要符号及其定义。

表 5-1　重要符号及其定义

符号	定义	符号	定义
G	一个简单图	T	R3 中服务器的总数
N	图中的节点总数	p	R3 中每台交换机的端口数
$G(G_1)$	基于 G 和 G_1 构造的复合图	t	R3 中交换机的总数
m_i	GHC 中第 i 维的节点总数	α	交换机用于连接交换机的端口数
Δ	简单图中的最大节点度	β	交换机用于连接服务器的端口数
$x'(G)$	图 G 中边着色所需的颜色数		

5.2.1　混合互联结构概述

如前所述，当前的数据中心有线互联结构被划分为随机互联结构或者规则互联结构。各种规则互联结构缺乏可扩展性，而随机互联结构则受制于复杂的路由机制。例如，超立方体结构的路由机制相对简单，因为仅通过两个节点的标识就足以识别出多条可达路径。但是，基于超立方体结构的数据中心面临扩展需求时，只能采取网络规模翻倍的方法。相反地，基于随机互联结构的 Scafida 数据中心则可以任意扩展其网络规模，但是大量随机链路的引入致使其路由机制变得非常复杂。

本章中，我们提出混合互联结构，将规则互联结构和随机互联结构的优势相结合。可选的规则互联结构包括树型结构、超立方体结构、通用超立方体结构以及 Torus 结构等。可选的随机互联结构包括小世界网络、无标度网络、随机正则图等。在选定一对规则互联结构和随机互联结构之后,我们运用第 2 章所讨论的复合图方法来构造混合互联结构。具体而言,规则结构中的每个节点被替换为一个完整的随机互联结构,并被视为一个随机单元簇,规则结构中原有的每条边则被替换为两个对应随机单元簇之间的一条边。需要特别说明的是,在获得的混合互联结构中,每个节点代表一台交换机,其分配部分端口与其他交换机互连,而剩余预留端口则用于连接同一机架内的全部服务器。

在生成的混合互联结构中,从规则互联结构派生出的链路称为规则链路,而基于随机互联结构的各个单元簇中的链路称为随机链路。在我们的设计中只使用一种规则互联结构,该规则互联结构从宏观上看承担了各个随机单元簇的“容器”作用。与此同时,各个单元簇内的随机互联结构可以存在多样性。混合互联结构的路由问题、拓扑优化问题以及渐进扩展问题都将在后续章节加以讨论。

5.2.2　R3:基于复合图的互联结构

如上所述,复合图是一种集成两种拓扑结构并保持各自优势的有效设计方法。这促使我们使用复合图理论来设计预期的混合互联结构。选用不同的规则互联结构和不同的随机互联结构组合将会产生不同的混合互联结构。这极大地拓展了互联结构的设计空间,增加了设计的灵活性。这样一来,基于复合图的互联结构设计方法便允许用户按需构建自己的数据中心网络互联结构。

但是,正确地构造出上述混合互联结构,必须满足以下 3 个约束:①全体随机单元簇必须通过规则互联结构互连;②随机单元簇的数目必须等于所选规则互联结构中的节点数目;③一个随机单元簇中的节点总数不得小于规则互联结构中每个节点的度数。

算法 5-1　混合互联结构 H 的构建方法
输入:令 G 表示一个规则的互联结构,r 表示 G 中的节点数量。令
　　　　Adjacent$[r][r]$ 表示 G 的邻接矩阵,R_i 表示一个随机单元簇。
1:初始化每一个随机单元簇;
2:Link$[x]$记录 G 中已经切实连接到第 x 个节点的链路数量;
3:Degree$[x]$记录 G 中第 x 个节点的度;
4:for $i=0$ to r
5:　for $j=i$ to r
6:　　如果 Adjacent$[i][j]==1$&&Link$[a]<$Degree$[a]$,$a=i,j$
7:　　　在第 i 和第 j 个随机单元簇之间增加一条连接;

8：　　　　Link[i]++;Link[j]++;

9：　返回混合互联结构 H；

我们在算法 5-1 中描述了基于复合图构建一个混合互联结构的过程。在 G 中各个节点的实际链路数量获知之后，算法根据邻接矩阵推算出当前节点是否需要额外的链路。如果第 i 个和第 j 个随机单元簇之间需要互连，则一条新的链路将会被增加到 H 中，而该链路两端的节点分别从这两个随机单元簇中随机选取而得。倘若某个随机单元簇中的节点个数小于规则互联结构中的节点度，则该单元簇中某些节点的度将会被增加 2 或者更多。最终获得的混合互联结构都是从所选取的随机互联结构和规则互联结构派生而成的，这种构造方法存在两种极端情况。如果随机互联结构仅包含一个节点，则最终的混合互联结构与选用的规则互联结构无异，例如图 5-1(a)所示的二维 Torus。如果选取的规则互联结构仅是一个节点，则最终的混合互联结构正是所选的随机互联结构，如图 5-1(b)所示的随机正则图。

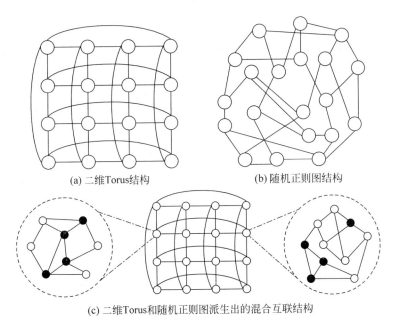

(a) 二维Torus结构　　　　　　(b) 随机正则图结构

(c) 二维Torus和随机正则图派生出的混合互联结构

图 5-1　规则互联结构和随机互联结构是混合互联结构的两种极端情况

图 5-1(c)给出了一个混合互联结构的示例图，其选用的规则互联结构和随机互联结构分别是二维 Torus 和随机正则图。如果把每个随机正则图看作是 Torus 结构中的一个节点，则整个混合互联结构从宏观层面上表现为一个规则互联结构，因此可以遵循互联规则设计出高效的路由方法。但是，每个单元簇

的内部互连遵循随机正则图的规则,具备按需的增量可扩展能力。在这种混合互联结构中,全体随机单元簇中允许出现异构形态,包括节点数目的差异、互联规则的差异等。至此,这种设计方法可以覆盖当前的规则互联结构和随机互联结构的所有可能组合。

虽然这类混合互联结构的设计空间非常大,但我们在本章中仅集中阐述一种被称为 R3 的混合互联结构。R3 选取的规则和随机互联结构分别是通用超立方体结构 GHC 和随机正则图 RRG,这两种都是各自类型互联结构的典型代表,而且已经被应用于设计新型的数据中心互联结构。

定义 5.1　$R3(G(m_s, m_{s-1}, \cdots, m_1), r\text{-}RRG)$ 表示由节点度为 2 的随机正则图 RRG 和通用超立方体结构 GHC 按照复合图方式构成的混合互联结构,其中,GHC 的每个维度大小分别为 $m_s, m_{s-1}, \cdots, m_1$。

定义 5.2　在 R3 互联结构中,跨随机单元簇链路的对应节点被称为边界节点。

由定义 5.1 和定义 5.2 可知,R3 中有 $m_s \times m_{s-1} \times \cdots \times m_1$ 个随机正则图构成的单元簇,而每个随机单元簇中有 $\sum (m_i - 1)$ 个边界节点,其中,$1 \leqslant i \leqslant s$。图 5-2 中展示的是一个混合互联结构,其中有 8 个 3-RRG 结构分别嵌入维度分布为 2×4 的 GHC 结构中的 8 个节点。这 8 个随机单元簇依据 GHC 的规则通过引入跨单元簇的链路实现互连。每个单元簇被赋予一个唯一的 2 维标识符(彩插图 5-2 所示的红色两位数)。相似地,单元簇内各个节点也被分配有唯一的内部标识符,具体分配方法将在下文中加以论述。全体边界节点通过随

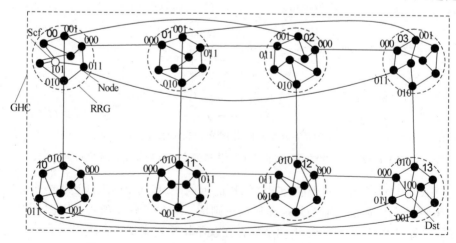

图 5-2　$R3(G(2,4), 3\text{-}RRG)$ 混合结构的示意图(见彩插)

机选取而得,而每个随机单元簇中的节点数量只要不少于 GHC 的节点度即可。在 R3 互联结构的设计过程中,各种参数配置都允许调整。这种灵活的方法确保了可以设计任意规模的数据中心网络互联结构。

5.2.3　混合互联结构数据中心的部署策略

为了将上述混合互联结构推向实际部署,我们调查了自顶向下和自下而上这两种布线方法。

自顶向下方法主要包含两个阶段。在第 1 阶段,我们需要构造出所需的规则互联结构,因为它是整个混合互联结构的骨架。随后,在每个随机单元簇内部署好边界节点,并依据规则互联的约束条件将全体随机单元簇中的边界节点连接起来。当边界点之间的全部规则链路都被添加进来之后,第 1 阶段完成。在第 2 阶段,在每个随机单元簇内增补其他节点,并严格按照选定的随机互联结构在这些节点之间增加链路。至此,通过先宏观再微观的构造方法获得了预期的数据中心混合互联结构。

不同于自顶向下的部署策略,自下而上方法的第 1 步是构建好每个随机单元簇,为后续的跨单元簇互联奠定基础。根据复合图理论,随机单元簇的个数必须等于所选规则互联结构中的节点总数。在第 2 步中,从每个随机单元簇中选定一些边界节点,并依据规则互联的约束条件将全体随机单元簇中的边界节点连接起来。在跨单元簇的全部规则连接都被添加完毕之后,便可获得预期的混合互联结构。

5.3　R3 的路由方法

R3 中规则互联结构和随机互联结构共存,因此必须针对混合互联结构设计专用的路由算法。混合互联结构路由的主要挑战来源于嵌入其中的随机单元簇。在随机互联结构中,例如 Scafida 和 Jellyfish,任意两个节点之间的最短路径只能靠 Dijkstra 类型的算法来搜索,该方法在单元簇内节点较多时无疑会带来显著的搜索时延。而在规则互联结构中,可以依据拓扑属性快速推导出最短路径,从而能够显著降低路由路径的计算开销。

为了充分发挥混合互联结构的拓扑优势,本章提出一种基于边着色的路由算法,以此来计算出任何两个节点之间的路径。每个节点都拥有一个独一无二的标识符,该标识符由簇内标识符和簇间标识符两部分组成。每个单元簇首先会获得唯一标识符(被称为簇间标识符)以区分其他单元簇,并被进一步分配给该单元簇中的全体节点,以表征这些节点都属于该单元簇。此外,每个单元簇中的节点还会获得唯一的簇内标识符,以便于区分簇内的其他节点。混合互联结构中的规则链路会被着以不同的颜色,而该链路两端的节点则被分配相同的簇内标识符。在这种设置之下,综合考虑簇间标识符和规则链路的颜色,便能推算出单元簇层面的路径,而每个随机单元簇内部的路径则可以通过 Dijkstra 算法获得。此外,在服务器数量和交换机端口数已知的情况下,我们将建立平均最短路由路径的模型并进行优化。更进一步地,我们还设计了随机单元簇层面的渐进扩展方法,从而更好地支持数据中心互联结构的按需渐进扩展。

不同于 BCube 中可以利用互联结构的对称性快速找到两个节点之间的最短路径[8],混合互联结构 R3 中的路由问题面临着诸多挑战。首先,每个单元簇内的不规则互联结构严重制约了高效路由算法的设计。其次,跨单元簇的每条规则链路所对应的两个节点无法准确定位,因为它们是随机选取的。本章中,我们着重解决第 2 个挑战性难题。显然,R3 路由方法设计的主要障碍来自于全体随机节点。因此,本章对跨单元簇的全体规则链路进行染色,从而使得全体随机节点受一定的规则影响,进而使 R3 的路由就像在纯规则互联结构中进行路由一样。

定义 5.3   图的边着色问题是指对图中全体边的一种颜色分配方案,它满足任意两条相邻边颜色不同的约束。能够将图中全体边按上述约束完成着色所需的最少数目的颜色被称为该图的色数,并记作 $x'(G)$[9]。

定理 5.1   令 Δ 表示简单图 G 中的最大节点度,则有 $\Delta \leqslant x'(G) \leqslant \Delta + 1$。如果 $x'(G) = \Delta$,则 G 称为第 1 类图,否则称为第 2 类图[9]。

定理 5.2 K_n 表示 n-正则图,则有

$$x'(G) = \begin{cases} n-1, & \text{如果 } n \text{ 是偶数} \\ n, & \text{如果 } n \text{ 是奇数} \end{cases} \tag{5-1}$$

定理 5.1 和定理 5.2 已经在文献[9]中得到证明。这两条定理对如何确定每个随机单元簇中的边界节点提供了重要启示。另外,数据中心的互联结构设计中常常借鉴环形、Torus、超立方体、通用超立方体以及 Cayley 图等规则互联结构。需要特别说明的是,这些互联结构都是第 1 类图。

上述定理和论述表明,很多已有的数据中心规则互联结构都可以进行边着色。图 5-2 展示了 R3($G(2,4)$,3-RRG)的边着色结果。为了保证边着色的正确性,混合互联结构设计方法中的第 3 个约束必须得到保证。在边着色之后,我们根据规则链路的颜色给每个边界节点都分配一个簇间标识符,目的是确保

一条规则链路两端的边界节点拥有相同的簇间标识符。这样一来,单元簇之间的路由路径就能很快地计算得出,从而降低了路由的复杂度。

5.3.1　基于边着色的标识符分配方法

典型的数据中心互联结构通常会为每个节点引入唯一的标识符,以便更快捷地识别出节点之间的路径。在本章提出的混合互联结构中,每个节点的标识符由两部分组成,分别为簇间标识符和簇内标识符。簇间标识符包含了规则互联结构的拓扑信息,而簇内标识符则用于区别任意单元簇内的各个节点。

簇间标识符的选择是由规则互联结构决定的。如果选用拥有 8 个节点的 3 维立方体这一规则的互联结构,则 3 位的二进制数便能标识每个节点。如果选用维度分布是 3×4×5 的 GHC 作为规则互联结构,则覆盖从 000 到 234 所有取值的 3 位标识符可以标识每个节点。根据选定的互联规则,各类规则互联结构可以设计出不同的标识符体系,并据此快速识别出单元簇层面的路由路径。因此,簇间标识符不仅表征了每个节点属于哪一个随机单元簇,同时也使得单元簇层面路由路径的构建更加便捷。

相比起簇间标识符的选择,簇内标识符的分配则更具挑战性,这是因为单元簇内的边界节点都是随机选取的。在边着色理论中,判定一个图是否为第 1 类图是一个 NP 完全问题,不能在多项式时间内求得最优解。为此,本章采用该问题的最佳启发式算法 DSATUR[10] 来计算出全体规则链路的着色方案。该算法能得到多种着色方案,本章从中随机选取一种。如彩图 5-2 所示,每一种颜色都对应一种簇内标识符。图中共用了 4 种颜色,即黑色、紫色、橙色和绿色,分别对应的簇内标识符是 000,011,010 和 001。而边界节点的簇内标识符则被设置为其所连规则链路颜色所对应的标识符。事实上,各个边界节点的簇内标识符都是 000、011、010 和 001 中的某一个。至于每个单元簇内其他的节点,其簇内标识符通过在区间内随机分配获得,并采用二进制进行编码。例如,如果图 5-2 中的某个单元簇中有 9 个节点,则需要使用 4 位的二进制标识符来区分簇内节点,该标识符的覆盖范围包括从 0000~1000。该覆盖范围内除被边界节点通过边着色占用的标识符之外,其他剩余的簇内标识符被随机分配给单元簇内的其他非边界节点。

5.3.2　基于标识符的路由方法

对于 R3 混合互联结构中的每个节点而言,上述方法可确保为其分配唯一的标识符,据此可以设计出高效的路由生成方法。在混合互联结构 R3 中,两个跨单元簇的节点之间的数据传输路径通常由一系列的簇内和簇间路由构成。单元簇内和单元簇间的两种路由面临的问题完全不同,因为每个随机单元簇内并没有类似单元簇间的规则链路可用。

单元簇的内部路由机制与 Jellyfish 或者 Scafida 的路由机制类似。但在本章提出的混合互联结构 R3 中,基本单元簇的规模显著小于 Jellyfish 或者 Scafida 的设计规模,因此,簇内路由方法的难度有所降低。本章采取 k 最短路算法为簇内任意两个节点计算路由路径,并使用 ECMP 协议对流进行控制以避免拥塞。

单元簇之间的路由旨在寻找两个节点在随机单元簇层面的路径。更具体而言,就是要确定两个节点之间需要经过哪些随机单元簇以及这些单元簇需要用到的边界节点。该路由问题被分为两步来完成:①计算出从源节点所在单元簇到目的节点所在的单元簇之间的一系列中继单元簇。由于 R3 中每个节点的簇间标识符都包含了规则互联结构的拓扑信息,因此,根据源节点和目的节点的簇间标识符可直接推算出所途径的各个单元簇。②确定上述中继单元簇各自使用的边界节点,同时根据这些中继单元簇间每条规则链路的颜色,确定对应的一对边界节点在各自单元簇的内部标识符。这一设想易于实现,因为每条规则链路的颜色对应有唯一的标识符,而且该标识符被分配给了该链路的两端边界节点。这样一来,根据相关规则链路的颜色和使用的标识符机制,可以准确地推算出源节点到目的节点之间在单元簇层面的路由路径。

给定任意一对节点,如果两个节点的簇间标识符相同,则表明二者位于某个相同的单元簇内,此时只需调用簇内路由算法即可。否则,则表明二者位于不同的单元簇内,此时首先需要利用簇间路由算法计算得到单元簇层面的路由路径(包括中继单元簇及其边界节点)。其次,在每个被选中的单元簇内部调用簇内路由方法,找出两个边界节点之间的路径。当确定了每个中继单元簇内的路径以后,就获取了完整的路径,而路由算法也将停止搜索。

算法 5-2 描述了上述整个路由过程。给定 R3 中任意两个需要交互的节点,算法首先判断二者是否在同一个单元簇内。如果成立,则直接采用现有的 K^* 算法[11]求出前 k 条最短路径。如果不成立,算法会确定出所需要的一系列中继单元簇及其路径上的边界节点,之后再用 Dijkstra 算法找出边界节点之间的簇内路径。例如,在图 5-2 中,单元簇 00 中的一个节点需要传输数据到单元簇 13 中的某个节点,源节点端和目的节点的整体标识分别为 00101 和 13100。显然,对比标识符的前两位可知,二者属于不同的单元簇,而从单元簇 00 到单元簇 13 共有两条单元簇层面的路径,即 00→03→13 和 00→10→13。这里以

第 1 条路径为例,单元簇 03 被选中作为中继。从图 5-2 中可知,该路径中的两条规则链路分别是紫色和橙色,对应的簇内标识符分别是 011 和 010。据此,可以确定每个单元簇中需要的边界节点分别是:单元簇 00 中的节点 00011,单元簇 03 中的节点 03011 和 03010,以及单元簇 13 中的节点 13010。进一步地,Dijkstra 算法将搜索出这 3 个单元簇内边界节点之间的路径,即单元簇 00 中从 00101~00011 的路径,单元簇 03 中从 03011~03010 的路径,以及单元簇 13 中从 13010~13100 的路径。这样,混合互联结构 R3 中任意一对节点间的路径都可以用该算法找到。

算法 5-2　混合互联结构 R3 的路由算法

输入:混合互联结构 H,源节点 src 及其标识 iden_src,目的节点 dst 及其标识 iden_dst,路径数量 k 以及簇间标识符的位数 x。

1:为全体规则链路着色并分配标识符;

2:令 tem 是初始值为 0 的整数,iden1 和 iden2 分别表示两个标识符;

3:**如果**GetInterIden(iden_src,x)==GetInterIden(iden_dst,x)

4:　　path=KStar(iden_src,iden_dst,k);

5:**否则**

6:　　计算出路径上的中继单元簇及其簇间标识符 inter_iden;

7:　　计算出路径上的规则链路,并确定对应边界节点的簇内标识符 iden_color;

8:　　iden1←iden_src;

9:　　**While** tem<iden_color. size **do**

10:　　　iden1←iden_src;

11:　　　iden2←inter_iden[tem]+iden_color[tem];

12:　　　path+=Dijkstra(iden1,iden2);

13:　　　path+=inter_iden[tem];tem++;

13:　　path+=Dijkstra(iden2,iden_dst);

14:**返回路径 path;**

当有节点加入或者退出 R3 时,相关的路由表需要更新。与其他互联结构添加或者删除节点可能会涉及全部节点的路由表项不同,R3 将这类更新的影响局限在对应的随机单元簇内,从而确保其他单元簇中的节点不会受到过多的影响。举例来说,若 Fat-Tree 中某个核心交换机出现故障,则处于该交换机派生出的子树上的全体节点都需要进行路由更新以适应拓扑结构的变化。而当图 5-2 中的节点 00001 出现故障时,只有单元簇 00 中的节点会受到影响。

5.4　R3 的拓扑优化

在数据中心中服务器数量确定后,构造混合互联结构 R3 时需要合理分配使用各台交换机的可用端口。其困难在于,我们预先无法知道每台交换机应该分配多少端口用于与其他交换机相连。事实上,此时存在交换机数量和网络直径之间的折中,这是因为,增加所用交换机的数量能够有效减小网络直径,但同时却带来更大的硬件投入[12]。另外,网络中节点的度数与网络直径之间的比值问题也是拓扑设计中的经典问题。在我们的混合互联结构 R3 中,一方面,规则链路越多则路由越简单;另一方面,更多的随机互联结构则能更好地支持扩展。那么混合互联结构 R3 中何种程度的链路"随机性"才能更有利于路由发现和组网呢? 为了解答这些问题,本章继续关注 R3 互联结构的拓扑优化问题。

5.4.1　R3 结构设计的影响因素

给定服务器的数量和交换机的端口数,如何分配交换机的端口使得 R3 互联结构的平均路径长度(average path length,APL)尽可能小是我们重点考虑的问题。由于 R3 是通用超立方体和随机正则图构成的复合图,为了实现最优的 APL,本章主要考虑以下 3 个因素,分别是:①通用超立方体的维度分布 m_s,m_{s-1},$\cdots$,m_1,②随机正则图的节点度 r,以及③随机正则图中的节点个数 n_1,n_2,$\cdots$,n_t,$t = m_s \times m_{s-1} \times \cdots \times m_1$。其中,通用超立方体的维度分布不仅直接影响到可选路径的数量和路径中规则链路的数量,还影响着两个节点标识符之间的海明距离,进而决定两者之间在单元簇层面的路径长度[13]。第 2 和第 3 个因素共同决定了每个单元簇内部的路径长度。平均路径长度是一个全局性的指标,下面我们将计算平均路径长度,并揭示上述 3 个因素对平均路径长度的影响。

5.4.2　R3 拓扑优化策略

在本章提出的混合互联结构中,任意跨单元簇的两个节点之间的路由路径由规则链路和随机链路两部分组成,因此需要对二者分别进行计算。

定理 5.3　在 R3 中,令 APL_{ghc},APL_{rrg} 和 APL_{r3} 分别表示 GHC,RRG 和 R3 中的平均路径长度,则有 $APL_{r3} = APL_{ghc} + (APL_{ghc} + 1) \times APL_{rrg}$。

证明:在 R3 的路由路径中,存在 APL_{ghc} 条规则链路和 $APL_{ghc} + 1$ 个随机单元簇,而每个随机单元簇的平均路径长度为 APL_{rrg}。定理得证。　　　□

定理 5.4　对于 $G(m_s, m_{s-1}, \cdots, m_1)$，令 $N = m_s \times m_{s-1} \times \cdots \times m_1$ 表示 GHC 中的节点数量，x_l 表示 GHC 中路径长度为 l 的节点对数量，则有：

$$x_l = (N/2) \sum_{i_1=1}^{s-l+1} \cdots \sum_{i_j=j}^{s-l+j} \cdots \sum_{i_l=l}^{s} \left[(m_{i_1} - 1) \times \cdots \times (m_{i_l} - 1) \right] \quad (5\text{-}2)$$

$$\text{APL}_{\text{ghc}} = \frac{2 \sum_{l=1}^{s} l \times x_l}{N \times (N-1)} \quad (5\text{-}3)$$

证明：x_l 可以根据 GHC 的性质计算得到，GHC 中路径长度为 l 的两个节点表现出的特征是二者的标识符中有 l 个维度不同。根据 x_l 的取值以及 GHC 中的 $(N \times (N-1))/2$ 个节点对，便可推算出 APL_{ghc} 的取值。定理得证。　　□

互联相同规模的节点时，不同的互联结构即便维持相同的节点度数，也会导致不同的 APL[7]。因此，本章默认随机正则图的 APL 为 $\log_{r-1} n$，其中，n 和 r 分别代表节点数量和节点的度。获得 APL_{rrg} 后，根据定理 5.3 和定理 5.4 可以计算出 R3 的平均路径长度。我们考虑一种特殊情况，即 $n_1 = n_2 = \cdots = n_t = n$。为此构建如下优化模型，主要参数有服务器总数 T，每台交换机的端口数目 p，所使用的交换机总数 $t \in [1, T]$，而 α 和 β 分别表示每台交换机用于连接其他交换机和服务器的端口数量。优化模型如下：

$$\min \quad \text{APL}_{\text{r3}} \quad \text{s.t.} \quad \begin{cases} T \leqslant s \times \beta \\ t \leqslant n \times \prod m_i \\ \sum_{i=1}^{s} (m_i - 1) + 1 \leqslant n \\ 2 \leqslant \alpha + \beta \leqslant p \\ 1 \leqslant r \leqslant \alpha - 1 \end{cases} \quad (5\text{-}4)$$

在该优化模型中，最小 APL 必须满足 5 个约束条件。第 1 个不等式表示生成的混合互联结构能够容纳的服务器总量不得小于所要求的 T。第 2 个条件表明，互联结构可容纳的交换机数量比实际使用的交换机数量要多。第 3 个条件实际上就是本章此前提到的约束 3，即单个单元簇内节点总数不得小于通用超立方体中的节点度加 1。第 4 个不等式用于确保所提路由算法的正确性。第 5 个不等式则表示每台交换机至少预留一个端口，以便其可能被选为边界节点。实际上，该优化模型是一个非线性整数规划问题，是 NP 难问题。我们在优化软件 ModelCenter[14] 中采用基于梯度优化算法搜索可行解。

图 5-3(a) 显示，当服务器总量 T 从 1000 增加到 6000 时，R3 的平均路径长

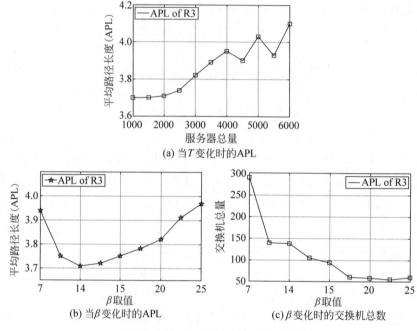

图 5-3　R3 在不同参数设置下的 APL

度 APL 呈现出随之增加的趋势。该结果的合理性在于,R3 需要互连更多的服务器,同时保持每个节点的度数不变,因此网络直径必然增加。此外,从中还发现平均路径长度 APL 在 4500 和 5500 处出现了波动。这两种情形下,R3 使用了较多的交换机,但是每台交换机分配了较少的端口用于连接服务器,进而用于互连交换机的端口数较多。这些因素共同决定了此时 R3 的平均路径长度 APL 较小。实际上,梯度优化算法会沿着目标函数降低最快的方向进行搜索。如图 5-3(b)所示,当 $T=2000$ 且 $p=48$ 时,搜索算法在 $\beta=14$ 处终止,而此时的 APL 值为 3.71。进一步地,图 5-3(b)和图 5-3(c)反映出随着交换机数量的增加,APL 边际效应的降低。例如,当 $\beta=15$ 时,APL 值为 3.78,此时所需的交换机数量仅是 $\beta=14$ 时的一半。因此,是否有必要为将 APL 从 3.78 降低到 3.71 而使投资在交换机上的成本翻倍,这完全取决于设计者的实际考虑。

5.5　R3 的规模渐进扩展问题

　　规模渐进扩展对数据中心而言是非常重要的需求。针对本章设计的混合型数据中心互联结构,我们提出两种方式来实现数据中心规模的渐进扩展,分别在随机单元簇内按需添加节点和在全网层面添加额外的单元簇。

5.5.1　现有单元簇中添加节点

随机正则图和无标度网络等随机互联结构能够天然地支持规模的渐进扩展，可以向网络中逐个添加节点。在随机正则图中，当一个新节点添加进入时，几个现有节点会删除一条已有链路，进而连接新加入的节点[5]。根据无标度网络的构建规则，当新节点被添加时必须依据节点的度分布模型与已有的 m 个节点建立连接[6]。在本章中，为了避免单元簇间出现规模上的不均衡，当前拥有最少节点的单元簇优先添加新节点。随着单元簇中节点规模的扩大，初始的簇内标识符的位数需要被扩展和更新，以维持整个网络中簇内标识符的一致性。也就是说，簇内标识符的位数是由所有单元簇中节点规模的最大值来确定的。在图 5-2 中，每个单元簇中的节点数量都是 8，因此，3 位标识就足以区分这些节点。当有新节点加入任何一个单元簇时，单元簇中节点的最大规模增加为 9。此时，原有的 3 位簇内标识符不再适用，必须更新为 4 位。更新的具体方法则是在已有标识符前添加 1 位。理论上来看，每个单元簇中能容纳的节点数是没有限制的，但是倘若某个单元簇内节点过多，则会导致该单元簇对应的规则链路负载过重而导致拥塞，原因在于，不同的随机单元簇之间仅通过这些有限的规则链路来互连。

5.5.2　额外添加新的单元簇

如上所述，出于网络性能方面的考虑，不允许一直向已有的单元簇中添加过多节点。当全部随机单元簇都已经不能容纳更多的节点时，我们考虑通过添加新的随机单元簇实现 R3 的规模扩展。但是，很多规则互联结构普遍采用逐层或者递归的方式实现规模的扩展，这显然无法保证规模的渐进扩展。因此，本章为 R3 提出一种新的扩展方法，使其规则结构能够像超立方体结构一样渐进扩展。

定义 5.4　对于一个 n 维超立方体，根据其构建原理可以用 n 维二进制标识符系统来区别每个节点。如果两个节点（单元簇）的标识符仅在最左端位不同，则称这两个节点互为对应节点（单元簇）。

如图 5-4(b)所示，新添加的单元簇 100 和已有单元簇 000 互为对应节点，因为二者的标识符只在第 1 位不同。算法 5-3 详细描述了整个渐进扩展的过程。首先，判断已有的簇间标识符系统的位数是否足够区分全体单元簇。若不足以区分，则将标识符的位数增加 1，并对现有单元簇的标识符加以更新；其次，按照如下步骤向互联结构中添加随机单元簇。

（1）为每个新添加的单元簇分配簇间标识符；

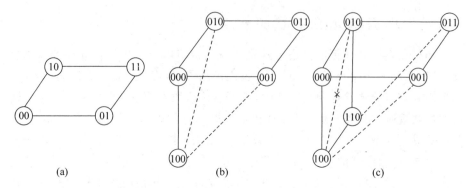

图 5-4 添加新的单元簇实现规模扩展的示意图

（2）根据超立方体结构的扩展规则，找出与新单元簇海明距离为 1 的现有单元簇，并通过和新单元簇建立连接而成为邻居；

（3）去除不必要的连接，这些连接由此前添加的节点派生而来；

（4）由于一些邻居节点缺失，单元簇数量不足以构建出完整的超立方体结构。此时，如果新单元簇的度并没有达到预期值，则需要将新单元簇与已有单元簇连接。具体方法是找到新单元簇的对应单元簇，在对应单元簇的其他邻居与新单元簇之间建立连接。

以图 5-4 为例，当新单元簇加入时，算法判断需要将簇间标识符增加 1 位，并将新单元簇标记为 100。按照超立方体的互连规则，在单元簇 100 和 000 之间建立链路。此时，单元簇 100 的度数为 1，而实际要求的度数为 3。因此，如图 5-4(b)所示，算法找到单元簇 100 的对应单元簇 000，并锁定 000 的两个邻居单元簇 010 和 001，随之建立起 100 与 010 以及 100 与 001 之间的链路。如图 5-4(c)所示，当单元簇 110 被加入网络时，算法会建立起单元簇 110 和 100之间的链路，而此前为了部分保持超立方体性质而在单元簇 100 与 010 之间建立的链路则会被移除。

算法 5-3　通过添加单元簇实现规模的渐进扩展

输入：规则互联结构 G，额外添加的单元簇数量 θ。

1：New$[\theta]$ 表示需要添加到网络中的 θ 个单元簇；

2：根据 θ 的值，判断当前的簇间标识符是否需要扩展位数，如果是则更新；

3：**for** $i=0$ 到 $i=\theta-1$

4：　给单元簇 New$[i]$ 赋予一个簇间标识符；

5：　找出与 New$[i]$ 的标识符海明距离为 1 的其他单元簇，并让 New$[i]$

与其建立链路；

6：　删除此前根据对应节点而建立的不再需要的链路；

7：　**如果**经过以上步骤，New[i] 的邻居数量还未到达预期

8：　　搜索出 New[i] 在已有结构中的对应节点；

9：　　在 New[i] 与其对应节点的全体邻居建立链路；

10：返回新的结构 G；

5.6　性能评估

在本节中，我们对混合互联结构 R3 进行仿真以评估其路由灵活性、布线成本和网络性能，并与参与 R3 构建的通用规则互联结构 GHC 和随机互联结构 Jellyfish 进行性能比较。

5.6.1　路由方法的时间开销

在数据中心网络中，建立路由表的过程往往带来不小的代价，因为网络中存在大量的链路，任意节点对之间往往存在多条等价的候选路径。我们在不同交换机参数配置下开展仿真验证工作，比较了多种数据中心互联结构中计算最短路由路径的平均时间开销。

实验中，我们基于不同的交换机数量构建 R3，其数量在 $200 \sim 900$ 之间。每个单元簇是 20 台交换机互联而成的节点度为 8 的随机正则图 RGG，单元簇之间通过规则链路互连。考虑到 R3 的路由算法涉及到边着色问题，路由的时间开销由边着色时间和路径搜索时间两部分组成。在边着色阶段，每条规则链路都被分配一种颜色以标识其两端的节点。

从图 5-5(a)中可以看到，随着交换机规模的扩展，着色时间增加的相对比较缓慢，而路径搜索的时间则快速增长。另外，与着色时间相比，搜索路径的时间在整个路由算法时延中占的比重很大。图 5-5(b)比较了 R3 路由算法和传统 Dijkstra 算法的时间开销。从中可以看出，R3 路由算法的时间开销仅为 Dijkstra 算法时间开销的一半左右。其原因在于，R3 路由算法虽然也调用 Dijkstra 算法，但仅局限在每个随机单元簇内部而不是在全网范围内使用。进一步地，图 5-5(c)对 R3 与 Jellyfish 的路由开销进行了对比。注意到，R3 中的每个随机单元簇都是 8-RRG，在考虑规则链路后，整个网络总的链路数量将会介于 8-RRG 和 9-RRG 之间。而实验结果显示，R3 的路由时间比基于 8-RRG 和 9-RRG 的 Jellyfish 都要少很多倍，从而说明，在相同网络规模下 R3 在路由

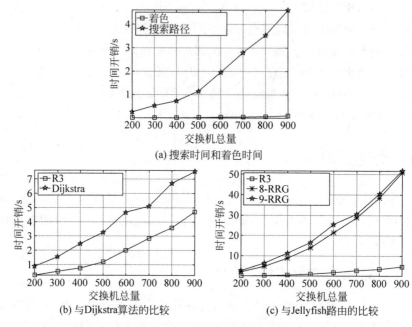

(a) 搜索时间和着色时间

(b) 与Dijkstra算法的比较   (c) 与Jellyfish路由的比较

图 5-5   R3 路由算法的时间开销

的时间开销方面要优于 Jellyfish。

对数据中心互联结构来说,除了路由计算快速、可选路径众多以外,路由的容错性能也是非常重要的性能指标。在 R3 中,一旦有节点发生故障,基于边着色的路由算法将会快速找出能绕过故障节点的路径。

5.6.2　布线成本比较

在数据中心中,大规模的交换机和服务器使用大量的链路来形成特定的互联结构。对于各种互联结构而言,网络中的长距离链路会增加网络的布线成本和复杂性。在本节中,我们计算 R3 和 Jellyfish 各自的链路总长度,并以此来度量其布线成本。

出于多方面因素的考虑,数据中心内的机架往往被摆放成阵列形式。为了尽量减小布线成本,本章假设机架的摆放近似于长方形。根据机架的数量,可以计算出机架摆放的策略(即阵列的长和宽),从而可以计算出任意两个机架之间的链路长度。

本章将链路长度作为布线成本的度量参数,即长度越长表示该链路的布线成本越高。图 5-6 比较了 R3 和 Jellyfish 的布线成本。出于公平考虑,我们采

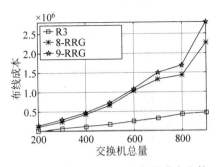

图 5-6　R3 和 Jellyfish 的布线成本比较

用的是基于 8-RRG 和 9-RRG 的 Jellyfish。从图中可以看出,随着网络规模的逐渐扩大,R3 的布线成本总是明显低于同等规模的 8-RRG 和 9-RRG。这是因为,R3 中存在一定数量的规则链路,这些规则链路将随机链路限制在每个单元簇内部。反之,Jellyfish 则在全网内随机建立链路,从而带来更多的布线成本。

5.6.3　网络性能比较

本小节将比较 R3 与规则互联结构通用超立方体和随机互联结构 Jellyfish 的网络性能。实验中,我们采用 24 端口的交换机,而其数量将由 8 增加到 360。在此过程中,我们分别计算数据中心网络可容纳的服务器数量(网络规模),并统计网络在多对多流量模式下的吞吐量。最佳情况下,随机单元簇中每台交换机都有一条结构化链路互联到其他单元簇中的某台交换机,即每台交换机都担任边界节点的角色。此时,R3 和 Jellyfish 的网络规模相同,但是 GHC 的网络规模则取决于其维度的分布。举例来说,当交换机规模 $n=200$ 时,GHC 的维度分布为 $200=2\times2\times2\times5\times5$。此时,交换机的 11 个端口用于与其他交换机组网,而剩余的 13 个端口用于连接服务器,因此数据中心的规模是 2600。对于 R3 来说,采用的是基于 5×5 的 GHC 和 7-RRG,其总共能容纳 $16\times200=3200$ 台服务器,且最大的节点度为 8。为了公平比较,我们构建了基于 8-RRG 的 Jellyfish 作为参照。图 5-7(a)记录了该组实验的结果,显然,R3 和 Jellyfish 比 GHC 在网络规模方面更胜一筹。这是因为,与 GHC 相比,R3 和 Jellyfish 的互联结构设计得更加灵活。

考虑到数据中心网络的吞吐量不仅受互联结构的直接影响,还与使用的带宽分配策略等因素密切相关[15,16],不同的带宽分配策略会导致截然不同的网络性能。因此,为揭示互联结构对网络性能的影响,实验中都采用了相同的带宽分配策略。我们通过更改数据中心中交换机的数量来控制网络规模,并将多对多流量加载到上述 3 种网络互联结构中,以统计其整个网络的吞吐量。将网

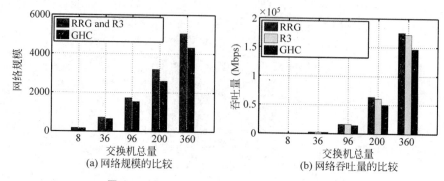

图 5-7   R3、GHC 以及 Jellyfish 的网络性能比较

络中每条链路的带宽设置为 1000Mbps，服务器的数据发送率为 100Kbps。我们通过 NS3 中的流量监控器统计全网的吞吐量，实验结果如图 5-7(b) 所示，可以看出，R3 的吞吐量略低于 Jellyfish 但远远高于 GHC，这正是 R3 将两者融合之后的预期结果。

5.6.4   相关问题讨论

虽然本章提出的混合拓扑结构 R3 能够将规则互联结构和随机互联结构通过复合图无缝融合，但是还存在一些细节问题需要再进行讨论。

关于路由算法的思考   前文提出的基于边着色的路由算法能够快速、准确地搜索出任意两个节点间的路由路径。实际上，这种路由算法还可以进一步推广。定理 5.1 保证了网络中全体边着色所需的色数不会大于 $\Delta+1$，也就是说，无论 R3 采用何种规则互联结构，这种路由算法都适用。令 m 表示随机单元簇中的节点数量平均值，$|E|$ 和 $|V|$ 分别表示规则互联结构中的链路数量和节点数量，则本章提出的路由算法的复杂度为 $O(|E|\times|V|)+O(|V|\times m^2)$，其中，$O(|E|\times|V|)$ 是边着色阶段的时间开销，而 $O(|V|\times m^2)$ 则是单元簇内搜索路由路径的时间开销。

关于整数规划模型   R3 选取不同的规则互联结构将会产生不同的整数规划模型。在规则互联结构、服务器数量以及交换机端口数都确定的前提下，本章对提出的整数规划模型进行了求解。

混合互联结构的渐进扩展   本章提出了单元簇内添加节点和直接添加单元簇的两种扩展方法。新添加的节点应该均匀地分散到各个已有的单元簇中，而不应集中于某一个或者某几个单元簇。另外，选择哪种扩展方式更合适仍然是一个开放的问题。总体来看，基于复合图设计的混合互联结构可扩展性是能够得到保证的。

关于实验方法　本章的实验着重于评估 R3、GHC 和 Jellyfish 这 3 种数据中心互联结构，这是因为，R3 是基于 GHC 和 RRG 构建而得的。在都采用复合图构造方法的前提下，不同的规则互联结构和随机互联结构组合后会派生出网络性能不同的混合互联结构。与 R3 的评估结果类似，其他混合互联结构的网络性能同样将介于其相应的规则互联结构和随机互联结构之间。因此，本章相关实验的目的在于验证所提出的混合互联结构设计方法能否将规则互联结构和随机互联结构无缝融合，以实现优势互补同时避免二者的劣势。

混合互联结构的不足　混合互联结构同样受制于一些约束：①前文提出的 3 个约束条件必须得到满足；②若随机单元簇容纳过多节点，则会导致边界节点和规则链路超负荷运行，从而带来潜在的拥塞。因此，在互联结构之外，还必须考虑边界节点和规则链路的实际能力和负载情况。

参考文献

［1］ Al-Fares M，Loukissas A，Vahdat A. A scalable, commodity data center network architecture[J]. ACM SIGCOMM Computer Communication Review，2008，38(4)：63-74.

［2］ Greenberg A，Hamilton JR，Jain N，et al. VL2：a scalable and flexible data center network[J]. ACM SIGCOMM Computer Communication Review，2009，39(4)：51-62.

［3］ Guo D，Chen T，Li D，et al. Expandable and cost-effective network structures for data centers using dual-port servers[J]. IEEE Transactions on Computers，2013，62(7)：1303-1317.

［4］ Shin JY，Wong B，Sirer EG. Small-world datacenters[C]. In：Proc. of the 2nd ACM SOCC. Cascais，2011，1-13.

［5］ Singla A，Hong CY，Popa L，et al. Jellyfish：networking data centers randomly[C]. In：Proc. of the 9th USENIX NSDI. Boston，2011.

［6］ Gyarmati L，Trinh TA. Scafida：a scale-free network inspired data center architecture [J]. ACM SIGCOMM Computer Communication Review，2010，40(5)：4-12.

［7］ Bollobás B. Random graphs[M]. Cambridge：Cambridge University Press，2001.

［8］ Xie J，Guo D，Xu J，et al. Efficient multicast routing on BCube-based data centers[J]. KSII Transactions on Internet and Information Systems（TIIS），2014，8(12)：4343-4355.

［9］ Bondy JA，Murty USR. Graph theory with applications ［M］. London：Macmillan，1976.

[10]　Brélaz D. New methods to color the vertices of a graph[J]. Communications of the ACM, 1979, 22(4): 251-256.

[11]　Aljazzar H, Leue S. K* : a heuristic search algorithm for finding the k shortest paths [J]. Artificial Intelligence, 2011, 175(18): 2129-2154.

[12]　Giannini E, Botta F, Borro P, et al. Platelet count/spleen diameter ratio: proposal and validation of a non-invasive parameter to predict the presence of oesophageal varices in patients with liver cirrhosis[J]. Gut, 2003, 52(8): 1200-1205.

[13]　Bhuyan LN, Agrawal DP. Generalized hypercube and hyperbus structures for a computer network[J]. IEEE Transactions on Computers, 1984, 100(4): 323-333.

[14]　PHX ModelCenter [EB/OL]. [2016-01-18]. http://www. phoenix-int. com/ software/phxmodelcenter. php.

[15]　Guo J, Liu F, Zeng D, et al. A cooperative game based allocation for sharing data center networks[C]. In: Proc. of the IEEE INFOCOM. Turin, 2013, 2139-2147.

[16]　Guo J, Liu F, Huang X, et al. On efficient bandwidth allocation for traffic variability in datacenters[C]. In: Proc. of the IEEE INFOCOM. Toronto, 2014, 1572-1580.

第 6 章
基于可见光通信的数据中心无线
互联结构

无线数据中心网络能够有效降低布线成本并增强网络的灵活性。鉴于此,我们在数据中心中额外引入可见光通信(visible light communication,VLC)链路,并设计了无线链路和有线链路混合的网络互联结构 VLCcube,从而提升有线链路互联结构的网络能力。具体而言,在 Fat-Tree 这一具有代表性的数据中心网络结构基础之上,在每个机架顶部安装 4 个 VLC 收发装置,从而提供 4 条 10Gbps 左右的无线链路,全体机架上的无线链路组网成为无线 Torus 结构。本章重点介绍混合拓扑的构建规则、路由策略、批处理流量和在线流量的拥塞感知调度策略,并开展相关实验验证工作。因为 Fat-Tree 中很多原本 4 跳的数据流可以切换到无线 Torus 结构进行短距离传播,VLCcube 取得了比 Fat-Tree 更好的网络性能,而且设计的拥塞感知调度策略可使 VLCcube 的性能进一步提升。事实上,VLCcube 仅是数据中心中利用 VLC 链路的一种可选方案,将来供应商可基于不同的有线网络互联结构设计完全不同的混合网络互联结构。VLC 链路的引入不仅能与已有的数据中心网络良好地兼容,而且可有效提升数据中心网络设计的灵活性和性能。

6.1 问题背景

6.1.1 研究动机

如前所述,数据中心是国家和企业级的核心信息基础设施。成千上万的服务器和交换机通过数据中心网络(data center network,DCN)互联结构形成一个整体。从数据中心内使用的通信媒介来看,当前的数据中心网络互联结构分为两大主要流派,即有线数据中心和无线数据中心。有线数据中心内部服务器和交换机的组网依赖于有线链路,如双绞线、光纤,Fat-Tree[1]和 VL2[2]便属于这一类。而无线数据中心内部的组网主要依靠无线通信链路来实现[3,4],其要么在机架层面额外布设无线网络来补偿有线网络,要么将所有服务器和交换机连接成为全无线网络结构。

虽然有线数据中心网络被广泛使用,但是也存在一些内在的不足:①有线数据中心要么按照峰值流量设计网络,以高昂的代价获得良好的网络性能。要么过度从简降低成本从而不能保证较好的网络性能;②扩展已经部署的有线数据中心十分困难和复杂;③有线数据中心的布线和维护成本过高[5];④大型的有线数据中心通常采用多层互联结构,这会导致分属于不同机架的服务器即使物理距离非常接近也必须采用上层链路才能实现通信。

为降低已部署数据中心的规模扩展成本,同时增加网络的灵活性,业界提出在机架层面扩建无线互联结构来补充有线网络互联结构。如图 6-1 所示,数据中心的全部机架也可以通过无线链路实现互连和通信,其中,60GHz 射频通信技术[4]和自由空间通信技术(free-space-optical,FSO)[3]被用于构建机架间的无线链路。这些类型的方案能够显著提高数据中心的网络带宽,并能根据网络流量的变化动态重构整个无线网络[6]。

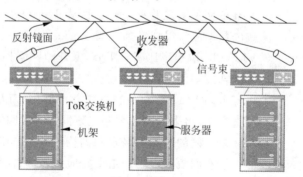

图 6-1　无线数据中心网络示例,其中的机架通过无线链路互联

　　从易于部署和使用的角度考虑,跨机架的无线网络互联结构应同时满足下述 3 个设计目标:①所有跨机架的额外链路都采用无线传输媒介;②引入无线链路不应对已有数据中心的配套设施进行更新改造;③无线链路的使用不依靠额外的机械控制或者电子控制对相关装置进行调节。

　　如果上述设计目标得以实现,将给无线数据中心带来显著的优势。首先,按需引入无线链路能保证数据中心的低成本和结构灵活性。其次,由于不需要额外的电子或机械控制相关的配套设置,从而简化了数据中心的配置和使用,这对于引入的无线网络兼容已有的有线网络提供了很大的帮助。最后,维护和管理数据中心网络互联结构的成本大为降低。无线链路一旦建立即为永久性链路,它将持续工作,且不需要操控其他设备来配合使用。

　　我们注意到,机架间无线网络的一些现有设计方法主要关注无线链路的按需建设和动态使用问题,但却忽视了后两项设计目标。首先,这些设计方法要求必须升级或者完全重建现有数据中心的外围配套设施。譬如,采用 60GHz 和 FSO 无线通信技术的设计方法必须将天花板改装为无线信号反射镜面,以实现无线信号的远距离传输。同时为了实现灵活的无线网络配置,必须使用特定的光设备(如天花板镜面,凸透镜/凹透镜等)。更为严重的是,在配置和使用无线链路时往往需要对信号收发设备、配套设备以及基础设施进行频繁而复杂的控制操作。

　　本章提出 VLCcube 数据中心互联结构,以期同时实现上述 3 项设计目标。VLCcube 引入机架间的无线网络来提升有线互联结构 Fat-Tree 的网络性能,具体而言,使用可见光通信链路将所有机架组网成为一个无线 Torus 结构。因此,VLCcube 本质上是一种有线 Fat-Tree 结构和无线 Torus 结构相耦合的数据中心混合互联结构。虽然 VLCcube 选用 VLC 无线链路,但是 60GHz 和 FSO 等其他类型的无线链路在理论上都适用于 VLCcube。VLC 通信具有无线带宽充足、频带开放使用、收发设施简单且代价低等优势,因此成为下一代无线网络的重要技术选择之一。实际应用中,VLC 链路的建立只需双方配备必要的收发器,不需要诸如棱镜之类的其他外围支持设备,并且不需要额外的机械或者电子控制操作。

6.1.2　相关工作

　　为了提升数据中心的网络性能,近年来研究者提出了一系列新颖的数据中心设计方案。根据使用的通信媒介,可将数据中心互联结构分为有线互联结构和无线互联结构。

实际上,典型的数据中心有线互联结构主要由一些具有良好拓扑属性的重要结构演变而来,如 Torus、Hypecube、Kautz、Small-world 等。例如,Fat-Tree、VL2 以及 Portland 都采用的是 Fold-Clos 多层结构,从而保证了高容错性和高网络性能。BCube[7] 和 DCell[8] 等以服务器为核心的互联结构为服务器赋予了网络路由和转发的功能。除此之外,一些随机结构也被引入到数据中心互联结构的设计中,以期实现规模的渐进扩展等设计目标,例如 Jellyfish[9] 和 Small-world[10]。然而,各种有线数据中心都需要从根源上协调成本和网络性能之间的矛盾。一方面,有些数据中心为了应对潜在的峰值流量往往对网络性能进行超额设计,因而产生了很高的硬件成本,且网络资源的日常利用率并不高;另一方面,有些有线数据中心的网络性能往往低于需求,这虽然节约了成本但无法保证网络性能[3]。

为了解决网络性能和网络成本之间的均衡问题,多种无线通信技术被引入到数据中心以增强网络性能和网络结构的灵活性[5]。60GHz 射频通信技术最先被引入到数据中心来[4,11],如图 6-1 所示,其要求将机房天花板改装成为一个巨大的信号反射平面,从而在机架间按需构建远距离的无线通信链路。在任意一对机架间建设无线链路时,位于源头的机架必须精确调整其有向天线的发射角度,以便接收端能收到发送端经顶部镜面反射后的 60GHz 信号。类似地,Firefly[3] 使用 FSO 通信技术跨机架地构建无线网络,同时会根据网络流量的需求动态重构无线网络。值得注意的是,无线网络的动态重构必须依赖于对光设备进行复杂的机械和电子操控。

在本章中,我们提出一种新型的机架间无线网络结构,能够同时实现 3 个重要的设计目标。为了达到这一目的,我们把已有有线数据中心网络在机架层面用 VLC 链路组网为无线 Torus 结构。Torus 结构中每个机架均能自然地与两个维度上相邻的最多 4 个机架实现 VLC 无线通信。VLCcube 不需要天花板的反射镜面来充当 VLC 无线信号的中继,并且一旦 VLCcube 中每个机架顶端的 4 个可见光收发器配置好后,就已经在相邻机架之间建立了永久性无线链路。此后,无线链路将进入持续工作状态,不需要操控其他设备来配合使用。

6.2　无线互联结构 VLCcube 的设计

在本部分,我们首先探讨用 VLC 无线链路对数据中心的全体机架进行组网的可行性和面临的信号干扰问题,在此基础上设计出 VLCcube 的互联结构。VLCcube 通过引入 VLC 无线链路将全体机架互联为无线 Torus 互联结构,进而将有线数据中心网络 Fat-Tree 升级为两种通信体制共存的混合型网络。

6.2.1　数据中心内引入 VLC 链路的可行性

VLC 通信技术是通过调制发光二极管(lighting emitting diodes，LED)或者镭射二极体(laser diodes，LD)发出的可见光来实现信号传输。VLC 通信技术采用二进制启闭键控(on-off keying，OOK)调制机制，即接收到光信号便表示逻辑 1，没有接收到便表示逻辑 0[12]。在将 VLC 通信技术引入数据中心中提供无线链路时，必须要考虑以下 3 个方面的问题。

数据率　使用高频 LED 光源，单色光 VLC 通信技术能够实现 3Gbps 左右的数据率[13]。而当使用三色光时，数据率将被扩展到 10Gbps 左右。另外，倘若使用 LD 光源，单一的 450nm 激光束便能实现 9Gbps 的数据率[14]。因此，VLC 通信技术的数据率完全能够胜任数据中心的数据传输要求。

传输距离　基于 LED 光源的 VLC 通信技术能够在 10m 传输范围内确保 10Gbps 带宽，这样可观的带宽已能满足数据中心内相邻机架间的通信需求。Rojia 项目在数据率受限的情况下将基于 LED 的 VLC 通信技术的通信距离延长至 1.4km[15]，而基于 LD 的 VLC 通信技术则能实现千米级别的长距离传输，同时保证高速率通信[16]，其原因在于激光具有的良好线性传输特征。因此，我们选择基于 LED 的 VLC 通信技术用于数据中心内相邻机架间的短距离通信，而选用基于 LD 的 VLC 通信技术作为数据中心内的长距离通信手段。

设备的完备性　当前，工业界已经成功研制并对外开放全双工制式的 VLC 通信设备，即信号收发器[15,17]。开发平台 MOMO 也已为开发者提供了基于 VLC 通信技术的应用 API 和 SDK 工具包。PureLiFi 则能为开发者快速配置和测试基于 LED 设施的可见光通信应用[17]。事实上，VLC 通信技术已能无缝地与物联网融合，提供室内定位服务等。

综上所述，VLC 通信技术已经达到了一定的技术成熟度，能够为数据中心提供无线通信支持。进一步地，VLC 无线链路的引入不会带来额外的布线成本，也不需要对已有数据中心的硬件环境进行大幅度的改造。

6.2.2　VLC 信号的干扰问题

VLC 通信技术的上述优越性促使我们将其用于数据中心互联结构的设计，或者提升现有有线数据中心网络的性能。然而，无线信号传输不可避免地存在信号干扰问题，这也是数据中心中使用 VLC 链路面临的主要困难。

我们建议每个机架顶端配置多个 VLC 收发器。对于任意一个机架 R，当多个邻居机架同时向其发送 VLC 信号时，机架 R 顶端的每个收发器都能观察到这些信号混合之后的结果。如果各个收发器不能有效地对这些信号进行区分，则无法从中正确解码出期望接收的信号。

本章使用专业的光学仿真软件 TracePro70[18] 来评估引入 VLC 链路后数据中心的干扰情况。我们在一个机架上的 4 个正交方位各安装 1 个 VLC 收发器，分别记为 T_1, T_2, T_3, T_4。我们让一束 LED 可见光从 3m 外沿着正对 T_1 的方向发出，并用收发器的照度分布图来表征每个收发器接收到的光信号的强度。倘若 T_2, T_3, T_4 接收到了足够多的可见光，则证明它们受到了明显的干扰。

图 6-2(a)记录了 T_1 上的观测结果，显然，T_1 捕获了绝大多数的光信号，并且捕获的光信号集中于收发器的中央位置。可见光的传播过程中存在散射现象，因此有些光线会偏离中心位置，导致非中央部位也能感知到一些光照。相

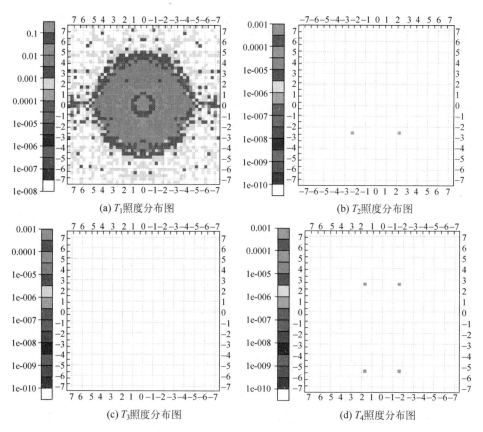

(a) T_1照度分布图   (b) T_2照度分布图

(c) T_3照度分布图   (d) T_4照度分布图

图 6-2   从正对 T_1 方向发射的 VLC 信号在机架 4 个收发器上的照度分布图

反,如图 6-2(b)、图 6-2(c)和图 6-2(d)所示,其他 3 个方位的收发器只能接收到极少的光信号,可以看到只有极少数方向能感知到 0.001 单位的归一化照度。值得注意的是,T_3 几乎接收不到光信号,这是因为 T_3 位于 T_1 的正后方,导致光线很难绕过 T_1 到达 T_3。综合来看,向 T_1 发射的光信号对其他 3 个收发器的干扰非常有限。基于上述观测,我们将 VLC 技术引入数据中心并设计了 VLCcube,其中每个机架在 4 个正交方位上各部署一个 VLC 收发器。

6.2.3　VLCcube 互联结构设计

在数据中心内,每个机架内的所有服务器都与该机架顶端的 ToR 交换机相连,而所有 ToR 交换机通过上层有线链路和网络设备组网成为某种多层互联结构。各个机架之间并没有使用有线链路直接相连,为此本章设想引入无线链路来组建机架间的无线网络以弥补该不足。在本章中,我们以当下广泛采用的 Fat-Tree 有线互联结构为例,在此基础上将全体机架组网为无线 Torus 结构。最终的整体互联结构被命名为 VLCcube,它能无缝地将有线 Fat-Tree 结构和无线 Torus 结构融合在一起。

图 6-3 反映的是 VLCcube 中机架之间无线 Torus 结构的示意图。具体而言,Fat-Tree 互联结构中的全部机架间采用 VLC 链路组网为二维的无线 Torus 结构。该 Torus 结构中每一行共有 m 个机架,每一列则有 n 个机架。在每个机架顶端,4 个可见光收发器被配置在 4 个正交的朝向,以便尽量避免相互之间的信号干扰。需要注意的是,VLCcube 的有线部分仍然保持了完整的 Fat-Tree 互联结构。令 k 表示每台交换机的端口数,k 通常都是偶数。与 Fat-Tree 互联结构一样,VLCcube 结构中也包含 k 个 Pod,每个 Pod 包含 $k/2$ 个 ToR 交换机和 $k/2$ 个聚合交换机。因此,VLCcube 的无线 Torus 互联结构接入 $k^2/2$ 个 ToR 交换机。

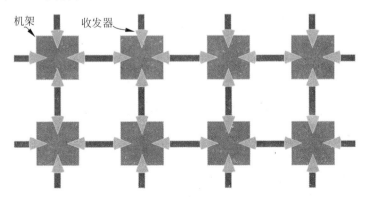

图 6-3　数据中心机架间的无线 Torus 结构的示意图

实际上,数据中心内机架的部署方式直接影响到 VLCcube 的整体互联结构。一种方式是在不改变数据中心内机架的部署方式下,在全体机架层面独立引入二维的无线 Torus 结构。另一种方式是综合考虑无线二维 Torus 和有线 Fat-Tree 在互联结构上的联合优化,通过优化全体机架的部署方式来进一步增强 VLCcube 性能。

1. 独立引入无线 Torus 互联结构

事实上,在机架布局无须调整的情况下可以将无线二维 Torus 独立加入已有的 Fat-Tree 有线互联结构。不失一般性,假设 Fat-Tree 数据中心内全体机架按照阵列方式布局,共有 k 行和 $k/2$ 列,即 $m=k,n=k/2$。在每个维度上,每个机架都与该维度上的相邻机架建立无线链路,且每行每列中首尾两个机架也建立无线链路。这样的二维 Torus 互联结构的网络直径为 $0.75k$,也就是说,与 k 的取值成正比。在获得的二维 Torus 互联结构中,第 i 个 Pod 里一个机架的 4 个邻居中,有 2 个处于相同 Pod 内,而剩余的 2 个分别在第 $i-1$ 和第 $i+1$ 个 Pod 里。可以发现,在 Pod 层面上第 i 个 Pod 只和第 $i-1$ 和第 $i+1$ 个 Pod 直接相连,而不能与更多的 Pod 直接通信。因此,按照这种方式构建的无线二维 Torus 互联结构能增强机架之间的连通性,并为服务器之间的通信提供更多可选路径。若综合考虑机架的部署方式和无线 Torus 结构,上述增益则可进一步提高。

2. 无线 Torus 和有线 Fat-Tree 互联结构的联合设计

为了充分发挥 VLC 链路的作用,我们从有线结构和无线结构联合的角度对 VLCcube 混合互联结构进行优化设计,进而提升其性能。为实现这一目标,需要分别解决 m 和 n 的设定问题,以及数据中心内机架的最佳放置问题。

首先,在二维 Torus 中每个维度的交换机都连接成为一个环,故而该 Torus 的网络直径为 $(m+n)/2$。所以,VLCcube 需要设置合适的 m 和 n 以便最小化网络直径。同时,二维 Torus 中远程链路的数量为 $m+n$,考虑到目前 VLC 远程链路的数据率比短距离链路要低,因此最小化 $m+n$ 也有助于提高网络的总体性能。

至于机架的放置问题,在遵循无线 Torus 结构的前提下,可以将机架的布局进行优化设计。当前,Fat-Tree 中任意两个机架之间的路由路径长度要么是 2 跳,要么是 4 跳。为最小化 VLCcube 的网络直径,引入的 VLC 无线链路应该尽可能多地将那些相隔 4 跳的机架通过无线链路直连变为 1 跳邻居。

参数配置 如果二维 Torus 需要容纳 $k^2/2$ 个机架,则参数 m 和 n 的设置必须满足不等式：$m \times (n-1) < k^2/2 \leqslant m \times n$。

定理 6.1　在 VLCcube 中，最优化的参数配置是 $m = \lceil \sqrt{k^2/2} \rceil$，而 n 的取值则依赖于 $k^2/2$ 的取值。如果 $(m-1)^2 < k^2/2 \leqslant m \times (m-1)$，$n$ 取 $(m-1)$；如果 $m \times (m-1) < k^2/2 \leqslant m^2$，则 n 的取值与 m 一样，即 $\lceil \sqrt{k^2/2} \rceil$。

证明：m 和 n 的取值需要最小化 $m+n$。而 $m+n \geqslant 2 \times \sqrt{m \times n} \geqslant 2 \times \sqrt{k^2/2}$，因此，当且仅当 $m=n$ 时，$m+n$ 达到最小值。再综合考虑不等式 $(m-1)^2 < k^2/2 \leqslant m \times (m-1)$，便能得到 m, n 和 k 三者之间的关系。定理得证。　　　　　　　　　　　　　　　　　　　　　　　　□

机架放置　给定 m 和 n 两个参数的最佳取值之后，接下来需要考虑全体机架的放置问题。我们注意到，在 Fat-Tree 中，如果一对机架属于同一个 Pod，则它们之间的路由路径长度为 2 跳，否则为 4 跳。VLCcube 尽可能地将机架间 4 跳的有线路由路径缩短为 1 跳的无线路径。也就是说，VLCcube 中的 VLC 链路首先互联那些不属于同一个 Pod 的机架。

为了易于论述机架的放置策略，我们首先引入机架标识符的概念。每个机架的标识符由两部分组成，分别是前缀和后缀。前缀的取值范围为 $0 \sim k$，用于表明该机架属于哪一个 Pod。后缀的取值范围在 $0 \sim k/2$ 之间，表示的是该机架在 Pod 内部的编号。例如，标识符 51 表示的是第 6 个 Pod 中的第 2 个机架。

此外，我们还引入了 Pod 层逻辑图的概念。Pod 层逻辑图将每个 Pod 看作是一个节点，倘若两个 Pod 之间存在一条或者多条无线链路，则在 Pod 层逻辑图中相应节点之间加入一条边。在图 6-4 所示的 VLCcube 示例中，$k=6$，$m=5$，$n=4$。根据以上定义，可以推导出相应的 Pod 层逻辑图。本章用 Pod 层逻辑图中边的数量来衡量其连通性。在示例的 Pod 层逻辑图中共有 6 个节点和 15 条边，已构成一个完全图。因此，给定 k 的值，Pod 层逻辑图边的总数不大于 $k(k-1)/2$。

根据以上定义并给定 k, m 和 n 的值，本章设计如下 3 个步骤来构造二维无线 Torus 互联结构。正如图 6-4 所示，获得的 Torus 有可能并不是严格意义上完整的 Torus。

第 1 步，分配标识符的前缀。对于任意 $x \in [0, k]$，我们随机选取 $k/2$ 个机架，并将它们的前缀置为 x。每个前缀被分配 $k/2$ 次是因为每个 Pod 中都有 $k/2$ 个机架。这一步需要满足的唯一约束是任意机架都不能与其 4 个邻居拥有相同的前缀。如果出现了冲突，则为相应节点重新选择标识符的前缀。这一步骤不断重复直到所有前缀都被分配到全体机架中。

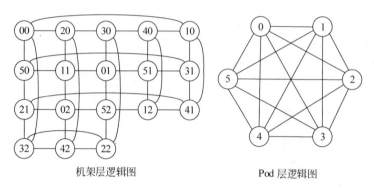

机架层逻辑图   Pod 层逻辑图

图 6-4   VLCcube 的机架层逻辑图和 Pod 层逻辑图

第 2 步,计算标识符的后缀。在机架层逻辑图中,每个机架都有一个后缀用于与同一 Pod 内的其他机架相区分,且标识符后缀的取值范围为 $0\sim k/2$。

第 3 步,提高 Pod 层逻辑图的连通性。我们通过多次执行上述两个步骤,计算每次所得 Pod 层逻辑图的连通性,并从中选取连通性最大的方案作为最终结果。

然而,正如前文所述,已有的 Fat-Tree 是一个 $k\times k/2$ 的阵列。因此,为了实现我们的设计方案,必须对已有的机架放置进行调整。即需要将已有的 $k\times k/2$ 阵列转变为 $m\times n$ 阵列。首先,需要移动 $(k-m)\times k/2$ 个机架以便在物理上形成 $m\times n$ 阵列。然后,在一些 ToR 交换机和汇聚层交换机之间用有线链路重连,实现逻辑上的 $m\times n$ 阵列。上述两步会带来额外的开销,但从提升网络性能的需求来看,这些成本是可以接受的。

我们将进一步证明以上步骤可推导出正确、合理的 VLCcube 互联结构。

定理 6.2   当 $k\geqslant 4$ 时,按照上述步骤可成功生成一个 VLCcube 互联结构,并且每个 Pod 在机架层逻辑图中出现 $k/2$ 次。

证明:在第 1 步中,我们保证了将每个 Pod 分配 $k/2$ 次到机架层逻辑图中,并且每一条 VLC 链路只能互联两个不同的 Pod。假如机架层逻辑图中每个机架被染上一种颜色,定理 6.2 的证明就等价于证明机架层逻辑图可被 k 种颜色着色。事实上,VLCcube 的机架层逻辑图是 4-正则图,因此 4 种颜色就足以将机架层逻辑图成功染色。所以,当 $k\geqslant 4$ 时,一定能产生一个预期的 VLCcube 互联结构。同时,VLCcube 的 Pod 层逻辑图也必须是连通的。如果存在 VLC 链路不可达的 Pod;则 VLCcube 的性能将不能保证。定理得证。□

定理 6.3   按照上述 3 个步骤得到的 VLCcube 的 Pod 层逻辑图是连

通的。

证明：注意到，产生的机架层逻辑图是一个二维 Torus 结构。无论是完整 Torus 还是非完整 Torus，它都是一个连通图。也就是说，给定任意机架 x_iy_i，它总能找到至少一条到任意目的机架 x_jy_j 的路径，当把该路径映射到 Pod 层逻辑图上时，就可以找到一条从 Pod x_i 到 Pod x_j 的路径。因此，VLCcube 的 Pod 层逻辑图是连通的。定理得证。　　　　　　　　　　　　　　□

定理 6.2 和定理 6.3 保证了 VLCcube 构造方法的正确性和合理性。第 3 步则通过重复执行选出最优方案，从而提升了 Pod 层逻辑图的连通性。这样做的理论依据是，多次执行之后更有可能获得更优的解。本章会在后续的实验中验证其正确性。

从互联结构设计的角度来看，VLCcube 集成了 Fat-Tree 和 Torus 各自的拓扑优势，包括扩展性、常量度数、多路径以及容错性。除此之外，VLCcube 还具有易于部署和鲜明的即插即用特性，即可见光通信设备一旦安置好，在使用过程中不再需要后续的调整和控制。值得注意的是，VLCcube 实现了机架层面的无线组网，并未对已有的 Fat-Tree 有线互联结构和机房配套环境做任何改变。

6.3　VLCcube 的路由设计和流调度策略

VLCcube 中任意一对机架之间同时存在着有线路径、无线路径以及有线无线的混合路径，其中，有线和无线路径的路由算法已在文献[1]和文献[10]中进行了详细论述。因此，本章聚焦于为 VLCcube 设计综合使用有线和无线链路的路由算法。同时，为了最小化网络拥塞，我们对 VLCcube 的网络拥塞系数进行了建模，并分别针对批量流量和动态流量提出了拥塞感知的流调度算法。

6.3.1　VLCcube 中的混合路由算法

给定任意一对机架，混合路径 $Path_h$ 中既包含有线链路，也包含无线链路。也就是说，在设计混合路由算法时，必须综合考虑 Fat-Tree 和 Torus 的拓扑特性。根据 VLCcube 本身的特征，我们设计了一种自顶而下的混合路由算法。假设源端机架和目的端机架分别为 x_iy_i 和 x_jy_j，我们首先得到 Pod 层逻辑图中从 Pod x_i 到 Pod x_j 的路径，然后将 Pod 层面的路径具体化到机架层面。在具体过程中，需要选定合理的 VLC 链路，最后再将涉及的有线链路加入到路径当中。

首先,计算从源 Pod 到目的 Pod 在 Pod 层逻辑图中的路径,Path_{hp}。这一步比较简单,因为 Pod 层逻辑图中只有 k 个节点。

其次,遴选出 Path_{hp} 中的每一条无线链路,从而获得机架层面的路径 Path_{ht}。因为一对 Pod 之间可能存在多条可选的无线链路,而选择不同的无线链路会导致最终的路由路径长度不同。因此,Path_{hp} 中的每一跳都应该尽可能地选择能够使得路由路径最短的无线链路。以图 6-4 为例,假设源端机架为 11,目的端机架为 41。在 Pod 层逻辑图中,Pod 1 和 Pod 4 是邻居。在机架层逻辑图中,有 3 条可选的无线链路直接互联了 Pod 1 和 Pod 4,即 12↔41、10↔41 和 10↔40。如果选用无线链路 10↔40,机架 11 需要首先将数据传输到 Pod 1 中的机架 10,机架 40 则需要转发数据到机架 41,其所导致的结果是 Pod 1 和 Pod 4 需要各自使用一个汇聚层交换机作为 Pod 内机架互连的中继,该方案最终的总路径长度是 5 跳。如果选取无线链路 12↔41 或者 10↔41,则只需要使用一个汇聚层交换机来连接机架 11 到 12 或者机架 11 和 10,最终,该方案的总路径长度是 4 跳。

最后,我们需要有线链路加入到生成的路径 Path_{ht} 中。事实上,这一步等价于向路径中添加必要的汇聚层交换机。在每个 Pod 中,汇聚层交换机和机架顶部的 ToR 交换机构成完全二分图,也就是说,该 Pod 中的每个汇聚层交换机都可以作为任意两个 TOR 交换机之间的中继,因此本章随机选取汇聚层交换机加入到路径 Path_{ht} 中即可。

通过以上 3 步,我们可以计算出任意两个机架之间的最短混合路径。其中,第 1 步的时间复杂度为 $O(k^2)$,第 2 步和第 3 步的时间复杂度为常数。因此,该路由算法的时间复杂度为 $O(k^2)$。其中,k 为 ToR 交换机的端口数量(往往小于 100),所以 $O(k^2)$ 的复杂度处于可接受水平。

6.3.2 数据流调度问题的建模

本章在有线数据中心引入无线链路以提升其网络性能,主要手段是将所有机架用无线链路组网为 Torus 结构。为了充分发挥 VLC 链路的作用以及最小化网络延时,我们提出调度模型以最小化批量和动态流量造成的网络拥塞。在 Torus 中,每个机架安装了 4 个收发器后,它可以与其他 4 个邻居同时进行通信。这里,我们首先引入必要的概念和定义。

$G(V,E)$ 表示一个数据中心网络,其中,V 和 E 分别表示节点集合和边集合。另外,$F=(f_1,f_2,\cdots,f_\delta)$ 表示注入到网络中的 δ 条数据流。对于每一条流 $f_i=(s_i,d_i,b_i)$,s_i、d_i 以及 b_i 分别表示该数据流的源端交换机、目的端交换机以及所需带宽。ϕ 表示一种可成功传输该组数据流 F 的调度方案。

定义 6.1　给定 F 和 ϕ，网络中任意一条链路 e 的拥塞系数被定义为

$$C_F^{\phi}(e) = t(e)/c(e) \tag{6-1}$$

其中，$t(e)$ 和 $c(e)$ 分别表示通过链路 e 的流量总和以及链路 e 的网络带宽。注意到，任意 $C_F^{\phi}(e)$ 都在 $[0,1]$ 区间范围内。当没有任何数据流通过该链路时，其拥塞系数为 0，而当该链路被完全利用时，其拥塞系数为 1。

定义 6.2　一条路径 P 的拥塞系数被定义为

$$C_F^{\phi}(P) = \max_{e \in P} C_F^{\phi}(e) \tag{6-2}$$

根据上述定义，我们可以锁定路径中的瓶颈链路，并且判断某条路径是否能够胜任一条数据流的传输任务。

6.3.3　数据流的批量调度方法

定义 6.3　给定数据中心网络 $G(V,E)$ 和需要传输的数据流集合 F，批量流调度(scheduling batched flows，SBF)的目标是寻找一种合理的路径分配方案 ϕ^*，使得 $Z = \max\limits_{e \in E} C_F^{\phi}(e)$ 最小。

本章将 SBF 问题建模如下：

$$\text{Minimize } Z$$

$$\sum_{f : f \in \text{out}(s_i)} t_f = b_i + \sum_{f : f \in \text{in}(s_i)} t_f \quad \forall i \tag{6-3}$$

$$\sum_{f : f \in \text{in}(d_i)} t_f = b_i + \sum_{f : f \in \text{out}(d_i)} t_f \quad \forall i \tag{6-4}$$

$$\sum_{f : f \in \text{in}(x)} t_f = \sum_{f : f \in \text{out}(x)} t_f \quad \forall i, \forall x \notin \{s_i, d_i\} \tag{6-5}$$

$$b_{\min} / c_{\max} \leqslant Z \leqslant b_{\max} / c_{\min} \tag{6-6}$$

$$\sum_i w_e^i \times \left[\frac{b_i}{c(e)} \right] \leqslant Z \quad \forall i, \forall e \in E \tag{6-7}$$

$$w_e^i \in \{0,1\} \quad \forall i, \forall e \tag{6-8}$$

在上述模型中，i 是介于 0 和 δ 之间的一个整数，$\text{in}(v)$ 和 $\text{out}(v)$ 分别表示 VLCcube 中节点 v 流入和流出流量的集合，而 t_f 表示流 f 的大小。模型中的前 3 个公式保证了每条数据流只在一条路径上传输。公式(6-6)确定了目标函数 Z 的上下界，其中，$b_{\max}$ 和 $b_{\min}$ 分别表示数据流大小的最大值和最小值。相应地，$c_{\max}$ 和 $c_{\min}$ 分别表示 VLCcube 中链路容量的最大值和最小值。而公式(6-7)确定了每条链路的拥塞系数的上界不能大于 Z。w_e^i 表征是否链路 e 被数据流 f_i 占用，如果是，则 w_e^i 的取值为 1，否则，w_e^i 的取值为 0。

SBF 问题是一个典型的整数线性规划问题,也是 NP 难问题,不能在多项式时间内求得最优解。为此,本章设计一种轻量级的算法来解出近似最优解。对于任意 $f_i \in F$,我们搜索出 VLCcube 中存在的 3 种路径,并将其记为 $\mathcal{P}(f_i)$。事实上,$\mathcal{P}(f_i)$ 包含 $k^2/4$ 条有线路径、1 条无线路径以及 1 条混合路径。为了求解出一批数据流 F 的整体流调度方案,本章设计了一种基于拥塞系数的启发式算法。

定义 6.4　给定流量集合 F,为每条数据流 f_i 都计算出其可选的路径集合 $\mathcal{P}(f_i)$。任意一条链路 $e \in E$ 的拥塞系数被记作 l_e,它表示 F 中所有流的候选路径中经过该链路的路径总量。

定义 6.5　对于任意路径 $P \in \mathcal{P}(f_i)$,其拥塞系数 l_P 是该路径上所有链路的拥塞系数之和,即 $l_P = \sum\limits_{e \in P} l_e$。

本质上,链路 e 和路径 P 的拥塞系数能表征其被多条数据流占用的概率。因此,我们将 l_P 作为启发式算法中判断 f_i 是否选择路径 P 的主要依据。具体而言,对于 f_i,启发式算法从其全体候选路径 $\mathcal{P}(f_i)$ 中选取拥塞系数最小的路径。

根据定义的拥塞系数,算法 6-1 描述了所设计的贪心算法的基本思想。针对每一条数据流,我们首先为其搜索出 $k^2/4 + 2$ 条候选路径,然后计算出 VLCcube 中每条链路的拥塞系数。至此,对于任意流 f_i,计算出其所有候选路径的拥塞系数。从 $\mathcal{P}(f_i)$ 中选出拥塞系数最小者作为 f_i 的传输路径。该算法为全体数据流搜索候选路径阶段的时间复杂度为 $O(\delta \times (k^2 + k + 4))$,筛选路径阶段的时间复杂度为 $O(\delta \times (k^2/4 + 2))$。所以,总体而言,该算法的时间复杂度为 $O(\delta \times k^2)$。

算法 6-1　SBF 问题的求解(S_{batch})

输入：输入 SBF 模型求解问题相关参数。

1：初始化 S_{batch} 为空；

2：对所有 $f_i \in F$,求解其候选路径的集合 $\mathcal{P}(f_i)$；

3：根据定义计算出 VLCcube 中所有链路的拥塞系数；

4：for $i < \delta$

5：　　计算出 $\mathcal{P}(f_i)$ 中每条路径的拥塞系数；

6：　　筛选出 $\mathcal{P}(f_i)$ 中拥塞系数最小的路径；

7：　　将选出的路径添加到 S_{batch} 中；

8：　　标记被选路径上的所有链路；

9：**返回** SBF 问题的求解结果 S_{batch}

链路 e 的拥塞系数代表至多有 l_e 条数据流使用这条链路。类似地，路径 P 的拥塞系数意味着至多有 l_P 条数据流选择该路径。如果不采取调度策略的话，任意路径 $P \in \mathcal{P}(f_i)$ 有均等的概率被数据流 f_i 选中作为其传输路径。根据这一观察，定理 6.4～定理 6.6 证明了用路径拥塞系数作为贪心算法筛选依据的正确性。

定理 6.4　在 VLCcube 中，给定流 $f_i \in F$，e 是网络中的任意一条链路，则 e 被 f_i 使用的概率为

$$p_e^{f_i} = \begin{cases} 0, & f_i \notin F_e \\ l_e^{f_i} / \left(\dfrac{k^2}{4} + 2 \right), & f_i \in F_e \end{cases} \tag{6-9}$$

其中，F_e 表示可能使用链路 e 的数据流集合，$l_e^{f_i}$ 是链路 e 上由数据流 f_i 而引起的拥塞系数，因为可能存在不止一条 f_i 的候选路径经过该链路的情况。

证明：对于任意的数据流 $f_i \in F_e$，如果有 $\mathcal{P}(f_i)$ 中的 $l_e^{f_i}$ 条候选路径经过链路 e，则 $p_e^{f_i} = l_e^{f_i} / \left(\dfrac{k^2}{4} + 2 \right)$，否则，$f_i$ 将不可能使用该链路 e。定理得证。　□

定理 6.5　在 VLCcube 中，对于任意的数据流 $f_i \in F_e$，η 表示在调度方案 Φ 中通过链路 e 的数据流总量，则有：

$$p_e^F(\eta = 0) = \prod_{f_i \in F} (1 - p_e^{f_i}) \tag{6-10}$$

$$p_e^F(\eta = 1) = \sum_{f_i \in F} \left[p_e^{f_i} \times \prod_{f_j \in F - f_i} (1 - p_e^{f_j}) \right] \tag{6-11}$$

$$p_e^F(\eta \geqslant 2) = 1 - p_e^F(\eta = 0) - p_e^F(\eta = 1) \tag{6-12}$$

证明：给定数据流集合 F，这些流是否使用链路 e 是相互独立的。因此，可以求得 $p_e^F(\eta = 0)$ 和 $p_e^F(\eta = 1)$，而相应的 $p_e^F(\eta \geqslant 2)$ 也可以推算出。定理得证。

　□

定理 6.6　考虑 F 中的一条数据流 f_i，η 表示经过一条路径 $P \in \mathcal{P}(f_i)$ 的数据流总量，而 $E(P)$ 是路径 P 上的链路组成的集合。对于任意 P，有：

$$p_P^F(\eta = 0) = \prod_{e_i \in E(P)} p_{e_i}^F(\eta = 0) \tag{6-13}$$

$$p_P^F(\eta = 1) = \frac{4}{k^2 + 8} \prod_{e_i \in E(P)} p_{e_i}^{F - f_i}(\eta = 0) + \sum_{e_s \in E(P)} \left[p_{e_s}^{F - f_i}(\eta = 1) \right.$$

$$\left. \times \prod_{e_j \in (E(P) - e_s)} p_{e_j}^{F - f_i}(\eta = 0) \right] \tag{6-14}$$

$$p_P^F(\eta \geqslant 2) = 1 - p_P^F(\eta = 0) - p_P^F(\eta = 1) \tag{6-15}$$

证明：对于 $\mathcal{P}(f_i)$ 中的一条路径 P，$\eta = 0$ 表示没有任何一条数据流使用该

路径，$\eta=1$ 则表示该路径只被 f_i 使用或者 P 上至少有一条链路被除了 f_i 之外的其他数据流使用。因此，可以计算出 $p_P^F(\eta=0)$，$p_P^F(\eta=1)$ 以及 $p_P^F(\eta\geqslant2)$ 的概率。　　□

根据定理 6.4 的结论，定理 6.5 和定理 6.6 计算出没有流或只有一条数据流使用链路 e 和路径 P 的概率。需要注意的是，当 $\eta\geqslant2$ 时，链路 e 和路径 P 可能出现拥塞，因为前一条数据流的传输时间可能过长从而导致后来的数据流超时而丢包。定理 6.5 和定理 6.6 表明，l_e 的值越大，越有可能出现两条以上的数据流使用链路 e 或者路径 P 的情况，进而就越有可能出现拥塞。因此，路径 P 出现拥塞的概率与 l_P 的值成正比。这样一来，算法 6-1 中以路径的拥塞系数来筛选路径的正确性便得以证明。由于提出的贪心算法选择拥塞系数最小的路径传输流量，VLCcube 的网络拥塞率将会大为减小。

6.3.4　数据流的在线调度方法

正如文献[19]所讨论的，数据中心内部的流量并不都是批量产生的。实际上，数据流的产生具有动态性和不确定性。Φ^0 表示当前已经存在的流调度策略，F_N 表示新到达的数据流，F_O 表示由于网络原因需要重传的旧数据流。因此，需要调度的流量集合为 $F_1=F_N+F_O$。以 F_1 作为输入，我们来定义动态数据流的调度问题。

定义 6.6　动态数据流（scheduling online flows，SOF）的调度目标是求出新的调度方案 Φ^1 使得传输新数据流带来的拥塞率增量最小。如果令 $\Delta Z=Z_1-Z_0$，其中 $Z_1=\max\limits_{e\in E}C_{F_1}^{\Phi^1}(e)$，而 $Z_0=\max\limits_{e\in E}C_{F-F_O}^{\Phi^0}(e)$，调度目标是最小化 ΔZ。

SOF 问题会在新数据流到达或者一些现有数据流需要重传时被触发。SOF 与 SBF 问题相似，也是整数线性规划问题。

SOF 问题需要最小化 Z_1，所以算法 6-1 中的策略同样适用于求解该问题。但是，频繁触发的 SOF 问题会产生巨大的计算开销。为此，我们仅考虑那些在 F_1 中的数据流，并提出一种贪心算法来解决 SOF 问题。对于 F_1 中的任意一条数据流，应采用使网络的最少拥塞率变化最小的那条路径作为其传输路径。

算法 6-2　SOF 问题求解（S_{online}）

输入：输入 SOF 模型求解问题相关参数。

1：初始化 S_{online} 为空；

2：计算需要寻找路径由数据流集合 F_1；

3：更新网络设备和链路的状态；

4：for $i < \delta_1$

5：　　为每条数据流 $f_i \in F_1$ 搜索 3 种候选路径 $\mathcal{P}(f_i)$；

6：　　计算每条路径 $P \in \mathcal{P}(f_i)$ 的拥塞率；

7：　　选出 $\mathcal{P}(f_i)$ 中拥塞率最小的路径 path_i；

8：　　将 path_i 加入到结果 S_{online} 中；

9：**返回** SOF 问题的求解结果 S_{online}

正如算法 6-2 所示，我们的贪心策略首先计算那些需要纳入调度范围的数据流。也就是说，需要鉴别清楚那些已经完成的数据流、新到达的数据流以及传输失败的数据流。该算法需要知道当前可用的网络设备和链路，因此需要网络状态得到更新。之后，针对 F_1 中的数据流，算法 6-2 需要为每条流搜索出 3 种候选路径。在计算出 f_i 的后选路径之后，算法会根据 b_i 和 c_i 的值计算出每条候选路径的拥塞率。随后从 $\mathcal{P}(f_i)$ 中选出拥塞率最小者作为 f_i 的传输路径。当 F_1 中所有数据流都获得一条分配路径后，算法会返回 SOF 问题的求解结果 S_{online}。由于 F_1 中共有 δ_1 条数据流，上述运算过程将会被执行 δ_1 轮次，而每一轮次用于搜索数据流候选路径的时间代价是 $O(k^2 + k)$。因此，该算法的时间复杂度为 $O(\delta_1 k^2)$。

定理 6.7　对于动态流量而言，算法 6-2 优于传统的 ECMP 调度方法。

证明：对于 F_1 中的任意数据流 f_i，当使用 ECMP 调度方法时，f_i 期望的拥塞率是

$$\frac{4}{k^2 + 8} \sum_{P_j \in \mathcal{P}(f_i)} C_{F_1}^{\phi^*}(P_j) \tag{6-16}$$

而使用算法 6-2 时，f_i 期望的拥塞率是

$$\min_{P_j \in \mathcal{P}(f_i)} \{ C_{F_1}^{\phi^*}(P_j) \} \tag{6-17}$$

显然，对于数据流 f_i 而言，算法 6-2 造成的拥塞率不会超过 ECMP 调度方法造成的拥塞率。定理得证。　　　　　　　　　　　　　　□

6.4　VLCcube 的性能评估

在本节，我们首先介绍比较 VLCcube 和 Fat-Tree 性能指标的实验设置和实验方法。随后，在 3 种流量测试集背景下，分别对本章提出的拥塞感知流调度算法和传统的 ECMP 调度方法进行了性能比较。

6.4.1　实验设置与实验方法

我们用专业网络仿真软件 NS3 实现了 VLCcube 和 Fat-Tree。给定 k 的

值,根据文献[1]的定义可以产生 Fat-Tree 结构,同时根据上述环节给出的构造方法可产生 VLCcube。VLCcube 中的有线链路和短距无线链路的带宽被设置为10Gbps,而长距离无线链路的带宽被限定为100Mbps。基于以上参数设置,我们首先比较 VLCcube 和 Fat-Tree 在互联结构层面的优劣,然后比较有线路径、无线路径和混合路径对应的 3 种路由算法的时间复杂度。最后,我们重点度量二者的网络性能。

实验中考虑了 3 种不同的流量模式:①Trace 流量:源自雅虎公司数据中心的内部流量记录[20];②Stride-i 流量:网络中标识为 x 的服务器向标识为 $(x+i)$ mod N 的服务器发送数据包,其中,N 为网络中服务器的总数量;③随机流量:每条流的源端和目的端都是随机选取的。网络吞吐量和丢包率这两个指标被用来衡量网络在不同流量模式下的性能表现。实验中,动态流量的到达时间服从泊松分布。

我们比较 VLCcube 和 Fat-Tree 都采用 ECMP 时的网络吞吐量和丢包率。在不同的流量模式下,通过将 k 的取值从 6 逐渐增加到 60 来调整网络规模,并观察和记录不同场景下的网络吞吐量和丢包率。另外,实验还令数据流的平均大小在 5Mb～300Mb 之间发生变化,从而揭示数据流的大小对网络性能的影响。但是在真实 Trace 的实验场景中,各个数据流的大小无须改变,因为其由 Trace 的数据决定。在每次测试中,当 k 发生变化时,网络吞吐量用 $k=60$ 时 VLCcube 的吞吐量进行归一化;当参数 k 固定而网络流大小发生变化时,用平均流大小为 300Mb 时的吞吐量归一化。

6.4.2　VLCcube 的拓扑性质

为了比较 VLCcube 和 Fat-Tree 在拓扑层面的优劣,我们测量了两种网络的平均路径长度和网络总带宽。正如图 6-5(a)和图 6-5(b)所示,相较 Fat-Tree 而言,VLCcube 拥有更短的平均路径长度,并能提供更高的网络总带宽。这些优势的原因在于,VLCcube 中引入了额外的 VLC 无线链路。此外,引入的 VLC 无线链路对网络平均路径的影响呈现出边际递减的趋势。也就是说,当网络规模较小时,VLC 无线链路更能显著地降低平均路径长度。实际上,VLCcube 中有 k^2 条 VLC 无线链路,而网络中有线和无线链路的总数是 $k^3/2 + k^2$。随着 k 的增加,VLC 无线链路占总链路数的比例逐渐下降,从而导致上述边际效应的出现。

通过多次执行 VLCcube 构建方法,可以从中选出最优的 VLCcube 构建方案和机架部署方案。为了易于比较,VLCcube 在 Pod 层逻辑图的连通性依据

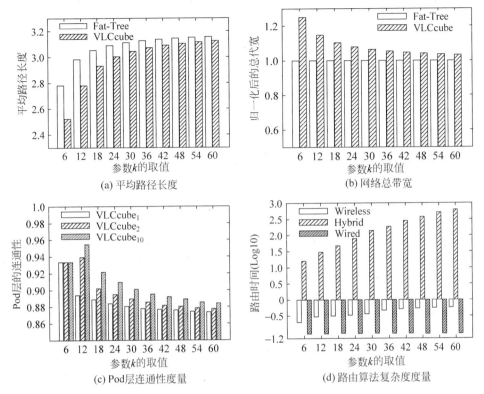

图 6-5　VLCcube 拓扑性能度量

Pod 层完全图中边的数量进行归一化。在图 6-5(a)和图 6-5(c)中，$VLCcube_1$、$VLCcube_2$ 和 $VLCcube_{10}$ 分别表示 VLCcube 构建方法执行 1 轮、2 轮和 10 轮时产生的 VLCcube 结构的 Pod 层逻辑图的连通性。显然，随着 k 的增加，Pod 层逻辑图的连通性递减，而执行构建方法的轮次越多，越能得到更好的互联结构，因为更有可能获得较好的机架放置方案。

实验中还进一步比较了有线路径、无线路径以及混合路径对应路由算法的时间复杂度。图 6-5(d)记录了 3 种算法的时间开销，可以看出，随着网络规模的扩大，混合路径路由算法的时间开销不断增加，并且比其他两种方法的时间开销更大。而无线路径路由算法的时间开销也有着不断增长的趋势，从 0.2ms 增加到了 0.575ms。另外，有线路径路由算法的时间开销最小，并稳定地保持在很低的水平。总体而言，有线路径路由算法的时间复杂度是常数，而其他两种路由算法的复杂度分别与 k 和 k^2 成正比。

综合上述实验结果可知，VLCcube 可提供更高的网络总带宽，并拥有更短的平均路径长度,总体表现出很好的网络拓扑特性。

6.4.3 Trace 流量下的网络性能

我们用雅虎公司的 Trace 记录了 6 个分布式数据中心一段时间内发生的每条数据流的基本信息,包括数据流的源服务器和目的服务器的 IP 地址、数据流大小及其所用的端口号等。通过识别数据流所使用的端口号,可以判断数据流属于某个数据中心的内部流量还是跨数据中心的流量[20]。具体而言,我们在实验中向 VLCcube 和 Fat-Tree 分别注入随机选取的 k^3 条数据流以评估它们的性能。

图 6-6(a)和图 6-6(b)记录了 VLCcube 和 Fat-Tree 在 k 取值从 6 增加到 60 的过程中,Trace 流量下的吞吐量和丢包率。结果显示,相较 Fat-Tree 而言,VLCcube 能提供多于 8.5% 的吞吐量,并减少 39% 的丢包率。其深层次原因在于,VLCcube 引入了无线链路,使得每条数据流有更多的路径可选。

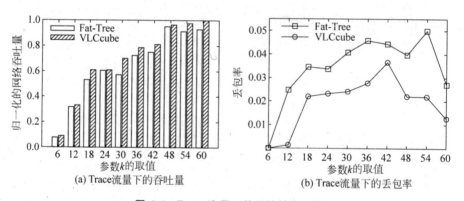

(a) Trace流量下的吞吐量   (b) Trace流量下的丢包率

图 6-6　Trace 流量下的网络性能比较

6.4.4 Stride-2k 流量下的网络性能

在数据流平均大小设定为 150Mb 的情况下,我们使 k 的取值从 6 逐渐增加到 60。每种场景下都向网络注入 k^3 条数据流,网络的吞吐量和丢包率分别如图 6-7(a)和(b)所示。随着 k 的增加,VLCcube 和 Fat-Tree 都能支持更大规模数据流的传输,因此二者的网络吞吐量都在不断增长。然而,平均来看,VLCcube 的网络吞吐量比 Fat-Tree 要高 15.14% 左右,而丢包率也小很多。

为了测量数据流大小对网络性能的影响,我们固定 $k=36$,但将数据流的平均大小从 50Mb 增加到 300Mb,并向网络中注入 k^3 条数据流。如图 6-7(c)和

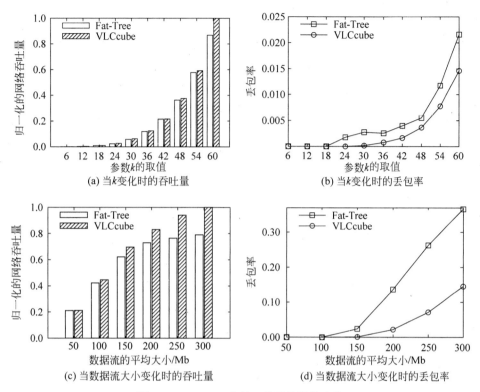

图 6-7　Stride-2k 流量下的网络性能比较

(d)所示,VLCcube 的两种网络性能指标仍然优于 Fat-Tree。其中,当数据流的平均大小为 150Mb 时,VLCcube 比 Fat-Tree 增加了 14.31% 的吞吐量,而丢包率也小很多。

6.4.5　随机流量下的网络性能

在随机流量模式下,每条数据流的源端和目的端服务器是随机选取的。与上述两种流量模型下的实验相同,此时也向网络中注入 k^3 条数据流。

首先,将数据流的平均大小固定为 150Mb,而将决定网络规模的参数 k 的值从 6 增加到 60。如图 6-8(a)所示,在此过程中,VLCcube 和 Fat-Tree 的网络规模和吞吐量都急剧增加。平均来看,VLCcube 的性能仍然优于 Fat-Tree,相较于 Fat-Tree,其网络吞吐量提高了 10.44%。从图 6-8(b)可知,$k \geqslant 18$ 之后 Fat-Tree 一直遭受很高的丢包率,而 VLCcube 的丢包率却一直维持在低水平。具体而言,VLCcube 和 Fat-Tree 的平均丢包率分别是 0.27% 和 2.45%。

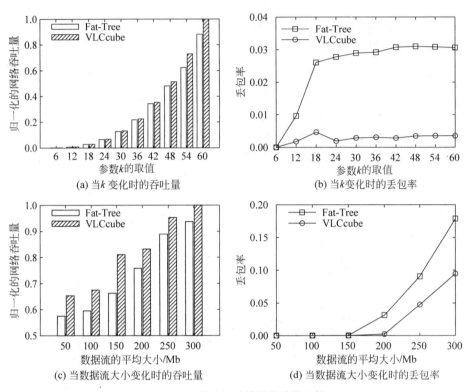

图 6-8　随机流量下的网络性能比较

在将 k 固定为 36 之后，我们进一步度量数据流大小对网络性能的影响。图 6-8(c)和(d)表明，随着数据流大小的增加，两种网络结构的吞吐量和丢包率都在逐渐上升。然而，整个过程中 VLCcube 相较于 Fat-Tree 而言，在获得更高网络吞吐量的同时仍能保持较低的丢包率，具有更大的网络性能优势。

综合上述的实验结果，无论在上述哪种网络流量模型下，只要都使用 ECMP 调度算法，则 VLCcube 的网络性能较 Fat-Tree 更具有优势。

6.4.6　拥塞感知的流调度算法评估

虽然上述实验已经充分证明 VLCcube 在网络性能指标方面优于 Fat-Tree，但仅使用 ECMP 流调度方法还不足以将 VLCcube 的拓扑优势完全挖掘出来。因此，我们还评估了 VLCcube 采用拥塞感知的流调度算法时的性能。

首先，在 k 从 6 增加到 60 的过程中，我们同样向 VLCcube 中注入 k^3 条批量发生的随机数据流，但却采用了拥塞感知的流调度算法。实验所得的网络吞吐量参照采用 ECMP 调度方法时的吞吐量进行归一化。如图 6-9(a)和(b)所示，ECMP

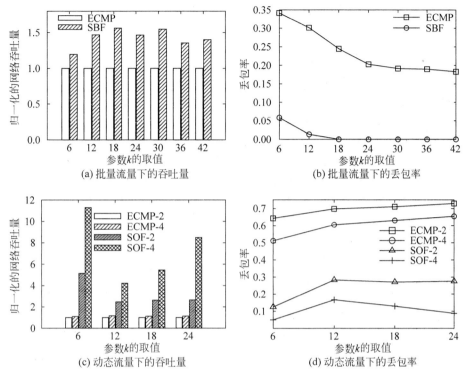

图 6-9　采用不同流量调度算法时 VLCcube 的性能评估

使网络获得较低吞吐量的同时,却使网络受制于较大的丢包率。与此相反,我们针对批量数据流提出的 SBF 算法可比 ECMP 获得 1.54 倍的吞吐量,并且网络丢包率显著降低。特别需要关注的是,在 k 从 6 增加到 18 的过程中网络丢包率降得更明显。其根本原因是,SBF 为每条数据流提供了更多的候选路径,从而可将流量在 VLCcube 中的传播尽量分散开来。

进一步地,我们评估了使用 SOF 算法调度动态数据流的性能。实验中 k 的取值从 6 逐渐增加到 24,并同样注入 k^3 条随机到达的流量。其中,数据流的到达时间服从参数为 λ 的泊松分布。图 6-9(c) 和 (d) 记录了实验结果。图中的 ECMP-x 和 SOF-x 分别表示当 $\lambda = x$ 时采用 ECMP 和 SOF 调度方法时的结果。实验结果显示,当 $\lambda = 2$ 和 $\lambda = 4$ 时,SOF 可比 ECMP 获得 2.22 倍和 5.56 倍的吞吐量,而丢包率却只为其 0.340 倍和 0.178 倍。我们注意到,当 $\lambda = 4$ 时,两种调度算法都优于 $\lambda = 2$ 时的结果。其原因是,随着 λ 的增加,数据流到达的时间相对分散,到达的数据流较少,从而导致出现拥塞的概率较小,丢包率也就相应有所降低。

综上所述,本章提出的 SBF 和 SOF 算法相较 ECMP 算法都能更有效地提高 VLCcube 的网络吞吐率,同时维持较低的丢包率。

6.5　相关问题讨论

本章用引入的 VLC 链路将已有的 Fat-Tree 互联结构升级为有线无线混合结构 VLCcube。为了加深对 VLCcube 设计理念的理解,我们继续讨论如下相关问题。

VLCcube 的部署问题　本章指出 Fat-Tree 中的机架摆成 $k \times k/2$ 阵列。一种简单的方式是保持已有的机架和布线不变,直接将机架用 VLC 无线链路组网为二维 Torus 结构。然而,该方式只能有限地增强 Fat-Tree 有线网络的性能。为了充分发挥 VLC 链路的作用,本章提出将现有的 $k \times k/2$ 阵列调整为 $m \times n$ 阵列。显然,这将带来额外的时间开销和布线成本。但作为回报,该方式可将 VLCcube 中占多数的 4 跳有线通信缩短为 1 跳无线通信,从而有效降低网络直径。另外,Pod 层面的连通性也被相应增强。这也意味着,对于第 2 种部署方式而言,在提升网络性能和引入额外成本之间存在着权衡的问题。

VLCcube 的扩展问题　实际上,Fat-Tree 在扩展性上存在不足,它无法支持增量扩展,且网络规模的上界是 $k^3/4$,受限于 k 的取值。当网络规模小于 $k^3/4$ 时,Fat-Tree 会造成多余的网络设备投资;当网络规模大于 $k^3/4$ 时,Fat-Tree 则会造成某些网络设备和链路的过度负载。与此相反,如果 VLCcube 中已经容纳了 $k^2/2$ 个机架,则额外新增机架必将要求增加 k 的相应取值。但我们注意到,由于无线 Torus 和 Fat-Tree 相对独立,机架间的无线 Torus 结构仍能支持网络的增量扩展。也就是说,倘若需要扩展 VLCcube 的整体规模,可以向无线 Torus 中直接引入机架。就这一点而言,无线二维 Torus 结构能或多或少地缓解 Fat-Tree 面临的渐进扩展难题,并拓展了 VLCcube 的规模扩展空间。

关于流量模型和流调度问题　在 VLCcube 中,由于存在多条路径可选,为每条数据流选择合适的路径便显得十分重要。不同的路径分配方式将导致数据流的完成时间不同。因此,我们从全局的角度出发,为每条数据流寻找合适的路径,以此实现最小的拥塞率。如果需要针对数据流进行更为精确和细粒度的控制,则可参考其他现有工作,例如 Hedera、pFabric、L2DCT 等。这些方法采用最小剩余时间优先、最小流优先等规则,进一步优化数据流的完成时间。

实验方法探讨　本章的实验致力于验证引入 VLC 链路对已有 Fat-Tree

的影响。出于公平性考虑,本章在都使用 ECMP 流调度策略的前提下,比较了 VLCcube 和 Fat-Tree 的网络性能。然后,对所提出的流调度算法进行评估。实验结果显示,引入 VLC 链路可有效提升 Fat-Tree 拓扑层面和网络层面的性能。

参考文献

[1]　Al-Fares M,Loukissas A,Vahdat A. A scalable,commodity data center network architecture[J]. ACM SIGCOMM Computer Communication Review,2008,38(4):63-74.

[2]　Greenberg A,Hamilton JR,Jain N,et al. VL2:a scalable and flexible data center network[J]. ACM SIGCOMM Computer Communication Review,2009,39(4):51-62.

[3]　Hamedazimi N,Qazi Z,Gupta H,et al. FireFly:a reconfigurable wireless data center fabric using free-space optics[C]. In:Proc. of the ACM SIGCOMM. Chicago,2014,319-330.

[4]　Zhou X,Zhang Z,Zhu Y,et al. Mirror mirror on the ceiling:flexible wireless links for data centers[J]. ACM SIGCOMM Computer Communication Review,2012,42(4):443-454.

[5]　Cui Y,Wang H,Cheng X,et al. Wireless data center networking[J]. IEEE Wireless Communications,2011,18(6):46-53.

[6]　Shin JY,Sirer EG,Weatherspoon H,et al. On the feasibility of completely wirelesss datacenters[J]. IEEE/ACM Transactions on Networking,2013,21(5):1666-1679.

[7]　Guo C,Lu G,Li D,et al. BCube:a high performance,server-centric network architecture for modular data centers[J]. ACM SIGCOMM Computer Communication Review,2009,39(4):63-74.

[8]　Guo C,Wu H,Tan K,et al. Dcell:a scalable and fault-tolerant network structure for data centers[J]. ACM SIGCOMM Computer Communication Review,2008,38(4):75-86.

[9]　Singla A,Hong C Y,Popa L,et al. Jellyfish:networking data centers randomly[C]. In:Proc. of the 9th USENIX NSDI. Boston,2011.

[10]　Shin JY,Wong B,Sirer EG. Small-world datacenters[C]. In:Proc. of the 2nd ACM SOCC. Cascais,2011,1-13.

[11]　Zhang W,Zhou X,Yang L,et al. 3D beamforming for wireless data centers[C]. In:Proc. of the 10th ACM HotNets. Cambridge,2011,1-6.

[12]　Haas H. Light fidelity(Li-Fi):towards all-optical networking[C]. In:Proc. of the SPIE International Society for Optics and Photonics. San Diego,2013.

[13]　Tsonev D,Chun H,Rajbhandari S,et al. A 3-Gb/s single-LED OFDM-based

wireless VLC link using a Gallium Nitride[J]. IEEE Photonics Technology Letters，2014，26(7)：637-640.

[14] Chi Y，Hsieh D，Tsai C，et al. 450-nm GaN laser diode enables high-speed visible light communication with 9-Gbps QAM-OFDM[J]. Optics Express，2015，23(10)：13051-13059.

[15] Ronja[EB/OL].[2016-01-18]. http：//ronja. twibright. com.

[16] Singh S，Bharti R. 163m/10Gbps 4QAM-OFDM visible light communication[J]. IJETR，2014，2：225-228.

[17] PureLiFi[EB/OL].[2016-01-18]. http：//purelifi. com/lifi-products/li—1st/.

[18] TracePro. 2015. http：//www. lambdares. com/

[19] Han K，Hu Z，Luo J，et al. RUSH：RoUting and scheduling for hybrid data center networks[C]. In：Proc. of the IEEE INFOCOM. Hongkong，2015.

[20] Chen Y，Jain S，Adhikari VK，et al. A first look at inter-data center traffic characteristics via Yahoo! Datasets[C]. In：Proc. of the IEEE INFOCOM. Atlanta，2011，1620-1628.

第 3 部分

数据中心的流量协同传输管理

第 7 章
关联性流量 Incast 的协同传输管理

apReduce 等分布式计算系统在数据中心内产生了严重的东西向流量,其中以 Incast 和 Shuffle 为代表的关联性流量占相当大的比重,进而严重影响到上层应用的性能。这促使研究者们考虑在这些关联性流量的网内传输阶段尽可能早地而不是仅在流量的接收端进行数据聚合。首先以新型数据中心网络结构为背景讨论实施网内流间数据聚合的可行性和增益,为最大化该增益,为 Incast 传输建立了最小代价树模型。为解决该模型,提出了两种近似的 Incast 树构造方法,能够仅基于 Incast 成员的位置和数据中心拓扑结构生成一棵有效的 Incast 树,并进一步解决了 Incast 树的动态和容错问题。最后,采用原型系统和大规模仿真的方法评估了 Incast 流量的网内聚合方法,实验结果表明,该方法能大幅降低 Incast 流量造成的传输开销,并能节约数据中心的网络资源。同时,提出的模型和解决方法也适用于其他类型的数据中心网络结构。

7.1 引言

　　大规模数据中心不仅服务于各类在线云应用,而且还直接服务于大规模分布式计算系统,如 MapReduce[1]、Dryad[2]、CIEL[3]、Pregel[4] 和 Spark[5] 等。这些分布式计算系统向数据中心提交大量处理作业,每项作业都可能需要使用数据中心内大量的服务器。同时,这些系统普遍遵从流式计算模式,即在相邻处理阶段间需要传递大量的中间计算结果。这种类型的数据传输为数据中心贡献了大约 80% 的东西向流量[5],因此对分布式应用的性能和数据中心的运营产生了严重影响。例如,Facebook 的 Hadoop 作业结果表明,相邻处理阶段的数据传输时间平均约占单个作业完成时间的三分之一[6]。针对这类东西向流量,此前的研究多通过合理调度网络资源来提高数据中心的利用率[6],而对现有传输能力的高效应用却较少涉及。

我们观察到,上述许多计算系统的作业在接收端采用了多种聚合操作以降低其输出数据的规模。例如,在 MapReduce 作业的 Shuffle 阶段之后,每一个 reducer 被分配一个 map 阶段输出值域空间的唯一子空间。然后 reducer 从每个 mapper 的输出中提取其负责的部分内容,并在获取后进行 reduce 操作。对于大多数的 reduce 函数,如 MIN、MAX、SUM、COUNT、TOP-K 和 KNN 来说,其所涉及的数据流之间具有较高的关联性和很好的聚合效益。以 Facebook 的 MapReduce 作业为例,经 reducer 聚合后的输出数据比其输入数据平均减少了 81.7%[7]。该观测结果促使我们思考,是否可在上述关联性流量的网内传输过程中尽可能早地实施数据聚合操作,而不仅仅是在接收端。如果网内数据聚合能够实现,则数据中心内的东西向流量将会大幅度降低,并且由此带来的 reducer 输入数据量的降低也会加速作业的处理速度。

目前,Incast 传输模式被普遍分解为一系列单播来实现,并不考虑其关联性数据流的潜在聚合行为。对于 Incast 传输,只有参与聚合的相关数据流能够在传播路径的某些交汇点上进行网内缓存和网内处理时,网内聚合增益才能实现。在以交换机为核心的数据中心互联结构[7-12]中,传统交换机的计算能力和缓存空间不足,因此这类互联结构支持 Incast 流量网内聚合的能力非常有限。但是从技术发展趋势来看,业界已提出许多以服务器为核心的数据中心互联结构[13-17]。在这些结构中,主要的互联和路由功能由服务器承担,交换机只提供简单的纵横式交换功能,因此具备网内缓存和数据包的深度处理能力。另外,这种结构中的任意 2 台服务器间存在多条不相交的路由路径,从而易于主动构造出尽可能多的交汇点以支持网内聚合,为管理 Incast 传输带来了机会。

本章旨在通过管理和优化 Incast 关联性流量的协同传输以实现流量的网内聚合。我们首先以服务器为核心的数据中心网络结构为背景,探讨 Incast 传输网内聚合的可行性和潜在增益[5]。为方便研究,Incast 传输的流量聚合问题被建模成 Incast 最小聚合树的构建问题。我们进而提出了两种近似的 Incast 聚合树构建方法,分别为基于 RS(routing symbol)的方法和基于 ARS (advanced routing symbol)的方法。在此基础上,进一步考虑了 Incast 树构造的动态性和容错问题,并提出渐进式解决方案。

本章的最后,我们将通过原型实验来验证上述方法,实验结果表明,该部分的工作能显著减少网络流量、节约数据中心的网络资源,并加快作业的完成过程。其中,基于 ARS 的方法能为 BCube$(6,k)$$(2{\leqslant}k{\leqslant}8)$ 中一个有 320 个发送端的 Incast 传输平均降低 38% 的网络流量。而在容纳 262,144 台服务器的 BCube$(8,5)$ 中,为包含 100~4000 个发送端的 Incast 传输平均节省了 58% 的网络流量。进一步地,如果对 Incast 传输的发送端和接受端位置加以优化,则能降低更多的网络流量。

7.2　Incast 传输的网内数据聚合

我们以 MapReduce 为例简要介绍数据中心内普遍存在的 Shuffle 传输。一个 MapReduce 作业包含两个连续的处理阶段,即 Map 阶段和 Reduce 阶段。在 Map 阶段,mapper 对输入的数据执行 map 操作,产生一个键值对(key,value)的序列。在 Reduce 阶段,reducer 对输入的数据执行用户定义的 reduce 操作,通常是聚合操作。每个 reducer 被分配一个 map 输出的值域区间的一个唯一划分,在 Shuffle 阶段从每个 mapper 的输出中被动提取出分配给它的键值对。全体 mapper 到同一 reducer 的数据流之间高度关联,因为每个 mapper 输出的值域区间和划分策略相同。最近,研究人员提出数据管道技术对 Shuffle 传输的过程进行优化,至此一旦某个 mapper 任务完成,其会主动将中间运算结果向对应的 reducer 进行推送[18-20]。

无论 MapReduce 作业采用数据提取还是数据推送机制,Shuffle 传输都普遍存在于 map 和 reduce 阶段之间。Dryad、CIEL、Pregel 和 Spark 等其他分布式计算框架,都拥有类似的多阶段处理架构。一般来说,一项 Shuffle 传输包含 m 个发送端和 n 个接收端,任意一对发送端和接收端之间形成一条数据流。一项 Incast 传输则由 m 个发送端和其中一个接收端所组成,每个发送端都向该接收端发送数据流。

由于 Shuffle 传输可以分解为一组彼此独立的 Incast 传输,因此本章重点研究 Incast 传输的网内数据聚合。这里,我们介绍 Incast 数据流进行网内聚合的可行性,然后探索如何构造 Incast 最小代价传播树,最后介绍如何依据该传播树执行数据流的网内聚合操作。

7.2.1　Incast 数据流间网内聚合的可行性分析

我们发现 Incast 传输中的诸多数据流存在内在的高度关联性。其主要原因是：对所有 mapper 来说，其运算结果的值域和划分规则是相同的，这些数据流的数据（一系列键值对）共享分配给相同接收端的值域区间。因此，如图 7-1 所示，对于任意数据流的一个键值对来说，其他数据流中很可能也存在某个键值对含有相同的键。

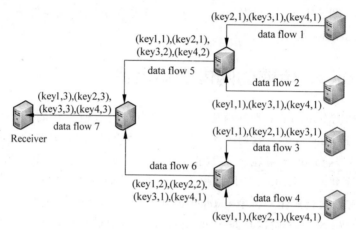

图 7-1　Incast 传输中关联性流量聚合示意图

本章的工作基于如下两个发现来展开：①在 Incast 传输中，接收端普遍对其所有输入数据流运用聚合函数进行处理，如 MIN、MAX、SUM、COUNT、TOP-K 和 KNN；②虽然发送端在将其运算结果传递给接收端之前采用combine 操作，接收端已能发挥部分聚合效应，但不同流之间仍然存在相当大的数据聚合机会。这促使我们考虑能否在传输阶段尽可能早地对数据流进行聚合操作，而不仅仅在接收端执行该操作。如果这种流间数据聚合能得以应用，则会极大地减少网内流量以及 Shuffle 阶段传输的数据量，并且不会损害接收端计算结果的正确性。

关联性数据流的网络聚合要求参与的流量在传播过程中遇到一些交汇节点，同时这些交汇节点应能支持流量报文的缓存和聚合。在以交换机为核心的数据中心中，由于传统交换机的缓存空间和包处理能力有限，因此不支持数据流的网内聚合功能，而网内流量聚合则可以在以服务器为核心的数据中心内很自然地得到支持。但是，随着技术的发展，SDN 技术体制下交换机的可编程能力得到显著提升。当前，Cisco 和 Arista 已研制开发了具有可编程数据平面的应用交换机,使得在以交换机为核心的数据中心中开展流间数据聚合成为可能。

在以服务器为核心的数据中心内,多端口商用服务器不仅作为终端主机,同时也可被作为小型交换机。实际应用中,服务器通过千兆可编程交换芯片 ServerSwitch 来定制报文转发功能[21]。由于交换芯片和服务器的 CPU 之间存在高吞吐量以及低延时的通道等优势,ServerSwitch 可利用服务器的 CPU 对网内数据包进行处理。文献[21,22]表明,配备有 ServerSwitch 的服务器可支持新型网络功能,如网内缓存。若同一个 Incast 传输中的若干数据流在某一服务器相交,则先到达的数据流将被缓存。

7.2.2　Incast 最小代价树的建模

令图 $G = (V, E)$ 代表一个数据中心的网络互联结构,其中,V 为点集,E 为边集。图中的点 v 代表数据中心内的交换机或服务器,边 (u,v) 代表点 u 到 v 的连线,$u,v \in V$。

本章旨在通过对网内相关流量进行合理的网内数据聚合,最小化 Incast 传输过程产生的总流量。给定任意一项 Incast 传输,其接收端为 r,发送端为 $\{s_1, s_2, \cdots, s_m\}$,我们要在图 $G = (V, E)$ 中为其生成一棵 Incast 聚合树。全体发送端的数据流都将沿着生成的聚合树传送到相同的接收端 r。在 BCube 和 FBFLY 等数据中心中,对于每个 Incast 传输而言,存在大量该类 Incast 聚合树。但不同的 Incast 聚合树,其聚合增益也不同,而难点就在于如何寻找一棵 Incast 聚合树,其网内数据聚合后产生最少的网络流量。

对于任意 Incast 聚合树而言,如果其中某节点支持网内缓存并且接收到至少两个输入流,则该节点可实现网内数据聚合。这样的节点称为聚合节点(aggregating vertices),其他节点称为非聚合节点。需要注意的是,节点自身生成的数据流也可被看作是其输入流。在每个聚合节点上,多个数据流被最终聚合为一条新的数据流。为便于表述,我们假设经聚合后产生的新数据流的大小等于所有输入中的最大数据流,而在实验部分我们将进一步讨论更普遍的情形。在非聚合节点,由于其不支持网内缓存及数据包处理,故输出数据流的大小为输入数据流的总和。

给定 Incast 聚合树,我们定义其代价为完成 Incast 传输而引发的网络流量之和。更明确地,Incast 聚合树的代价等于其所有边权重的总和,即 Incast 树中除接收端以外的所有节点输出流量的总和。不失一般性,我们假设所有发送端生成的流量均为 1MB,由此,Incast 聚合树的代价便可标准化。此时,聚合节点输出链路的权值为 1,非聚合节点输出链路的权值等于其输入流数量。

定义 7.1   对于 Incast 传输而言,最小代价 Incast 聚合树问题即为在图 $G = (V, E)$ 中找到一个覆盖所有 Incast 成员且代价最小的连通子图。

因此,问题转化为如何为数据中心中的 Incast 传输构建一棵 Incast 最小代价树。

7.2.3   基于 Incast 树的流间数据聚合实现

对于任意 Incast 传输而言,为其构造出最小代价 Incast 树之后,需要一个管理节点确保该 Incast 传输的全体数据流沿着生成的 Incast 最小聚合树协同传输。具体过程如下:

首先,Incast 管理节点通过广播的方式将生成的 Incast 聚合树拓扑结构通知给树内所有服务器,从而涉及到的服务器将会知道其父服务器和子树的结构。若某台服务器有一个以上的子服务器或其本身就是发送端且有一个子服务器,则该服务器为聚合服务器。如图 7-2(c)所示,服务器 v_0、v_1、v_2 均为聚合服务器。与此同时,管理节点将生成一系列数据聚合任务,并将这些任务部署在聚合服务器上。在向下继续转发数据流之前,聚合服务器首先对其输入数据进行聚合运算。

若发送端的数据已经准备好,并且其本身并非聚合服务器,则该发送端将数据流沿着 Incast 聚合树传递给接收端。数据流一旦到达聚合服务器,所有的包都会被缓存。若来自该聚合服务器所有子服务器的数据流都已到达,则聚合服务器将按照下面的方式进行网内数据聚合。首先按照数据流键值对的键值对其分组,然后分别对每组使用聚合函数,最终产生一条新流取代原来所有的输入流。

聚合服务器也可以在数据流到达时立即进行聚合操作。该机制避免了等待所有输入流所产生的延迟。在 Incast 传播树的唯一接收端对其所有输入流都将运用 reduce 函数进行聚合。图 7-1 描述了一个基于 Incast 树的流间数据聚合示例。从中可以看出,数据流 1 和数据流 2 聚合成了新的数据流 5,数据流 3 和数据流 4 聚合成新的数据流 6。随后数据流 5 和数据流 6 继续转发,最终被聚合成数据流 7。

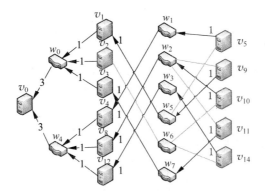

(a) 代价为 22，链路数为 18 的 Incast 树

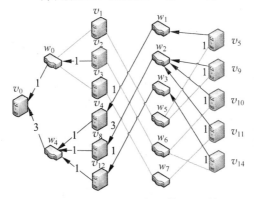

(b) 代价为 18，链路数为 14 的 Incast 树

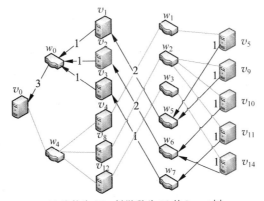

(c) 代价为 16，链路数为 12 的 Incast 树

图 7-2　BCube（4，1）拓扑结构中不同的 Incast 聚合树，
其中 v_2、v_5、v_9、v_{10}、v_{11}、v_{14} 为发送端，v_0 为接收端

7.3　高效 Incast 聚合树的构建

本节中,我们首先提出两种 Incast 树的近似构建方法,即基于 RS 的方法和基于 ARS 的方法。在此基础上优化 Incast 树的构造问题,提出高效的构建策略,并探讨 Incast 树的动态性和容错问题。

7.3.1　Incast 树的构建方法

为满足拥有大量发送端的 Incast 聚合树的快速构建需求,本章通过深入挖掘数据中心的网络拓扑特征,设计了一种近似的构造方法。

在紧密连接的数据中心网络内,任意一对服务器之间都存在多条可用的平行不相交单播路径。例如,在 BCube(n,k) 中,如果任意一对服务器的标识符在 $k+1$ 个维度上不同,则二者之间有 $k+1$ 条平行不相交路径。Incast 最小代价树问题的一种直观解决方法就是,每个发送端独立选择其中一条单播路径将数据传输给接收端。这种单播驱动的 Incast 树由所有发送端到接收端的单播路径混合而成。不足之处在于,这种方法可获得的网内流量聚合增益并不大。

图 7-2(a)是 BCube$(4,1)$ 中单播驱动的 Incast 树的示意图。唯一的接收端为 v_0,发送端集合为 $\{v_2, v_5, v_9, v_{10}, v_{11}, v_{14}\}$。产生的 Incast 树由 18 条链路构成,总代价为 22,没有聚合节点。但是,如果按照图 7-2(c)所示的方式来构造 Incast 传播树,则该 Incast 传播树只有 12 条链路,总代价为 16,且拥有两个聚合节点 v_1 和 v_2。

Incast 网内聚合功能需要集中式的管理节点来负责最小传播树的构造。MapReduce 架构中的 JobTracker 知道每个 Incast 传输中的所有发送端以及接收端,并可通知相应的 Incast 管理节点。当所有 Incast 成员的标识符给定之后,Incast 管理节点可以通过挖掘数据中心的网络拓扑性质,高效地计算出传播代价尽可能小的 Incast 树。Incast 管理节点在一定程度上类似于软件定义网络中的控制器[24,25]。

数据中心的网络互联结构 BCube(n,k) 可被抽象为 $k+1$ 维 n 元的广义超级立方体结构[26]。在 BCube(n,k) 和广义超级立方体中,一对服务器 $x_k x_{k-1} \cdots x_2 x_1 x_0$ 和 $y_k y_{k-1} \cdots y_2 y_1 y_0$ 被互称为 j 维的 1 跳邻居,当且仅当二者的标识符仅在 j 维不同。不难发现,任意一台服务器在每个维度上都有 $n-1$ 个 1 跳邻居。BCube(n,k) 和广义超级立方体之间的差别仅在于,广义超级立方体中的服务器可以直接相连,而 BCube(n,k) 中的服务器却需要通过交换机相连。也就是说,每台服务器与其同维度的所有邻居都通过一个共同的交换机间接地连在一起。以此类推,若两台服务器的标识符在 j 个维度存在差异,则二者互为 j 跳邻居。

考虑 BCube(n,k) 中的某个 Incast 传输,其接收端为 r,发送端的集合为 $\{s_1, s_2, \cdots, s_m\}$。令接收端的标识符为 $r_k r_{k-1} \cdots r_1 r_0$,发送端的标识符为 $s_k s_{k-1} \cdots s_1 s_0$。不失一般性,我们假设 Incast 传输中接收端和发送端之间最大汉明距离为 $k+1$,更一般的场景将在后续讨论中给出。所有发送端到接收端的最短路径可被扩展为 $k+2$ 的多级有向图。其中,只有接收端位于第 0 阶段,位于阶段 j 的服务器必须是接收端的 j 跳邻居。值得注意的是,由于在 BCube(n,k) 中服务器不能直连,因此必须有一组交换机作为两个相邻阶段的中继。

需要注意的是,若某个发送端是接收端的 j 跳邻居,则其必然出现在阶段 j。如图 7-2 所示,发送端 $v_5, v_9, v_{10}, v_{11}, v_{14}$ 全部位于阶段 2,但另一个发送端 v_2 却位于阶段 1。然而,只有这些发送端和接收端不足以形成包含所有 Incast 成员的连通子图。因此,问题被转化为如何为每个阶段增添最少数目的额外服务器,以及如何在相邻阶段之间选择交换机以构成 Incast 最小代价树。

定义 7.2　对于 Incast 树中阶段 $j-1$ 的服务器集合 A 以及阶段 j 的服务器集合 B,A 包含 B 当且仅当 B 中的每台服务器都存在一条有向链路从其自身到 A 中的服务器。如果 A 的任何子集都不包含 B,我们就称 A 严格包含 B。

考虑到交换机标识符可由与其相连的 2 台服务器推断得出,因此我们只关注每个阶段新增服务器的选取。定义 7.2 旨在保证源自阶段 j 的服务器的数据流都能被准确送往阶段 $j-1$ 的服务器。

我们从阶段 $k+1$ 开始逐步为每阶段确定除发送端以外的新增服务器,直至阶段 1。构建过程必须满足一个限制条件,即阶段 $j-1$ 的服务器严格包含阶段 j 的服务器($1 \leqslant j \leqslant k+1$)。给定阶段 j 的服务器集合,通过利用 BCube(n,k) 的拓扑特征足以推断出满足上述约束条件下阶段 $j-1$ 的服务器。值得注意的是,这种阶段 $j-1$ 服务器集合并非是唯一的。这是由于,在 BCube(n,k) 中阶段 j 的每台服务器在 j 维都有一个共同的阶段 $j-1$ 的邻居,只不过当前服务器和接收端的标识符在 j 维存在差异。在此基础上,我们为 Incast 传输引入路由序列(routing sequence)的概念。

定义 7.3　令 $e_1 e_2 \cdots e_j \cdots e_k e_{k+1}$ 为包含 $k+1$ 个路由符号(routing symbol)的路由序列,该路由序列是 $(k+1)!$ 个组合中的一个。一棵 Incast 树的阶段 j 与路由符号 e_j 相关,对于阶段 j 的服务器 $X = x_k x_{k-1} \cdots x_j \cdots x_1 x_0$ 和接收端 r,我

们有：

（1）若二者标识符在 e_j 维不同，则将服务器 X 在 e_j 维的 $n-1$ 个邻居的标识符与接收端的标识符对比，选择 e_j 维标识符相同而其余 $j-1$ 维标识符不同的邻居。

（2）否则，二者标识符从维 e_{k+1} 到维 e_{j+1} 至少有一维不同，令其中最右侧维度为 $\bar{e}_j$，则从维度 $\bar{e}_j$ 中选择与服务器 X 互为邻居的一台服务器，该邻居和接收端的标识符在 $\bar{e}_j$ 维度是相同的。

依照上述规则，服务器 X 的邻居服务器将出现在 Incast 树的阶段 $j-1$。给定 Incast 传输及相关的路由序列 $e_1e_2\cdots e_j\cdots e_ke_{k+1}$，可通过下述方法生成对应的 Incast 聚合树。

我们从 $k+2$ 个阶段中的任意阶段 j 开始。为不失一般性，假设 j 等于 $k+1$。一旦阶段 j 的服务器集合给定，我们即把这些服务器划分成一个个分组，以便同一分组内的服务器都互为维度 e_j 上的 1 跳邻居。在每个分组中，每台服务器和接收端的标识符在维度 j 不同，也就是说，服务器是接收端的 j 跳邻居。在每个分组中，每台服务器通往接收端的下一跳服务器的标识符仅在维度 $j-1$ 不同，并出现在阶段 $j-1$。需要注意的是，任意分组中的每一台服务器关于通往接收端的下一跳服务器都有 j 种选择。这里，我们要求同一分组在阶段 $j-1$ 共用相同的下一跳服务器。

为此，我们可根据定义 7.3 为所有分组中服务器各自选择下一跳的新增服务器，并且，组中所有服务器和它们的共同下一跳服务器的标识符除了 e_j 维外都相同。实际上，共同的下一跳服务器和接收端的标识符在维度 e_j 相同。如图 7-2(b) 所示，位于阶段 2 的所有服务器根据路由符号 $e_2=0$ 被划分为 3 组，分别为 $\{5\}$、$\{9,10,11\}$ 和 $\{14\}$。据此，可以推断 3 个分组位于阶段 1 的下一跳服务器分别为 4、8 和 12。在这种方式下，如图 7-2(b) 所示，从每组到接收端的数据流在阶段 $j-1$ 可实现所期望的网内数据聚合。否则，如图 7-2(a) 所示，在阶段 $j-1$ 没有机会实现网内聚合。

阶段 j 的其他节点分组采取同样的方法进行处理，至此，阶段 $j-1$ 的服务器集合严格包含了阶段 j 的服务器集合。需要注意的是，一些发送端可能原本就位于阶段 $j-1$。因此，阶段 $j-1$ 的服务器集合是发送端和其他新增服务器的并集。在此基础上，运用上述方法可推断出应该出现在阶段 $j-2$ 的新增服务器。以此类推，所有 $k+2$ 个阶段的服务器集合和相邻阶段间的有向路径形成了最终的 Incast 树，其被称作基于路由序列的 Incast 树，简写为基于 RS 的 Incast 树构造方法。

定理 7.1　对于 $BCube(n,k)$ 中有 m 个发送端的 Incast 传输来说,基于 RS 的 Incast 树构建方法的时间复杂度为 $O(m \times \log N)$,其中,$N = n^{k+1}$ 表示 $BCube(n,k)$ 中服务器的总数量。

证明:上述基于 RS 的 Incast 树构建方法最多需要分别考虑 k 个阶段。其中,根据 e_j 将阶段 j 的所有服务器分组的过程可简化如下:对处于阶段 j 的已有服务器,我们提取它除 e_j 维以外的标识符,得到的标识符表征这台服务器所在的组;然后将这台服务器加到这个分组中,推断出组里所有服务器共同的下一跳服务器。阶段 j 的计算开销与该阶段的服务器数量成比例。由于每阶段的服务器数量不会超过 m,所以其时间复杂度为 $O(m)$。考虑到算法最多运行 k 个阶段,因此综上所述,该方法的时间复杂度是 $O(m \times k)$。定理得证。　　□

7.3.2　Incast 最小代价树的构造方法

路由序列 $e_1 e_2 \cdots e_j \cdots e_k e_{k+1}$ 可以为 $BCube(n,k)$ 中任意 Incast 传输产生一棵基于 RS 的 Incast 传播树。对 Incast 传输来说,最多存在 $(k+1)!$ 种这样的路由序列。不同的路由序列产生的 Incast 传播树可获得的网内聚合增益和额外代价都不同。例如,我们可由路由序列 $e_1 e_2 = 10$ 构造出如图 7-2(b)所示的 Incast 树,也可由路由序列 $e_1 e_2 = 01$ 构造出如图 7-2(c)所示的另一棵 Incast 树。

因此,现在我们所面临的难题在于,如何从 $(k+1)!$ 个路由序列中挑选出某个路由序列,据此构造的 Incast 树的聚合增益最大。一种简单的方法是,对所有 $(k+1)!$ 种路由序列分别应用基于 RS 的方法生成所有可能的 Incast 树,然后计算每棵 Incast 树的代价,从中挑选出代价最少的 Incast 树。这种方法会带来非常高的计算开销,其计算复杂度是 $O((k+1)! \times k \times m)$。

为此,我们提出如下更高效的方法来构造 Incast 最小代价树。从阶段 $j = k+1$ 开始,在定义了路由符号 e_j($0 \leqslant j \leqslant k$)后,阶段 j 的所有服务器都能被划分为组。在各分组内可以采用基于 RS 的方法为所有分组成员确定位于阶段 $j-1$ 的一组下一跳服务器。这样,分组的数量和下一阶段的新增服务器数量刚好相等。这些新增服务器和阶段 $j-1$ 的原有发送端构成了该阶段的全部服务器集合。阶段 j 的输出数据流将在聚合服务器处融合,阶段 $j-1$ 的输出数据流数量等于位于该阶段的服务器总量。受此启发,我们把基于 RS 的方法应用到路由符号 e_j 的选取上。e_j 可以有 $k+1$ 个取值,从而得到相应的 $k+1$ 种服务器集合。至此,我们只需要从 $k+1$ 个候选服务器集合中选择最小的服务器集。e_j 的设置被标记为阶段 j 中所有 $k+1$ 个候选者中最好的选择。在这种方式下,从阶段 j 输出的数据流在相邻的 $j-1$ 阶段可以获得最大的网内聚合增益。

一旦推断出 $j-1$ 阶段的最小服务器集合,则可进一步求得该阶段路由符号 e_{j-1} 的最佳取值,并进而求得相邻阶段 $j-2$ 的最小服务器集合。以此类推,所有 $k+2$ 个阶段的服务器集合和相邻阶段间的有向路径组成了一棵 Incast 最小树,同时可确定对应的路由序列。这种方法称为基于 ARS(advanced routing symbol)的 Incast 树构建方法。

我们用一个例子来阐述基于 ARS 方法的好处。考虑如图 7-2 所示的 Incast 传输。如图 7-2(b)所示,在 $e_2=0$ 时,位于阶段 2 的所有服务器被划分为 3 组,分别为 $\{5\}$、$\{9,10,11\}$ 和 $\{14\}$,而位于阶段 1 的服务器集合为 $\{2,4,8,12\}$。但在 $e_2=1$ 的设定下,如图 7-2(c)所示,位于阶段 2 的所有服务器被分为 3 组,分别是 $\{5,9\}$、$\{10,14\}$ 和 $\{11\}$,而位于阶段 1 的服务器集合是 $\{1,2,3\}$。显然,图 7-2(c)所示的划分能够获得更好的聚合增益。因此,为阶段 2 选择路由符号 $e_2=1$,为阶段 1 选择服务器集合为 $\{1,2,3\}$。结果表明,图 7-2(c)所示的 Incast 树的代价要明显低于图 7-2(b)所示 Incast 树的代价。

定理 7.2 给定 BCube(n,k) 中的有 m 个发送端的 Incast 传输,基于 ARS 的 Incast 树构造方法的时间复杂度为 $O(m\times(\log N)^2)$,其中,$N=n^{k+1}$ 表示 BCube(n,k) 中服务器的数量。

证明:考虑到基于 ARS 的 Incast 树构建方法最多在 k 个阶段上执行(阶段 $k+1$ 到阶段 2),根据定理 7.1 可知,当给定路由符号 e_{k+1} 时,其在阶段 $k+1$ 的计算开销是 $O(m)$。而在基于 ARS 的构建方法中,我们在所有 $k+1$ 种 e_{k+1} 设置下执行了相同的操作,因此以 $O((k+1)\times m)$ 的计算开销作代价为阶段 k 共生成 $k+1$ 组服务器集合。另外,从 $k+1$ 个路由符号中确定最小服务器集合的计算代价为 $O((k+1)\times m)$。总之,在阶段 $k+1$ 运行 Incast 树构造方法的计算复杂度是 $O((k+1)\times m)$。

由于 e_{k+1} 已占用集合 $\{1,2,\cdots,k+1\}$ 中的某个值,则基于 ARS 的方法实际上是从 k 个路由符号中确定阶段 $k-1$ 的最小服务器集,所以其最终计算开销是 $O(k\times m)$。综上所述,基于 ARS 的构造方法的总计算开销是 $O(k(k+3)\times m/2)$。定理得证。 □

7.3.3 发送端动态行为的处理方法

考虑 BCube(n,k) 中某项 Incast 传输,其发送端集合为 $\{s_1,s_2,\cdots,s_m\}$,接收端为 r。当额外的新发送端 s_{m+1} 加入时,已构造好的 Incast 树需要立即更新以包含这个新发送端。最直观的做法是,针对新的发送端集合

$\{s_1, s_2, \cdots, s_m, s_{m+1}\}$，重新运行前文提出的方法构造一棵新的 Incast 树。然而，这种方式产生了 $O(k^2 \times m)$ 的额外计算开销。

因此，我们更倾向于用增量式方法来更新已有的 Incast 树。首先，Incast 管理节点维持着路由序列与当前 Incast 树的关联关系。一旦新的发送端 s_{m+1} 加入已有的 Incast 传输中，通过调用传统的基于 RS 的方法，能够以 $O(k)$ 的计算开销计算出一条从 s_{m+1} 到 r 的单播路径。这条单播路径和先前的 Incast 树组合构成新的 Incast 树。为确保新的 Incast 树中所有的服务器都知道这个改变，Incast 管理节点只需将单播路径结构广播给沿路的各台服务器。通过这种方式，新 Incast 树中的每台服务器都知道以其自身为根的能够进行网内数据流聚合的子树结构。此时，先前的全体发送端到接收端的路径没有发生任何改变。

当一个发送端 s_j 退出原有的某个 Incast 传输时，Incast 树也应该更新以应对这一变化。首先，在原有 Incast 树中，Incast 管理节点会移除从发送端 s_j 到接收端 r 的单播路径。具体做法是，将这条单播路径所经过的相关边的权值减 1，权值为 0 的边将从树中移除。这样我们便得到了一棵新的 Incast 树。为确保新的 Incast 树中所有服务器都知道这个改变，Incast 管理节点只需将单播路径结构扩散给沿路的各台服务器。这种方式同样不会改变剩余发送端到接收端的路径。

综上所述，我们提出的方法可以灵活地处理发送端的动态行为。例如，在 MapReduce 中主服务器常会安排某个空闲服务器去替换失败的 map 任务。这种过程便是由即将离开的发送端和即将加入的发送端所构成。

7.3.4　接收端动态行为的处理方法

实际应用中，Incast 传输的接收端 r 也可能会被新的接收端取代，我们用 r'' 表示。例如，在一个 MapReduce 作业中，主服务器可能会安排另一台服务器去替代失败的 reduce 任务。在这种情况下，Incast 管理节点会采用基于 ARS 的方法生成一棵新的 Incast 树，但是这种方法会导致过大的计算开销 $O(k^2 \times m)$。

因此，我们更倾向于以增量方式更新 Incast 树。Incast 管理节点为先前的 Incast 维持着路由序列 $e_1 e_2 \cdots e_i \cdots e_k e_{k+1}$ 与 Incast 传播树之间的映射关系。给定原有的接收端 r 和新的接收端 r''，我们逐维比较二者的标识符。若标识符只在维度 e_j 上不同，则以 r 和 r'' 为根的两棵 Incast 树从阶段 $k+1$ 到阶段 j 是相同的，而从阶段 j 到阶段 0 出现差异。换句话说，这两棵 Incast 树上从阶段 $k+1$

到阶段 j 的服务器集合和跨两个相邻阶段的有向路径都是相同的。

受此启发,Incast 管理节点只需重新计算从阶段 j 到阶段 0 的树结构即可,具体做法如下:

(1) 给定路由符号 $e_1 e_2 \cdots e_j$ 以及 e_j 阶段的服务器集合,从阶段 j 到阶段 0 的 Incast 树结构可以用基于 RS 的方法获得。

(2) 如果 r'' 出现在先前的以 r 为根的 Incast 树中,其在先前 Incast 树中的子树依旧存在于以 r'' 为根的 Incast 树中,但是新的 Incast 树中应该从阶段 0 开始。这是由两棵树中 r'' 位置的不同所造成的。

不难发现,j 越小,上述方法越有效。如果 r'' 恰好是 r 在 e_1 维上的邻居,Incast 管理节点只需调整阶段 1 到阶段 0 的有向路径。给定以 r 为根,路由序列为 $e_1 e_2 \cdots e_j \cdots e_k e_{k+1}$ 的 Incast 树,不难发现,如果接收端 r 需要被替换,r 在 e_1 维的 $n-1$ 个邻居是最好的替代者。如果这些替代者都不空闲,Incast 管理节点将会从 r 在 e_2 维的 $n-1$ 个邻居中选一个空闲的作为替代,以此类推。通过这种方式,我们可以最大化 Incast 树的重用效果,极大地减少了更新接收端所带来的二次计算开销。而且,由于中间节点已缓存了先前 Incast 树的相关数据,从而这些数据也能在新的 Incast 树中得到重用。

7.4　相关问题讨论

本节将进一步讨论其他一些重要设计因素对流量网内聚合方法的影响。

7.4.1　通用 Incast 传输模式

此前为便于理解,我们假设 Incast 传输中发送端和接收端之间的最大汉明距离为 $k+1$。但是,基于 RS 和基于 ARS 的 Incast 树构造方法可以通过扩展支持更通用的 Incast 传输。设 d 表示发送端和接收端间的最大汉明距离。若 $d < k+1$,则所有 Incast 成员的标识符有 $k+1-d$ 维都应该是相同的。因此,Incast 树的构造过程应有 $d+1$ 个阶段。

在这种情况下,可将定义 7.3 修改为:设 $e_1 e_2 \cdots e_j \cdots e_d$ 表示由 d 个路由符号构成的一个路由序列,其是 $d!$ 种排列中的一种。而 Incast 树的阶段 j 和路由符号 e_j 相关联($1 \leqslant j \leqslant d$)。从而基于 RS 和基于 ARS 的构造方法能够很好地适用于更通用的 Incast 传输。

7.4.2　其他数据中心结构下的 Incast 传输模式

如前所述,现存的以交换机为核心的网络拓扑由于普遍使用传统交换机,因而不具备充足的数据包缓存和可编程能力。也就是说,以交换机为核心的数据中心目前并不能实现流间的网内数据聚合。然而,随着技术的发展,例如 Cisco 和 Arista 的应用交换机已经能够提供可编程数据平面。若未来数据中心采用此种新型交换机,则能自然地支持流间的网内数据聚合。

虽然前文以 BCube 为背景研究了以服务器为核心结构的 Incast 树构造方法,但文中提到的方法也可被应用到其他以服务器为核心的结构中,如 DCell[13]、BCN[16]、FiConn[27]、SWDC[28] 和 Scafida[18],区别在于 Incast 树的构建方法有稍许差异。

另外,本章提出的方法也能够直接应用于 FBFLY 和 HyperX 这两种以交换机为核心的网络结构中。其原因在于,BCube 网络结构的实质是广义超级立方体,与 FBFLY 和 HyperX 网络结构本质上相同。若 FBFLY 和 HyperX 中采用上述新型交换机,则我们的构造方法几乎无须修改便可直接使用。

7.4.3　作业特征对 Incast 网内聚合性质的影响

对于 MapReduce 类的数据中心作业,其执行时间取决于 3 个阶段,即 Map、Shuffle 以及 Reduce 阶段。其中,Shuffle 阶段的执行时间则取决于要传输的流量大小及其可利用的网络资源。网内流量聚合仅能缩短 Shuffle 和 Reduce 阶段的执行时间,但却对 Map 阶段的执行时间不会产生影响。

事实上,数据中心内的分布式计算框架面临着严重的 Map 偏斜问题。也就是说,由于各 Map 任务的工作量严重不均衡,从而导致任务完成时间相差较大。一旦偏斜发生,一些 Map 任务用于处理输入数据的时间要远远长于其他任务,从而导致整个作业处理时间的延长。同样的现象也可能出现在 Reduce 阶段。近年来有许多研究致力于解决或降低 Map 偏斜的发生[29-31]。这些正交的方法通过最大程度地同步 Map 任务的执行时间,同样可以很好地支持数据流之间的网内数据聚合。

在这种情况下,若发送端的数据已经准备好,且其本身并非聚合服务器,则该发送端将数据流沿着 Incast 聚合树传递给接收端。数据流一旦到达聚合服务器,所有的包都会被缓存。若来自该聚合服务器所有子服务器的数据流都已到达,则聚合服务器将进行网内数据聚合,将所有数据流合并为一条新的数据流。如此一来,关联性数据流的网内聚合方法会降低 Shuffle 环节的时延。根本原因在于,我们的方法能够直接降低 Shuffle 环节要传输的数据量。

由于聚合节点缓存空间的限制和出现少量异常的 Map 任务,流量的网内聚合方式可以调整为机会型网内聚合。这意味着,一旦有数据流到达,聚合服务器可以立即执行聚合操作。机会型网内聚合的做法节省了用于等待其余数据流的延时。经统计发现,在 Facebook 某个 600 个节点的 MapReduce 集群中 83% 的作业平均含有少于 271 个 Map 任务和 30 个 Reduce 任务[32]。文献[33,34]曾证实,在 Facebook 的 Hadoop 集群和微软 Bing 的 Dryad 集群中作业的输入数据大小符合长尾分布,同时作业的大小(输入数据的大小和任务的数量)遵循幂律分布。也就是说,工作负载由大量的小作业和相对少量的大作业组成。

我们提出的网内数据聚合模型非常适用于小作业,因为对于小作业来说每个聚合服务器都有充足的缓存空间来缓存其数据包。此外,对于大部分 MapReduce 作业来说,运行在每个聚合服务器上的函数都具有关联性和可互换性。而在文献[35]中,作者曾提出如何将非可互换和非关联的函数以及用户自定义的函数转换成可互换和关联的函数。因此,每个聚合服务器接收到部分数据包后即可执行网内聚合操作。

7.5　性能评估

本节首先介绍实验的设置,并在此基础上分别评估在不同数据中心规模、Incast 传输规模、Incast 聚合率和 Incast 成员分布的情况下,关联性流量网内聚合方法的性能。

7.5.1　原型实现

原型系统平台由以太网连接的 8 台服务器虚拟出的 81 台虚拟机(VMs)构成。每台服务器配备有 2 个 8 核超线程的 Intel Xeon E5620 2.40GHz 处理器,24GB 内存和 1TB 的 SATA 硬盘,运行内核版本为 2.6.18 的 CentOS 5.6。其中 7 台服务器每台运行 10 个虚拟机,用作 Hadoop 的虚拟从节点,另有 1 台服务器运行 10 个虚拟从节点和 1 个主节点。每个虚拟从节点支持 4 个 Map 任务和 1 个 Reduce 任务。每台物理服务器上的所有虚拟机通过一个虚拟交换机共享主机的网卡。我们对 Hadoop 的设置进行了扩展,从而能够支持数据流的网内缓存和数据聚合。

为模拟实现 Incast 传输,实验使用了 Hadoop 0.21.0 内置的字数统计作业。该作业的发送端(Map 任务)和接收端(Reduce 任务)的数目被分别设置为 320 和 1。实验给每个 Map 任务分配 10 个输入文件,每个文件 64MB。在

Shuffle 工作阶段,从发送端到接收端的平均数据量在每个发送端处进行聚合后大约为 1MB。

考虑 BCube(n,k)网络中的 Incast 传输,其中,$3 \leqslant k \leqslant 9$。每个发送端和唯一的接收端被随机地分配一个 $k+1$ 维的 BCube 标识符。我们在该虚拟平台上通过如下方式模拟了 BCube 数据中心内 Incast 传输过程,并分别生成基于 ARS 的 Incast 树和单播 Incast 树。

为在 BCube 中部署 Incast 传输,我们设计了下述从 Incast 树节点到测试平台的映射方式。其中,主虚拟机发挥 Incast 管理节点的作用;4 个发送端、1 个可能的接收端以及一些 Incast 树的内部节点被映射到 30 个从虚拟机中。通过这种方式,我们把每个虚拟机抽象为虚拟机代理(VMAs),每一个虚拟机代理对应 Incast 树中的一个节点。我们要求映射到同一个虚拟机上的所有节点不能包含任何 Incast 树中横跨相邻阶段的邻居对。例如,图 7-2(c)中的节点 v_5 和 v_9 可以位于同一虚拟机中,但是却不能同时容纳节点 v_1。因此,在进行 Incast 传输期间,同一虚拟机上的虚拟机代理间将不会产生局部通信。实际上,对于任何虚拟机代理,其 Incast 树中的下一阶段的邻居 VMA 将出现在不同的虚拟机上,这些虚拟机处于相同或不同的物理服务器。因此,Incast 树中的每条边都被映射到 2 个虚拟机间的虚拟链路或者测试平台中服务器之间的网络物理链路。

实验将基于 ARS 的 Incast 树构造算法分别与典型 Steiner 算法、单播驱动的 Incast 树算法以及其他算法从 4 个方面进行性能比较。这 4 个性能指标分别为所产生的网络流量、占用的链路数量、缓存服务器的数量以及接收端输入数据的大小。其中,网络流量指的是 Incast 树中所有链路上的流量总和。

实验中所使用的 Steiner 树算法来自文献[36],其优势在于计算速度较快。具体作法是:①依据 Incast 成员生成虚拟完全图;②在该图上计算最小生成树;③虚拟完全图中的虚拟链路被最初拓扑结构中任意两个 Incast 成员的最短路径取代,并删除不必要的路径。

7.5.2　数据中心规模对聚合增益的影响

实验在测试平台 BCube($6,k$)的部分子网上部署了一个有 320 个发送端的 Incast 传输,并构造了基于 ARS 的 Incast 树。经过大量实验,我们收集了沿着该聚合树的 Incast 传输的不同性能指标的均值。同时,比较了 Steiner 树算法、单播驱动 Incast 树算法以及现有 Incast 传输方法的实验效果。图 7-3 反映了在 1000 次实验的基础上,不同算法及实验设置下 4 项性能指标的变化情况。

从图 7-3(a)可以看出,与现有方法相比,基于 ARS 方法和单播驱动方法能平均节省 38％和 18％的网络流量。这是因为,前者的聚合服务器数量随着 k 的增加而增加,但后者的聚合服务器数量则随着 k 的增加而减少。此外,基于 ARS 的方法构造出的 Incast 树占用的链路数目也较少,这意味着所使用的服务器和网络设备也较少。从图 7-3(d)可看出,基于 ARS 的方法极大地减少了接收端输入数据的规模。因此网内流量聚合将大大降低作业 Shuffle 阶段和 Reduce 阶段的时延,如表 7-1 所示。另外,4 种方法下 Map 阶段的时延是相同的。

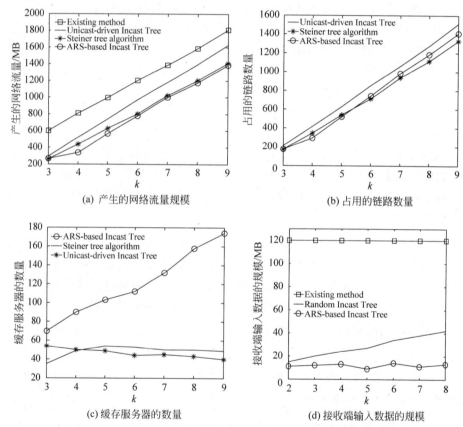

(a) 产生的网络流量规模

(b) 占用的链路数量

(c) 缓存服务器的数量

(d) 接收端输入数据的规模

图 7-3 发送端为 320 的 Incast 传输在不同的 BCube(6,k)的 4 项指标的变化情况

表 7-1 数据中心规模对作业在 Shuffle 和 Reduce 阶段时延的影响(秒)

BCube(6,k)	$k=4$	$k=5$	$k=6$	$k=7$	$k=8$	$k=9$
ARS 方法	211	231	265	292	318	335
现有方法	937	1109	1120	1264	1312	1343

此外,基于 ARS 的方法在一定程度上要优于 Steiner 树算法的性能。这是因为,若不考虑数据中心规模,在二者链路数目相似的情况下,基于 ARS 的方法用到了比 Steiner 树算法更多的聚合服务器。综上所述,不论数据中心的规模如何,基于 ARS 的 Incast 树构造方法总是远远优于另外的方法。

7.5.3 Incast 传输规模对聚合增益的影响

实际应用中,MapReduce 作业往往包含有几百甚至上千个 Map 任务。然而由于测试平台的资源有限,我们并不能进行如此大规模的作业。因此,我们利用模拟实验进一步论证上述方法的扩展性,用 Java 实现 BCube 数据中心网络架构,并参考 Hadoop 的 wordcounter 作业产生所需的 Incast 传输。具体而言,分别创建了拥有 m ($m \in \{100, 200, \cdots, 3900, 4000\}$) 个发送端的 Incast 传输。该作业利用 Hadoop 内置的 RandomTeextWriter,依据 1000 词容量的字典为每个发送端随机产生约 64M 的输入数据。从每个发送端到接收端的数据流量被控制在 1MB。图 7-4 反映了 BCube(8,5) 中,几种方法在不同 Incast 传输下产生的网络流量和占用的链路数量的变化情况。BCube(8,5) 可容纳 262144 台服务器,对于一般数据中心来说已足够大。

从图 7-4(a) 中可以看到,与现有方法相比,随着 m 从 100 变化到 4000,基于 ARS 方法和单播驱动方法分别平均节省了约 59% 和 27% 的网络流量。这证明在大规模的 Incast 传输中,Incast 的关联性流量的网内流量聚合依然能够显著减少造成的网络流量。另外,从图 7-4(b) 可以看到,基于 ARS 的方法占用的链路数要明显少于单播驱动方法,故使用的服务器和网络设备也较少。

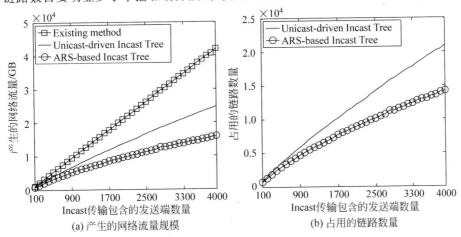

(a) 产生的网络流量规模   (b) 占用的链路数量

图 7-4 BCube(8,5) 内网络流量和活跃链路数量随发送端数量增加的变化情况

综上所述,ARS 方法能够很好地支持大规模的 Incast 传输,且其网络流量和网络利用率也要远远优于其他方法。此外,如表 7-2 所示,ARS 方法能够降低 Shuffle 阶段和 Reduce 阶段的时延。

表 7-2　**Incast 传输规模对作业在 Shuffle 和 Reduce 阶段时延的影响(秒)**

BCube$(6,k)$	500	1000	1500	2000	2500	3000
ARS 方法	269	282	293	300	302	310
现有方法	858	1241	1637	2107	2630	3215

7.5.4　聚合率对聚合增益的影响

此前我们曾假设经聚合后得到的新数据流的大小等同于聚合服务器输入流中最大的一个。也就是说,所有输入流的主键集合是其中最大输入流主键的子集。本节中我们将在更通用的 Incast 传输场景下评估基于 ARS 的方法。

给定 Incast 传输中的 s 个数据流,令 f_i 表示第 i 个数据流的大小 $(1 \leqslant i \leqslant s)$;$\delta$ 表示任意数据流之间的聚合率,其中,$0 \leqslant \delta \leqslant 1$,则 s 个数据流经聚合后获得的新数据流的大小为

$$\max\{f_1, f_2, \cdots, f_s\} + \delta \times \left(\sum_{i=1}^{s} f_i - \max\{f_1, f_2, \cdots, f_s\}\right)$$

无论是 7.2.2 节的理论分析,还是本节的仿真工作都建立在 $\delta = 0$ 的前提下,此时网内数据聚合达到最大增益。而当 $\delta = 1$ 时,s 中的任意两个数据流由于没有共享主键,使得网内数据聚合不能获得任何收益。在实际应用中,δ 的这两种极端情况都很少出现。因此,我们将在 $0 \leqslant \delta \leqslant 1$ 这种更通用的情形下来评估提出的基于 ARS 的方法。

以 BCube$(8,5)$ 网络拓扑为背景,当 δ 的范围从 0 变化到 1 时分别评估基于 ARS 的 Incast、单播驱动的 Incast 和现有方法所生成的网络流量。如图 7-5 所示的实验结果表明,与其他两种方法相比,基于 ARS 的方法总是能够产生更少的网络流量,并且 δ 值越小效果越明显。假设随机变量 δ 的值遵循均匀分布,则与当前不采用网内聚合的方法相比,基于 ARS 的方法在 Incast 传输包含 500 或 4000 个发送端时分别节约了 24% 和 40% 的网络流量。

图 7-6 反映了 BCube$(8,5)$ 中 Shuffle 和 Reduce 阶段的总时延随聚合率 δ 取值的变化。可以看到,除 $\delta = 1$ 之外,ARS 方法的 Shuffle 和 Reduce 阶段时延要远小于现有不采用网内聚合的方法。只有在 $\delta = 1$ 这种极端情形下,2 种方法的时延才一样。

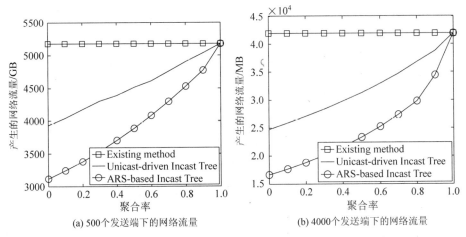

(a) 500个发送端下的网络流量　　　　　(b) 4000个发送端下的网络流量

图 7-5　BCube(8,5)内产生的网络流量随聚合率增加的变化情况

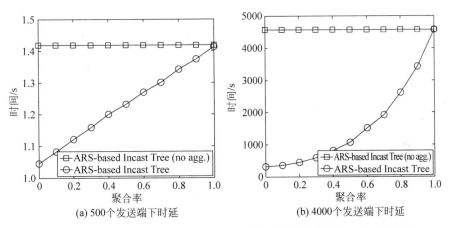

(a) 500个发送端下时延　　　　　　(b) 4000个发送端下时延

图 7-6　BCube(8,5)内 Shuffle 和 Reduce 阶段时延随聚合率增加的变化情况

7.5.5　Incast 成员分布对聚合增益的影响

实际应用中 Incast 传输成员可能位于整个数据中心范围内的空闲服务器上,这使得发送端和接收端位置接近于随机分布。这种随机分布使得 Incast 传输占用了更多的数据中心资源,也产生了更多的网络流量。下面我们将研究不同 Incast 成员分布模型对网内流量聚合增益的影响。

首先,此问题的关键在于寻找 BCube(n,k)中的最小子网 BCube(n,k_1),以使得该子网能够满足所有 Incast 成员的传输要求。在这种情况下,发送端和接收端间的汉明距离满足$k_1+1 \leqslant k+1$,且基于 ARS 的 Incast 树在 BCube(n,k_1)范围

内最多存在 k_1+1 个阶段。理论上，与之前在整个 BCube(n,k) 范围内的 Incast 树相比，它占用了更少的数据中心资源以及更少的网络流量。

　　为此，考虑 30 个 Shuffle 传输，其中每个传输有 500 个发送端以及不同数量的接收端，接收端数量在 1～30 之间。在 shuffle 成员随机分布和可控分布两种情形下，我们分别统计 BCube(8,5) 中这 30 项 shuffle 传输在不同方法下产生的网络流量。如图 7-7 所示的结果显示，无论是现有的方法还是 ARS 方法，可控分布产生的网络流量更少。进一步地，与现有方法相比，在可控分布和随机分布这两个方案下，基于 ARS 的方法分别节省了 62% 和 24% 的网络流量。这也意味着，基于 ARS 的方法在可控分布下能够实现更大的增益，节省更多的网络流量。

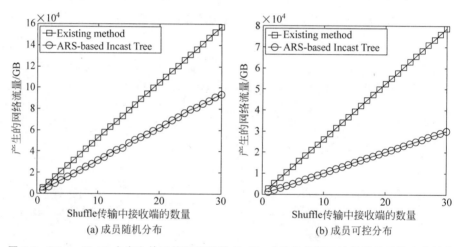

图 7-7　BCube(8,5) 内产生的网络流量随着 Shuffle 成员分布以及接收端数量的变化趋势

参考文献

[1] Condie T, Conway N, Alvaro P, et al. MapReduce online[C]. In: Proc. of the 7th USENIX NSDI. San Jose, 2010, 313-328.

[2] Yu Y, Isard M, Fetterly D, et al. DryadLINQ: a system for general-purpose distributed data-parallel computing using a high-level language[C]. In: Proc. of the 8th USENIX OSDI. San Diego, 2008, 1-14.

[3] Murray DG, Schwarzkopf M, Smowton C, et al. CIEL: a universal execution engine for distributed data-flow computing[C]. In: Proc. of the 8th USENIX NSDI. Boston, 2011.

[4]　Gueron M, Llia R, Margulis. Pregel: a system for large-scale graph processing[C]. In: Proc. of the ACM SPAA. Calgary. Alberta, 2009, 135-146.

[5]　Zaharia M, Chowdhury M, Franklin MJ, et al. Spark: cluster computing with working sets[J]. Book of Extremes, 2010, 15(1): 1765-1773.

[6]　Chowdhury M, Zaharia M, Ma J, et al. Managing data transfers in computer clusters with orchestra[C]. In: Proc. of the ACM SIGCOMM. Athens, 2011, 98-109.

[7]　Al-Fares A, Loukissas A, Vahdat A. A scalable, commodity data center network architecture[C]. In: Proc. of the ACM SIGCOMM. Seattle, 2008, 63-74.

[8]　Greenberg A, Jain N, Kandula S, et al. VL2: a scalable and flexible data center network[C]. In: Proc. of the ACM SIGCOMM. Barcelona, 2009, 51-62.

[9]　Mysore R, Pamboris A, Farrington N. PortLand: a scalable fault-tolerant layer 2 data center network fabric[C]. In: Proc. of the ACM SIGCOMM. Barcelona, 2009, 39-50.

[10]　Abts D, Marty MA, Wells PM, et al. Energy proportional datacenter networks[C]. In: Proc. of the ACM ISCA. Saint-Malo, 2010, 338-347.

[11]　Ahn JH, Binkert N L, Davis A, et al. HyperX: topology, routing, and packaging of efficient large-scale networks[C]. In: Proc. of the IEEE/ACM SC. Santa Clara, 2009, 1-11.

[12]　Singla A, Hong CY, Popa L, et al. Jellyfish: networking data centers randomly[C]. In: Proc. of the 9th USENIX NSDI. San Jose, 2012, 225-238.

[13]　Guo C, Wu H, Tan K, et al. DCell: a scalable and fault-tolerant network structure for data centers[C]. In: Proc. of the ACM SIGCOMM. Seattle, 2008, 75-86.

[14]　Guo C, Lu G, Li D, et al. BCube: a high performance, server-centric network architecture for modular data centers[J]. ACM SIGCOMM Computer Communication Review, 2009, 39(4): 63-74.

[15]　Abu-Libdeh H, Costa P, Rowstron A, et al. Symbiotic routing in future data centers [J]. ACM SIGCOMM Computer Communication Review, 2010, 40(4): 51-62.

[16]　Guo D, Chen T, Li D, et al. BCN: expansible network structures for data centers using hierarchical compound graphs[C]. In: Proc. of the IEEE INFOCOM. Shanghai, 2011, 61-65.

[17]　Guo D, Chen T, Li D, et al. Expansible and cost-effective network structures for data centers using dual-port servers[J]. IEEE Transactions on Computers, 2012, 62(7): 1303-1317.

[18]　Gyarmati L, Trinh T. Scafida: a scale-free network inspired data center architecture [J]. ACM SIGCOMM Computer Communication Review, 2010, 40(5): 4-12.

[19]　Condie T, Conway N, Alvaro P, et al. Online aggregation and continuous query support in MapReduce[C]. In: Proc. of the ACM SIGMOD. Indianapolis, 2010, 1115-1118.

[20] Pansare N, Borkar VR, Jermaine C, et al. Online aggregation for large MapReduce jobs[J]. Proceeding of the VLDB Endowment, 2011, 4(11): 1135-1145.

[21] Lu G, Guo C, Li Y, et al. ServerSwitch: a programmable and high performance platform for data center networks[C]. In: Proc. of the USENIX NSDI. Boston, 2011, 15-28.

[22] Cao J, Guo C, Lu G, et al. Datacast: a scalable and efficient reliable group data delivery service for data centers [J]. IEEE Journal on Selected Areas in Communications, 2012, 31(31): 2632-2645.

[23] Li D, Li Y, Wu J, et al. ESM: efficient and scalabledata center multicast routing [J]. IEEE/ACM Transactions on Networking, 2012, 20(3): 944-955.

[24] Hong CY, Kandula S, Mahajan R, et al. Achieving high utilization with software-driven WAN[J]. ACM SIGCOMM Computer Communication Review, 2013, 43(4): 15-26.

[25] Yeganeh SH, Tootoonchian A, Ganjali Y. On scalability of software-defined networking[J]. IEEE Communications Magazine, 2013, 51(2): 136-141.

[26] Bhuyan LN, Agrawal DP. Generalized hypercube and hyperbus structures for a computer network[J]. IEEE Transactions on Computers, 1984, 100(4): 323-333.

[27] Li D, Guo C, Wu H, et al. Scalable and cost-effective interconnection of data-center servers using dual server ports[J]. IEEE/ACM Transactions on Networking, 2011, 19(1): 102-114.

[28] Shin JY, Wong B, Sirer EG. Small-world datacenters[C]. In: Proc. of the 2nd ACM SOCC. Cascais, 2011, 2-14.

[29] Kwon YC, Balazinska M, Home B, et al. SkewTune: mitigating skew in MapReduce applications[C]. In: Proc. of the ACM SIGMOD. Scottsdale, 2012, 25-36.

[30] Kwon Y, Balazinska M, Howe B, et al. Skew-resistant parallel processing of feature-extracting scientific user-defined functions[C]. In: Proc. of the 1st ACM SOCC. Indianapolis, 2010, 75-86.

[31] Kwon Y, Ren K, Balazinska M, et al. Managing skew in Hadoop[J]. IEEE Data Engineering Bulletin, 2013, 36(1): 24-33.

[32] Zaharia M, Borthakur D, Sarma JS, et al. Delay scheduling: a simple technique for achieving locality and fairness in cluster scheduling[C]. In: Proc. of the 5th ACM EuroSys. Paris, 2010, 265-278.

[33] Ananthanarayanan G, Ghodsi A, Wang A, et al. PACMan: coordinated memory caching for parallel jobs[C]. In: Proc. of the USENIX NSDI. San Jose, 2012, 267-280.

［34］ Chen Y，Alspaugh S，Borthakur D，et al. Energy efficiency for large-scale
MapReduce workloads with significant interactive analysis［C］. In：Proc. of the 7th
ACM EuroSys. Bern，2012，43-56.

［35］ Yu Y，Gunda PK，Isard M. Distributed aggregation for data-parallel computing：
interfaces and implementations［C］. In：Proc. of the 22nd ACM SOSP. Big Sky，
2009，247-260.

［36］ Kou L，Markowsky G，Berman L. A fast algorithm for Steiner trees［J］. Acta
Informatica(Historical Archive)，1981，15(2)：141-145.

第 8 章
关联性流量 Shuffle 的协同传输管理

在第 7 章介绍了关联性流量 Incast 的网内聚合之后，本章介绍如何将关联性流量 Shuffle 原本在诸多接收端执行的流量聚合操作推送到网络传输环节中执行，通过降低网络内的流量，从而高效地利用网络资源。首先，针对新型数据中心互联结构 BCube 中的 Shuffle 流量进行网内聚合问题的建模，并提出两种近似方法来高效构建 Shuffle 聚合子图，依据该结构进行流量的协同传输可有效实现预期的网内聚合。本章还介绍了基于 Bloom 滤波 (Bloom filters) 的可扩展流量转发模式，从而为大量并存的 Shuffle 传输实现各自预期的网内聚合效果。尽管本章选用 BCube 为依托的网络互联结构，但是提出的关联性流量 Shuffle 的网内聚合理念适用于其他类型的数据中心网络互联结构。

8.1　引言

近年来的研究表明，MapReduce[1]等大规模分布式计算系统的相邻计算阶段之间存在着普遍的多对多 Shuffle 传输，其大量的中间数据传输使得内部网络带宽日益成为当前数据中心的瓶颈。为提高数据中心的网络性能，学术界和工业界提出了 BCube[2]等新型的网络互联结构。但是与增加网络容量的方法相比，有效利用数据中心的现有网络带宽更为重要。

与第 7 章类似，本章将在数据传输层面控制数据中心内东西向数据流的行为，通过降低网络内传播的流量从而高效地利用网络资源。多对多的 Shuffle 和多对一的 Incast 是最常见的数据传输方式，文献[3]曾论述这两种传输方式在数据中心内占据了约 80% 的东西向流量，对应用程序的性能造成了严重的影响。如第 7 章所述，在 Shuffle 传输中从所有发送端到同一接收端的数据流之间是高度关联的。例如，MapReduce 作业的每一个 reducer 都拥有唯一的值域划分，并对每个 mapper 的输出根据其值域进行聚合运算。这些聚合函数可以是 SUM、MAX、MIN、COUNT、TOP-K、KNN 等。有研究表明，在 Facebook 的 MapReduce 作业中聚合后的输出数据比输入数据减少了 81.7%[4]。

为了降低产生的网络流量，从而有效地利用可用网络带宽，本章将对 Shuffle 数据流的聚合运算推送到网络中展开，而不仅仅在接收端完成。本章首先探讨以服务器为核心的新型数据中心结构 BCube 下实施 Shuffle 网内流量聚合的可行性，然后对 Shuffle 传输的网络聚合问题进行建模。针对如何最大化 Shuffle 传输的网内聚合增益这一 NP 难问题，本章提出了两种近似方法来高效地构建 Shuffle 聚合子图，分别为基于 IRS 和基于 SRS 的方法。在此基础上，本章进一步设计了基于 Bloom 滤波的可扩展转发机制，从而能够在大量并发的 Shuffle 传输中实现数据流的网内聚合。

通过原型实现及模拟实验佐证 Shuffle 传输的网内聚合方法能够有效地降低网络流量并节省数据中心的网络资源。事实上，对于拥有 120 台服务器的 BCube$(6,k)$ $(2 \leqslant k \leqslant 8)$ 数据中心来说，基于 SRS 的方法在小规模 Shuffle 传输中能够平均节省 32.87% 的网络流量；而对于拥有 262144 台服务器的大规模 BCube$(8,5)$ 数据中心来说，基于 SRS 的方法在拥有 100~3000 成员的 Shuffle 传输中能平均节省 55.33% 的网络流量。尽管该方法是以 BCube 结构为背景提出来的，但在简单修改后可适用于其他以服务器为核心的网络互联结构。

8.2　Shuffle 传输网内聚合

8.2.1　问题建模

令图 $G=(V,E)$ 代表数据中心的网络互联结构，其中 V 为点集，E 为边集。图中的点 v 代表数据中心内的交换机或服务器，边 (u,v) 代表点 u 到 v 的连线，其中 $u,v \in V$。

定义 8.1　一项 Shuffle 传输包含 m 个发送端和 n 个接收端，其中任意发送端 i 和接收端 j 间都存在数据流$(1 \leqslant i \leqslant m, 1 \leqslant j \leqslant n)$。一项 Incast 传输则包

含 m 个发送端以及 n 个接收端中的某一个。从而一项 Shuffle 传输可看作是由 n 个共享相同的发送端而接收端不同的 Incast 传输构成。

在大部分计算框架中，一项 Shuffle 传输的诸多数据流之间存在高度的关联性。更准确地说，对于一项 Shuffle 传输中的任意一个 Incast 传输来说，其 m 个数据流的键值对共享相同的值域空间。出于这个原因，每个接收端往往对其全体输入数据流执行某些聚合函数，如 SUM、MAX、MIN、COUNT、TOP-K 和 KNN。例如，在 Facebook 的 MapReduce 作业中每个接收端聚合后的输出数据大小比输入数据减少了 81.7%[4]。

如果将这些聚合操作引入到数据流的网络传输环节，则能够在数据流的 Shuffle 阶段执行原本在 reduce 阶段的运算任务，从而能显著减少上层应用在 Shuffle 阶段传输的流量。本章首先从只有一个接收端的最简单的 Shuffle 传输（即 Incast 传输）开始，然后再讨论一般的 Shuffle 传输。给定由唯一接收端 r 和 m 个发送端组成的 Incast 传输，从发送端到接收端的路由路径实际上已构成一棵聚合树。值得注意的是，在 BCube 等数据中心网络中往往存在许多这样的聚合树。虽然理论上任何树状拓扑结构都可以实现流量的网内聚合，但是不同的树状拓扑结构可获得的流量聚合增益不同。因此，如何生成一个能最小化给定 Shuffle 传输造成的网络流量的聚合树是所面临的首要挑战。

给定 BCube 中任意 Incast 传输的一棵聚合树，我们定义所有边的权值总和为该聚合树的代价指标，即 Incast 树中除接收端以外的所有节点输出流量的总和。BCube 采用传统的交换机，因此整个网络互联结构中只有服务器可支持数据流的网内缓存和聚合。因此，给定聚合树中的一个节点如果要担当聚合节点的角色，则其必须是服务器而且至少有两个数据流在此交汇。在聚合节点处，交汇的全体输入数据流会被聚合为一条新的数据流，其将替代全体输入数据流继续沿着聚合树向接收端传输。而在非聚合节点处，不对输入的数据流进行聚合操作，因此其输出的数据流大小是所有输入流的大小之和。代表交换机的节点都属于非聚合节点。不失一般性，我们假设所有发送端生成的流量均为 1MB，由此，Incast 聚合树的代价便可被标准化。此时，聚合节点输出链路的权值为 1，而非聚合节点输出链路的权值等于其输入数据流的总量。

定义 8.2　对于 Incast 传输而言，最小聚合树问题是在图 $G=(V,E)$ 中找到能够覆盖所有 Incast 成员且总体代价最小的连通子图。如第 7 章所证明，在 BCube 网络中为一个 Incast 传输构造最小聚合树是 NP-hard 问题。

定理 8.1　给定 BCube 网络中的任意一个 Incast 传输，构造最小聚合树（minimum aggregation tree）是 NP 难问题。

与 Incast 传输的最小聚合树近似的问题是 multicast 传输的斯坦纳最小树(Steiner minimum tree，SMT)问题。当前，针对 SMT 问题已经提出了许多近似算法，这些算法的时间复杂度普遍达到 $O(m \times N^2)$，其中，m 是参与 Incast 传输的成员数量，N 是数据中心内所有服务器的数量。但是对于拥有上万乃至数十万服务器的大规模数据中心来说，这些近似算法的时间复杂度仍然过高，不能满足 Incast 聚合树的实时构造需求。另一方面，这些算法均针对通用网络结构而设计，不能很好地利用各种新型数据中心互联结构的内在拓扑优势。为此，本章在 8.2.2 节提出了一种利用 BCube 拓扑特征的 Incast 树高效构造方法，其时间复杂度是 $O(m \times (\log N)^3)$。

定义 8.3 对于 Shuffle 传输来说，最小聚合子图(minimum aggregation subgraph)问题是在 $G=(V,E)$ 中找到能够覆盖所有 Shuffle 成员且总体代价最小的连通子图。

由于一项 Shuffle 传输通常由多个 Incast 传输所构成，且 BCube 结构中 Incast 传输的最小聚合树问题是 NP 难的。因此，不难证明 BCube 中 Shuffle 传输的最小聚合子图问题也是 NP 难的。

事实上，一项 Shuffle 传输的聚合子图构造好之后，一旦发送端的数据准备好，数据将沿着 Shuffle 子图传递给各自的接收端。当数据流途经某个聚合服务器时，所有的数据包都将被缓存。当等待的数据流全部到达后，该聚合服务器将立即执行这些关联性数据流的聚合运算。令聚合服务器执行数据流聚合的行为会增加额外的处理等待延迟，但是网内流量聚合能显著减少后续要传输的网络流量，而且把原本在 Reduce 端的延迟分摊到了聚合服务器中。因此，相关作业的整体完成时延仍会有所降低，这一点将在后续实验部分得到证明。

8.2.2 Incast 聚合树的构造方法

事实上，在第 7 章中我们已经介绍了构建 Incast 最小代价聚合树的两种近似方法。考虑到 Shuffle 传输的一些新特性，本章在第 7 章的基础上提出了一种新的 Incast 最小代价聚合树的近似构造方法，即基于 IRS 的方法，该方法同样充分利用了 BCube(n,k) 互联结构的内在拓扑特征。为便于理解，我们将详细解说该方法的构建过程。

在链路资源丰富的数据中心网络内，任意一对服务器之间都存在许多条可用单播路径。例如，在 BCube(n,k) 中，如果任意一对服务器的标识符在 $k+1$ 个维度上存在差异，则二者之间存在 $k+1$ 条平行不相交路径。在传统的 Incast 传输模式下，每个发送端从 $k+1$ 条路径中随机地选择一条路径，然后各个发送端以单播的形式将数据流独立地传输给接收端。如图 8-1(a)所示,一个 Incast 传输的全体发送端的单播路径组合构成了一棵基于单播的聚合树。显然,这种方法可获得的网内流量聚合增益并不大。

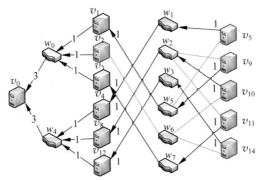

(a) 代价为 22、链路数为 18 的聚合树

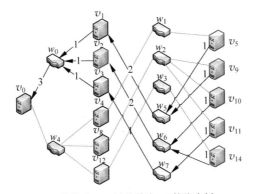

(b) 代价为 16、链路数为 12 的聚合树

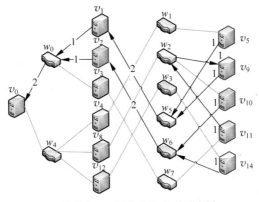

(c) 代价为 14、链路数为 11 的聚合树

图 8-1　BCube(4,1)互联结构中给定 Incast 传输的不同聚合树

　　这促使我们思考:在 Incast 的发送端和接收端的标识符以及数据中心网络互联结构已知的前提下,是否能够以某种简便、高效的方法来构建代价较小的聚合树? 假设 BCube(n,k) 中某个 Incast 传输由 m 个发送端和 1 个接收端组成,用 d 表示接收端和任意发送端之间的最大汉明距离,$d \leqslant k+1$。不失一般性,我们假设 $d=k+1$。与第 7 章类似,Incast 传输的聚合树可被扩展为 $d+1$ 级的有向多级图,其中阶段 0 只包含接收端,而与接收端互为 j 跳邻居的发送端都必须出现在阶段 j。仅仅由这些发送端和接收端显然难以形成一个连通子图,还需要确定每个阶段应包含的服务器最小集合,从而确保整体上形成连通图。此外,由于相邻服务器共同互连的交换机都可根据这两台服务器的标识符唯一确定,因此本章依然不考虑交换机的选取问题。

　　确定每一阶段服务器的最小集合是构建最小聚合树的一种有效的近似方法。对于每一阶段来说,每台服务器的全体输入流都将被聚合成一个新流,因而服务器的数量越少,注入网络中的数据流也就越少。如果阶段 $j(1 \leqslant j \leqslant d)$ 的服务器集合已经给定,我们能利用 BCube(n,k) 的拓扑特征推断出阶段 $j-1$ 需要的服务器。考虑到对阶段 j 的任意服务器来说,其在阶段 $j-1$ 上有 j 个互为 1 跳的邻居。如果阶段 j 的服务器从其位于阶段 $j-1$ 的 j 个邻居中随机挑选其一,则最终生成一个单播驱动的 Incast 聚合树。

　　我们的核心思想在于为阶段 j 上尽可能多的服务器找到位于阶段 $j-1$ 的某个共同的一跳邻居。如此一来,位于阶段 $j-1$ 的服务器数量将显著减少,进而造成的网络流量也相应减少。实际应用中,我们按照如下方式从阶段 d 到阶段 1 识别出各个阶段上最小规模的服务器集合。

　　我们首先考虑 $j=d$ 的设定,此时位于阶段 j 的服务器集合由与接收端互为 d 跳邻居的发送端组成。在定义路由符号 $e_j \in \{0,1,\cdots,k\}$ 之后,我们将阶段 j 上的全体服务器进行分组,其中同一组内的服务器之间互为维度 e_j 上的 1 跳邻居。也就是说,同一组内的服务器的标识符仅在维度 e_j 上不同。每个组内的全体服务器与阶段 $j-1$ 的某个共同的 1 跳邻居服务器相连,该服务器将成为聚合服务器,负责将来自该组内全体服务器的数据流进行聚合,这种聚合方式称为**阶段间聚合**(inter-stage aggregation)。一个阶段 j 分组内的全体服务器和其阶段 $j-1$ 的共同邻居,除了维度 e_j 外所有其他维度的标识符都相同。不难发现,一个阶段 j 的分组在阶段 $j-1$ 的共同邻居的标识符和接收端的标识符在维度 e_j 上是相同的。因此,阶段 j 的分组数量等于在阶段 $j-1$ 追加的服务器数量。这些新追加的服务器和原本位于阶段 $j-1$ 的发送端合并后,共同形成了阶段 $j-1$ 的服务器集合。如图 8-1(b)所示,根据路由符号 $e_2=1$,阶段 2 的所有服务器可被分为 3 组,分别为 $\{v_5,v_9\}$,$\{v_{10},v_{14}\}$ 和 $\{v_{11}\}$。这 3 个分组在阶段 1 的邻居服务器则分别为 v_1,v_2,v_3。

在此基础上,我们发现阶段 $j-1$ 的服务器数量还有机会被进一步减少。原因在于:有些分组内的服务器数量只有 1 个,这样的分组内没有流量聚合的机会。例如,图 8-1(b)中服务器 v_{11} 单独作为一组,因此从发送端 $\{v_{11}\}$ 到接收端的传播过程中都未能进行流量聚合。

为此,我们进一步提出阶段内聚合(intra-stage aggregation)的概念。在根据路由符号 e_j 将阶段 j 的所有服务器进行分组后,对于只有一台服务器且其在阶段 $j-1$ 的邻居不是发送端的分组来说,这个分组在阶段 $j-1$ 的邻居服务器不能执行此前提出的阶段间聚合。在阶段 j,该分组中唯一的服务器在维度 e_j 上没有 1 跳的邻居,但在同阶段可能存在其他维度 $\{0,1,\cdots,k\}-\{e_j\}$ 的 1 跳邻居。在这种情况下,该服务器不再将数据流直接传送给阶段 $j-1$ 的邻居服务器,而是传送给位于阶段 j 的其他 1 跳邻居服务器。被选择的邻居服务器将聚合所有输入的数据流以及其自身产生的数据流,这种聚合方式称为数据流的**阶段内聚合**。

对于阶段 j 中只有唯一服务器的分组而言,这种阶段内聚合的方式可以进一步降低聚合树的代价。无论是阶段间转发还是阶段内转发,由于交换机的存在,故其 1 跳转发的代价均为 2。尽管由于额外引入的 1 跳阶段内转发增加的代价为 2,但是避免了阶段间转发造成的至少为 4 的代价。因为阶段 j 中孤立分组产生单个数据流,其在后续传递过程中遇到的首个聚合服务器最早位于阶段 $j-2$ 甚至更靠后。例如,如图 8-1(b)所示,阶段 2 的服务器 v_{11} 沿着维度 $e_2=1$ 在阶段 1 上没有邻居担任发送端,但沿着维度 0 在阶段 2 有两个邻居 v_9 和 v_{10}。如果服务器 v_{11} 将 v_9 或 v_{10} 选作中继节点,则图 8-1(b)所示的聚合树可被优化为图 8-1(c)所示的聚合树。如此转变使得聚合树的代价减少 2,所占用的链路数量减少 1。

至此,阶段 j 的所有服务器根据路由符号 e_j 划分为不同的分组之后,阶段 $j-1$ 上的服务器集合可被确定,而且从阶段 $j-1$ 传送到阶段 $j-2$ 的数据流数目等于阶段 $j-1$ 上服务器的总数目。受此启发,我们可将上述方法运用到路由符号 e_j 的其他 k 种设置中,从而为阶段 $j-1$ 推算出其他 k 个可选的服务器集合。在全体 $k+1$ 个候选的服务器集合中,我们选择其中规模最小的一个集合。此时,从阶段 j 输出的数据流在相邻的阶段 $j-1$ 可以获得最大的网内聚合增益。此时,e_j 对应的取值被标记为阶段 j 的最佳取值。

一旦推断出 $j-1$ 阶段的最小服务器集合,则可进一步求得该阶段路由符号 e_{j-1} 的最佳取值,并进而求得相邻 $j-2$ 阶段的最小服务器集合。以此类推,最后所有 $k+2$ 个阶段的服务器集合和相邻阶段间的有向路径组成了一棵 Incast 最小聚合树。同时也识别出各个阶段对应的最佳路由符号。这种方法称为基于 IRS 的 Incast 聚合树构造方法。

定理 8.2　对于 BCube(n,k) 中包括 m 个发送端的 Incast 传输来说,基于 IRS 的 Incast 聚合树构造方法的时间复杂度为 $O(m\times(\log N)^3)$,其中,$N=n^{k+1}$,表示 BCube(n,k) 中服务器的总数量。

证明:基于 IRS 的 Incast 树构造方法最多分别考虑 k 个阶段,即从阶段 $k+1$ 到阶段 2。给定路由符号 e_j 后,阶段 j 的服务器可通过如下过程实现分组:对处于阶段 j 的任意服务器,我们提取其标识符中除 e_j 维之外的其他部分,获得的新标识符表征这台服务器所在的分组,然后将该服务器添加到这个分组中。上述分组过程的计算开销与阶段 j 的服务器数量成正比。由于每阶段的服务器数量绝对不会超过该 Incast 的发送端总数 m,所以其时间复杂度为 $O(m)$。考虑到算法最多运行 k 个阶段,因此综上所述,该方法的时间复杂度是 $O(m\times k)$。

在基于 IRS 的构造方法中,我们对 e_{k+1} 的 $k+1$ 种取值均执行了一遍相同的操作。为阶段 k 生成 $k+1$ 组服务器集合,然后从中选出最小的服务器集合和 e_{k+1} 的最佳设定所需要的计算开销为 $O((k+1)^2\times m)$。总体来看,阶段 $k+1$ 的计算开销为 $O((k+1)^2\times m)$。在阶段 k,基于 IRS 的方法实际上仅从 k 组服务器集合中为阶段 $k-1$ 选择最小的服务器集合。这是因为 e_{k+1} 已经占用了集合 $\{1,2,\cdots,k+1\}$ 中的某个值,e_k 只剩下 k 个可选的取值。因此阶段 k 的计算开销为 $O(k^2\times m)$。考虑到算法最多运行 k 个阶段,因此综上所述,基于 ARS 方法的时间复杂度是 $O(k^3\times m)$,其中,$k=\log N$。定理得证。　　□

8.2.3　Shuffle 聚合子图的构造方法

对于 BCube(n,k) 中的任意 Shuffle 传输,令 $S=\{s_1,s_2,\cdots,s_m\}$ 和 $R=\{r_1,r_2,\cdots,r_n\}$ 分别表示发送端集合和接收端集合。一种直观的 Shuffle 聚合子图的构造方法是:利用基于 IRS 的方法为每一个接收端和全体发送端分别构建一棵 Incast 聚合树,全部 n 个 Incast 聚合树合并为一个 Shuffle 子图。这样的方法称为基于 Incast 的 Shuffle 聚合子图构造方法。该 Shuffle 子图由 $m\times n$ 条路径组成,沿着这些路径 Shuffle 传输中的所有流量都可被成功地转发。如果采用基于单播的方法为每个 Incast 传输构造 Incast 聚合树,则产生的

n 个 Incast 聚合树合并所得结果称为基于单播的 Shuffle 聚合子图。

我们发现,上述方法产生的 Shuffle 聚合子图还有很大的优化空间。事实上,在 BCube(n,k) 中任意一台服务器都存在 $(k+1) \times (n-1)$ 个 1 跳的相邻服务器。对于任意接收端 $r \in R$,接收端集合 R 中可能存在 r 的某些 1 跳邻居。这一事实促使我们思考是否以 r 为根的 Incast 聚合树能被重复利用,从而为 R 中它的某些 1 跳邻居捎带对应的数据流。也就是说,假设两个接收端 r_1 和 r 互为 1 跳邻居,则发送端要发送给接收端 r_1 的数据流将沿着接收端 r 的聚合树首先被传递到 r,再由 r 经 1 跳转发给 r_1。采用这样的方式,Shuffle 传输能够显著地重复利用一些 Incast 聚合树。这与基于 Incast 的 Shuffle 聚合子图相比,占用了更少的数据中心资源,包括较少的物理链路、服务器和交换机。上述基本理念在定义 8.4 中被建模为一个 NP-hard 问题。

定义 8.4　对于 BCube(n,k) 中的任意 Shuffle 传输来说,接收端的最小聚类问题是指如何将全体接收端划分成最少的分组,且同时满足以下两个限制条件:①任何两个分组的交集是空集;②在同一个分组内,接收端之间互为 1 跳的邻居。

事实上,定义 8.4 可被松弛为在图 $G' = (V', E')$ 中寻找一个最小支配集 (minimal dominating set,MDS),其中,V' 表示 Shuffle 传输中全体接收端的集合,对于任意的 $u, v \in V'$,如果 u 和 v 互为 BCube(n,k) 中的 1 跳邻居,那么边 (u,v) 存在于集合 E' 中。采用这种方式,MDS 的每个成员与其邻居形成一个组。然而,任何两个这样的组中可能享有共同的成员,这正是最小支配集和定义 8.4 中的最小聚类问题的不同之处。众所周知,最小支配集是 NP 难问题。同时,不难证明:给定 Shuffle 传输的全体接收端的最小聚类问题也是 NP 难问题。因此,我们提出了一种高效的算法来逼近该问题的最优解决方案,具体如算法 8-1 所示。

算法 8-1　图 $G' = (V', E')$ 中节点的聚类算法

要求:$G' = (V', E')$,V' 包含 n 个节点

1:令 groups 为空集;

2:**while** G' 非空 **do**

3:　计算 V' 中所有节点的度数;

4:　找到其中拥有度数最大的节点,该节点与其邻居节点形成一个分组,

　　然后该分组加入到 groups 中;

5:　将所得分组的全体成员和相关边从 G' 中删除。

该算法的基本思想是：首先计算图G'中每个节点的度数，并且找到度数最大的节点。这样的一个节点（头节点）与其邻居形成一个最大的分组。然后，从G'中移除这个分组中所有的点和与之相关的边，这将对G'中每个剩余节点的度数产生影响。上述步骤将不断重复直到G'为空。通过算法 8-1 可以将 Shuffle 传输的全体接收端划分成一系列不相关的分组。令a表示这些分组的个数。

我们定义 Shuffle 传输中从m个发送端到一组接收端$R_i = \{r_1, r_2, \cdots, r_g\}$的代价为$C_i$，其中，$\sum_{i \geqslant 1}^{a} |R_i| = n$。不失一般性，我们假设这一组接收端中的头节点为$r_1 (r_1 \in R_i)$。令$c_j$表示从$m$个发送端到$R_i$中接收端$r_j$的聚合树的代价，其中，$1 \leqslant j \leqslant |R_i|$，而且该聚合树由基于 IRS 的构造方法生成。这样一个 Shuffle 传输的总代价严重依赖于该组接收端R_i的入口点的选取。具体情形如下：

（1）若头节点r_1作为该组接收端的入口点，则$C_i^1 = |R_i| \times c_1 + 2(|R_i| - 1)$。此时，全体发送端传递给组内成员的数据流，将首先沿着面向r_1的聚合树被逐步传递给r_1。随后，部分数据流再按需转发给r_1在组内的 1 跳邻居。考虑到两台服务器之间通过交换机相连，因此这样的转发操作额外增加的代价为 2。

（2）若接收端r_j作为入口点，则$C_i^j = |R_i| \times c_j + 4(|R_i| - \beta - 1) + 2 \times \beta$。此时，全体发送端传递给组内成员的数据流，将首先沿着面向r_j的聚合树被逐步传递给r_j。随后，r_j再将部分数据流按需转发给其β个 1 跳邻居，其中包括头节点r_1，每个额外的 1 跳转发新增的代价为 2。最后，r_j还将其他数据流通过头节点r_1中继传递给其他$|R_i| - \beta - 1$个间隔 2 跳的接收端。显然，每次这种 2 跳转发新增的额外代价为 4。

当给定$C_i^j (1 \leqslant j \leqslant |R_i|)$后，由$m$个发送端和一组接收端$R_i = \{r_1, r_2, \cdots, r_g\}$构成的 Shuffle 传输代价由下式给出：

$$C_i = \min\{C_i^1, C_i^2, \cdots, C_i^{|R_i|}\} \tag{8-1}$$

同时，这组接收端R_i的最佳入口点也可被同时找到，但是该最佳入口点并不一定是其头节点r_1。据此，m个发送端到R_i中全体接收端的 Shuffle 聚合子图可被顺利构建。这种方法称为基于 SRS 的 Shuffle 子图构造方法。

我们进一步举例说明基于 SRS 构造方法的好处。考虑这样一个 Shuffle 传输，其发送端为$\{v_2, v_5, v_9, v_{10}, v_{11}, v_{14}\}$，接收端为$\{v_0, v_3, v_8\}$，而且$v_0$是这组接收端的头节点。图 8-1(c)、图 8-2(a)和图 8-2(b)展示的是基于 IRS 方法为根节点v_0, v_3和v_8分别构造的聚合树。如果选择头节点v_0作为这组接收端的入口点,则生成的 Shuffle 子图的总代价为 46。当入口点选择为 v_3 或者 v_8 时,生成的 Shuffle 子图的总代价分别为 48 和 42。因此,对于这组接收端 $\{v_0,v_3,v_8\}$ 来说,最佳入口点应该是 v_8,而不是其中的头节点 v_0。

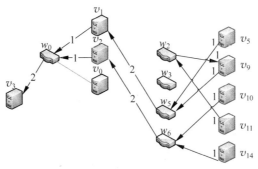

(a) 代价为 14、链路数量为 11 的聚合树

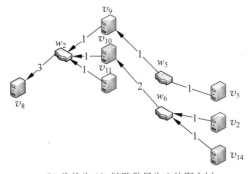

(b) 代价为 12、链路数量为 9 的聚合树

图 8-2　两种 Incast 传输聚合树,二者具有相同的发送端以及不同的接收端

按此方法,我们能够找到 α 组接收端中各组的最佳入口点以及面向各组的 Shuffle 聚合子图。这 α 个 Shuffle 聚合子图组合之后形成了从 m 个发送端到 n 个接收端的最终 Shuffle 聚合子图。因此,整个 Shuffle 聚合子图的总代价为

$$C = \sum_{i \geqslant 1}^{\alpha} C_i \, 。$$

8.2.4　Shffule 聚合子图的容错性能

在数据中心内,链路、服务器和交换机的失效都有可能会对任意 Shuffle 聚合子图造成一定的影响,而如何使得该聚合子图具备一定的容错能力则变得至关重要。首先,我们获知 BCube 互联结构的容错路由协议已经为任意一对服务器间提供了一定数目的平行不相交路径。由于链路或交换机的失效,阶段 j

的某台服务器可能不能向其父节点发送数据流。在这种情况下,该服务器会沿着另一条不相交路径向其阶段 $j-1$ 的父节点发送数据流,新路径将绕过上述失效的路径。

如果父节点服务器失效,导致某服务器不能成功发送数据流给其父节点服务器,则利用其他备用路径到达该父节点服务器也于事无补。此时,如果失效的父节点不是聚合服务器,则数据流可沿其他路径被重路由到下一个聚合服务器或者接收端。如果失效的父节点是聚合服务器,则失效节点可能已经接收并存储了发送端传来的中间数据。这样,对于有数据流流经此节点的发送端,需要沿着其他不相交路径重新传递数据流到下一个聚合服务器或者接收端。

8.3 支持数据流网内聚合的可扩展转发策略

本章首先论述如何采用一种通用的转发模式来实现基于 Shuffle 聚合子图的数据流网内聚合功能。在此基础上,我们提出了两种扩展性和实践性更强的转发模式,二者分别在交换机层面和数据包内部采用了 Bloom 滤波技术。

8.3.1 通用的转发模式

随着类似 MapReduce 的分布式计算框架的应用变得日益广泛,大量提交类似 MapReduce 作业的用户迫切需要共享使用整个数据中心。假设 β 是数据中心内同时运行的上述类型的作业总数。每个作业会有一个 JobTracker 负责管理相关 Shuffle 传输中的 m 个 Map 任务和 n 个 Reduce 任务的位置。这个 JobTracker 作为 Shuffle 传输的管理器,能够调用本章提出的 SRS 构造方法计算出一个有效的 Shuffle 聚合子图。由于一个 Shuffle 传输能被分解为 n 个 Incast 传输,故一个 Shuffle 聚合子图内应包含有 n 棵 Incast 聚合树。作业的 id 和接收端的 id 组合后用来唯一标识对应的 Incast 传输和 Incast 聚合树。这样,我们便能够明确区分一个作业内不同的 Incast 传输,甚至区分不同作业产生的 Incast 传输。

给定一棵 Incast 聚合树,其涵盖的全体服务器和交换机通过如下操作可执行数据流的网内聚合。如果任意一个发送端(叶节点)的输出数据已经准备好,且其本身并不是聚合服务器,则该发送端将沿着该聚合树发送数据流。当任意数据流到达一个聚合服务器后,所有的数据包都将被缓存。当该聚合服务器的所有子节点(包括该聚合服务器自己)的数据流均到达后,其将对这些数据流执行如下聚合操作。首先对全体数据流的(key, value)二元组按照相同的 key 进行分组,然后在每个分组内针对 value 的取值进行预定义的聚合操作,从而每个分组会被一个新的(key, value)二元组所替代。最终,该聚合服务器将用一个产生的新数据流替代全体输入数据流,并沿着该聚合树继续向给定的接收端传递。显然,在该聚合服务器上新产生的数据流的大小低于其全体输入数据流的大小之和。

为使得上述设计能够得到实际应用,我们仍需要考虑更多的技术细节。对于 Shuffle 传输中所包含的任意 Incast 传输来说,Shuffle 管理器将通知该 Incast 聚合树中的全体服务器和交换机,告知它们已加入该 Incast 传输。同时,所有设备都将被告知在对应 Incast 聚合树上其父设备的位置,并在路由表中新增路由条目以将该 Incast 传输的标识符关联到与对应父设备互连的接口。事实上,设备每个接口对应的路由条目是关于 Incast 传输标识符的一个列表。当服务器或交换机接收到带有 Incast 传输标识符的数据流时,将通过查询全体接口的路由条目来决定该数据流的转发方向。

尽管上述机制可以确保 Shuffle 传输中所有的数据流都将被成功地路由至目的地,但却不能有效地实现关联性数据流的网内聚合。实际上,在上述机制中,Incast 传输的数据流即使抵达聚合树中的聚合服务器也只是被单纯地转发,并没有执行聚合操作。而其根本原因在于,服务器仅根据路由项并不能判断其是否为聚合服务器,更无法知晓其所在聚合树中的全体子服务器。为解决这一问题,我们给每一台服务器都分配有相应的(id,value)值对,这个 id 值对记录了 Incast 传输的标识符 id 和该服务器在 Incast 聚合树中子服务器的数量。我们注意到,所有交换机都不是聚合节点,它只是负责转发所有接收到的数据流。

这样,当任意服务器接收到一条带有 Incast 传输标识符的数据流时,其全体(id,value)值对会针对该 Incast 的标识符进行检查,以判断是否要为了支持流量聚合而缓存当前数据流。换句话说,如果对应的(id,value)中 value 的取值超过了 1,则当前数据流应该被缓存。如果服务器收到某个 Incast 传输的数据流数量等于对应的 value 取值,则立即将同属于该 Incast 传输的全部数据流聚合为一条新流。随后,服务器将检查各个接口的路由表项以判定产生的新流应该从哪个接口被转发出去。如果路由表项的查询结果为空,则该服务器正是新流的目的服务器。如果数据流到达的是非聚合服务器,则该服务器不用进行任何缓存操作,只需检查所有的路由表项以确定该数据流应该从哪个接口被转发出去。

8.3.2　基于交换机内 Bloom 滤波的转发模式

考虑到经济性和可扩展性等因素,数据中心设计的一个趋势是使用大量的商用交换机实现内部网络的互联。这种低端交换机配备的 TCAM(ternary content addressable memory)这类快速存储器的空间相对较小,进而难以将大量 Incast 传输对应的路由信息都保存在 TCAM,进而难以同时支持大规模 Incast 传输的快速处理。为此,我们提出了两种基于 Bloom 滤波的 Incast 转发模式,分别被命名为基于交换机内 Bloom 滤波的转发模式和基于数据包内 Bloom 滤波的转发模式。

Bloom 滤波是一种用于对集合信息进行表示和集合成员关系判定的数据结构,由一个初始值为 0 的 m 位比特向量和一系列随机映射函数组成。当表示集合 X 的每个元素时,其使用 h 个独立不相关的 Hash 函数将该元素映射到上述二进制向量中的 h 个随机位置,并将对应位置的比特位赋值为 1。当需要判断一个元素 x 是否属于集合 X 时,不再需要查询对应集合的原始信息,只需要用相同的全体 Hash 函数将该元素映射到该比特向量中。如果全体映射比特位的取值都为 1,则认为 x 是集合 X 的成员。否则,则认为 x 一定不是集合 X 的成员。需要注意的是,一组 Hash 函数关于相同输入的输出结果存在发生碰撞的可能,这导致基于 Bloom 滤波进行集合成员关系判定时面临发生假阳性(false positive)误判的风险。具体而言,即使 x 不是 X 中的元素,也可能会被误判为其属于集合 X。理论上已经证明,Bloom 滤波产生假阳性误判的概率为 $f_p \approx (1-e^{-h \times n_0/m})^h$。文献[5]进一步证明,若 $h = (m/n_0) \ln 2$,则 f_p 可减小到 $0.6185^{m/n_0}$。

对于交换机内 Bloom 滤波来说,服务器或交换机的每一个接口都关联有一个 Bloom 滤波,用于对使用该接口的所有 Incast 传输的标识符进行表示和编码。如果某台交换机或服务器接收到一个带有 Incast 传输标识符的数据流,其全体端口关联的诸多 Bloom 滤波都将进行集合成员关系检查,以决定应该从哪个接口转发当前数据流。如果某服务器的上述检查结果为空,则该服务器即为接收端。如果数据流到达的是聚合服务器,则该服务器应首先检查其维护的全体(id,value)值对以决定是否缓存该数据流。当且仅当相关 value 的值为 1 或通过聚合缓存的数据流已经生成了一个新数据流时,该服务器检查其接口的全体 Bloom 滤波,以确定该数据流的正确转发方向。

引入 Bloom 滤波之后可显著压缩各台服务器或交换机的转发表,而且无论转发表的规模有多大都能在常量的时间复杂度内生成转发决策。事实上,检查每个接口关联的 Bloom 滤波只会产生相对稳定的延迟。这是因为,无论 Bloom 滤波编码了多少项元素,其查询操作只涉及到 h 个 Hash 函数运算及简单的比特位取值判定。相反,在传统的转发模式中,检查每个接口的路由条目通常会产生 $O(\log\gamma)$ 的延迟,其中 γ 表示该接口参与的 Incast 传输的数量。因此,Bloom 滤波在降低路由表项存储开销的同时,还能有效地降低服务器和交换机做出转发决策的时延。这两方面的优势非常有助于在数据中心中支持较大规模的 Incast 和 Shuffle 传输。

8.3.3　基于数据包内 Bloom 滤波的转发模式

考虑到 Shuffle 传输行为的动态性,无论是本章提出的通用转发模式还是基于交换机内 Bloom 滤波的转发模式都需要承担过大的管理成本。原因在于,数据中心应用层面新创建一个类似 MapReduce 的作业,必然会带来新的 Shuffle 传输和对应的 Shuffle 聚合子图。该 Shuffle 聚合子图中涵盖的所有服务器和交换机都应更新其路由项或相关接口的 Bloom 滤波。此外,一旦某个 MapReduce 作业完成,则其 Shuffle 复合子图中的全体服务器和交换机也需更新其路由表。为避免这种不可预测的动态行为带来的巨大更新代价,本章提出了基于数据包内 Bloom 滤波的转发策略。

给定一项 Shuffle 传输,我们首先使用提出的基于 SRS 的方法来为其构造出一个聚合子图。对于该 Shuffle 传输中的每一个数据流,新路由转发模式的基本思想是:将该数据流在聚合子图中的路径信息编码到每个数据包头部的 Bloom 滤波中。数据流的路由路径由一系列的链路首尾相接而成。例如,在图 8-1(c) 中,从发送端 v_{14} 到接收端 v_0 的一条路径可以表示成 $v_{14} \rightarrow w_6, w_6 \rightarrow v_2$, $v_2 \rightarrow w_0, w_0 \rightarrow v_0$。这些链路形成的集合可以通过 Bloom 滤波的输入操作[5,6]被编码。引入这种新方法后,服务器和交换机的各个端口不再需要维护专门的路由表或 Bloom 滤波。为了区别在相同 Shuffle 传输内不同 Incast 传输的数据包,数据流的全体数据包都携带对应数据流所在的 Incast 传输的标识符。

当交换机接收到一个带有 Bloom 滤波专用域的数据包时,则将检查其所有的链路以决定该数据包应该沿着哪条链路转发出去。而对于服务器,它应该首先检查所有的 (id,value) 值对来决定是否缓存这条数据流。若相关 value 变量的取值为 1,则该数据包将被直接转发。一旦服务器已经收集齐某个 Incast 传输的全体数据流,则这些数据流将被聚合为一条新数据流。例如,在图 8-2(b) 中,当服务器 v_{10} 接收到全体 value=3 的数据流后,这些数据流立即被聚合成一条新数据流。为转发这些数据包,服务器将针对数据包中携带的 Bloom 滤波对其各个邻居链路进行检查,从而判定数据包的正确转发方向。

基于 Bloom 滤波的成员关系判定存在发生假阳性误判的风险,因此基于 Bloom 滤波为数据包制定的转发决策也可能会造成假阳性转发。此时,该服务器会将数据包除了沿正确方法转发外,还会向另一个 1 跳邻居转发。考虑到数据包内的 Bloom 滤波只编码了其期望的路由路径信息,因此某个假阳性转发抵达其邻居后会被以很大的概率终止传播。此外,若是对 Bloom 滤波的相关参数设置加以限制,则在一个数据包的整个传播过程中发生的假阳性转发不多于 1 次。

BCube(n, k) 中 的 任 意 Shuffle 传 输,其 数 据 流 路 径 的 长 度 至 多 为 $2(k+1)$,即 BCube(n, k) 的网络直径。因此,每个数据包的 Bloom 滤波需要对 $n_0 = 2(k+1)$ 条链路信息进行编码。假设一条数据流沿着 Shuffle 聚合子图从阶段 i 传输到阶段 $i-1(1 \leqslant i \leqslant k)$,其中阶段 i 的服务器是接收端的 i 跳邻居,两者标识符有 i 维不同。当阶段 i 的服务器需要转发该数据流时,其只需检查自身的 i 个 1 跳邻居的对应链路,这些邻居同时也是接收端的 $(i-1)$ 跳邻居。在阶段 i 服务器面向下一阶段 $i-1$ 的全体 i 条链路中,数据包会沿着一条正确的链路抵达一个中间交换机,而其他 $i-1$ 条链路上会以一定的概率产生假阳性转发。沿着正确方向抵达的中间交换机有 n 条链路,其中只有 1 条链路与阶段 $i-1$ 的某台服务器相连,并且被编码进了数据包的 Bloom 滤波中。该中间交换机的其余 $n-2$ 条链路相连的服务器是距离接收端更远的 i 跳邻居。因此该交换机确定数据包的下一步转发方向时会自动忽略这 $n-2$ 条链路,从而在交换机处不会发生假阳性转发。

给定一个 Shuffle 聚合子图,数据包在到达接收端之前至多遇到 k 台服务器,并且以 f_p 的概率在至多 $\sum_{i=1}^{k-1} i$ 条链路处发生假阳性转发。因此,数据包在到达接收端前发生假阳性转发的总次数为

$$f_p \times \sum_{i=1}^{k-1} i = 0.6185^{\frac{m}{2(k+1)}} \times k \times (k-1)/2 \qquad (8-2)$$

这里,$n_0 = 2(k+1)$。若限定公式(8-2)的结果小于 1,则得到:

$$m \geqslant 2(k+1) \times \log_{0.6185} \frac{2}{k \times (k-1)} \qquad (8-3)$$

根据公式(8-3)我们可以计算得出每个数据包为 Bloom 滤波分配的空间大小。研究发现,即使数据中心的规模很大,参数 k 的值也总是较小。因此,每个数据包携带 Bloom 滤波所造成的额外负担也较小。

8.4　性能评估

8.4.1　原型实现

原型系统平台由以太网连接的 6 台服务器虚拟出的 61 台虚拟机(VM)构成。每台服务器配备有 2 个 8 核处理器,24GB 内存和 1TB 硬盘。其中 5 台服务器每台运行 10 个虚拟机,用作 Hadoop 的虚拟从节点(slave),另有 1 台服务器运行 10 个虚拟从节点和 1 个主节点(master)。每个虚拟从节点支持 2 个 Map 任务和 2 个 Reduce 任务。我们对 Hadoop 的设置进行了扩展,从而能够支持数据流的网内缓存和 Shuffle 传输的网内聚合。实验使用了 Hadoop 0.21.0 内置的字数统计作业(wordcount)。该作业的发送端(Map 任务)和接收端 (Reduce 任务)的数目都被设置为 60。实验给每个 Map 任务分配 10 个输入文件,每个文件 64MB。由此我们实现了一个从 60 个发送端到 60 个接收端的 Shuffle 传输。每个发送端执行 combiner 操作后,其向每个接收端输出平均大小约为 1MB 的数据流,每个接收端对全体输入流执行 count 函数。值得注意的是,当接收端采用其他类型的聚合函数时,如 SUM、MAX、MIN、Top-K 和 KNN 函数,引入数据流网内聚合后带来的优势同样明显。

为了在互联结构为 BCube$(6,k)$ $(2 \leqslant k \leqslant 8)$ 的数据中心内发起字数统计作业,对应 Shuffle 传输的全体发送端和接收端将被随机分配 $k+1$ 维的 BCube 标识符。随后,采用相应的构造方法,分别依次生成基于 SRS、基于 Incast 和基于 Unicast 的 3 种 Shuffle 聚合子图。我们的测试床平台进而模拟实现 BCube$(6,k)$ 的部分互联结构,并在概念层面实现了各种 Shuffle 聚合子图。至此,产生一个 Shuffle 聚合子图之后,其中的交换机设备被忽略并将子图中其他所有服务器节点映射到 60 个从虚拟机上,而主虚拟机则被用作 Shuffle 传输的管理器。这样,我们采用一种软件代理方式来模拟 Shuffle 子图的中间服务器,从而接收、缓存、聚合以及转发数据流。换言之,我们在层叠网(overlay network)层面实现了 Shuffle 传输。该 Shuffle 子图中相邻服务器之间的链路被映射为对应虚拟机之间的虚拟链路。我们要求映射到同一个虚拟机上的所有节点不能包含任何 Shuffle 子图中横跨相邻阶段的邻居对。因此,在进行 Shuffle 传输期间,同一虚拟机上的虚拟机代理间将不会产生局部通信。

在实验中,我们将针对 Shuffle 传播子图的多种构造方法进行对比分析,分别是基于 SRS 的构造方法、基于 Incast 的构造方法、基于单播的构造方法、基于斯坦纳树的构造方法以及当前不采用网内聚合的 Shuffle 传输方法。共评估了 4

个方面的性能指标,分别是完成一项 Shuffle 传输造成的网络流量、占用链路的数目、聚合服务器的数量以及每个接收端最终输入数据的大小。一个 Shuffle 传输造成的网络流量是指对应 Shuffle 传播子图中所有链路历经的流量总和。

基于斯坦纳树的 Shuffle 子图构造方法与基于 Incast 的构造方法类似,只是每棵 Incast 聚合树是由斯坦纳树算法获得。我们选用文献[7]中提出的斯坦纳树算法,其好处在于计算速度较快。另外,当前不执行网内聚合的 Shuffle 传输子图类似于文中提到的基于单播的 Shuffle 子图构造方法。

8.4.2 数据中心规模对聚合增益的影响

以 BCube$(6,k)$ 作为数据中心的网络互联结构,实验部署了一个包含 60 个发送端和 60 个接收端的 Shuffle 传输。在为其构造出各种不同的 Shuffle 聚合子图之后,度量了沿着不同聚合子图传输时典型性能指标方面的差异。图 8-3 反映了不同构造方法和数据中心规模下 4 项性能指标随 k 值增加的变化情况。

从图 8-3(a)可以看出,无论数据中心的规模如何变化,3 种采用网内聚合的方法均比当前不采用网内聚合的方法要好,都能在一定程度上减少该 Shuffle 传输造成的网络流量。表 8-1 进一步反映出本章提出的两种方法中,基于 SRS 的方法比基于 Incast 的方法可节省更多的网络流量。具体而言,基于 SRS 的方法、基于 Incast 方法、基于斯坦纳树的方法以及基于单播的方法在现有方法的基础上分别节省了 32.87%、32.69%、28.76%和 17.64%的网络流量。该结果表明,在 BCube$(6,k)$网络中即使对于小型的 Shuffle 传输,流量聚合方法依然能够获得较大的增益。

表 8-1   不同 k 值下两种方法的网络流量比较

Shuffle	$k=2$	$k=3$	$k=4$	$k=5$	$k=6$	$k=7$
SRS 方法	8544	12250	20102	25608	30806	37754
Incast 方法	8730	12298	20098	25606	30806	37754

同时,基于 SRS 的方法和基于 Incast 的方法比起基于单播的方法可以获得更大的聚合增益。这是因为,前两种方法的流量聚合是在单个或一组 Incast 传输协同传输的层面进行,而后者的流量聚合则是在各个数据流独立路由的层面进行。事实上,如图 8-3(c)所示,Incast 方法启用的聚合服务器数量随着 k 值的增加逐渐增加,但是单播方法启用的聚合服务器数量却呈现相反的走势。这样一来,Incast 方法总是比单播方法有更大的机会执行数据流的网内聚合。SRS 方法尽可能多地重用网内聚合增益最大的 Incast 树,因而对 Incast 方法

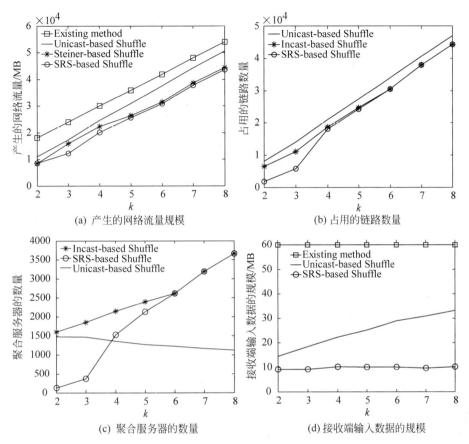

图 8-3　不同 BCube(6,k) 中 Shuffle 传输的 4 项指标的变化规律,其中发送端和接收端各为 60 个

起到了很大的改进作用,使得占用的聚合服务器和链路数量更少,如图 8-3(c)
和图 8-3(b)所示。值得注意的是,当 $k \geq 6$ 时 SRS 方法与 Incast 方法取得相同
的效果。原因在于,此时数据中心的规模过大,过少数目的接收端(如 60)在整
个数据中心内近似服从随机分布,这导致接收端之间几乎不存在互为 1 跳的邻
居。另外,如图 8-3(d)所示,SRS 方法能够大幅度降低接收端输入数据的大
小,从而减少作业 Reduce 阶段的时延。

综上所述,不论网络规模的大小,SRS 方法和 Incast 方法都能够很好地支
持小规模的 Shuffle 传输,产生更少的网络流量和更高的网络资源利用率。同
时,SRS 方法和 Incast 方法在一定程度上也能提升基于斯坦纳树方法的性能。
这是因为,前两种方法能够充分利用 BCube 数据中心的互联结构特性,尽管启
用的链路数量与基于斯坦纳树的方法相似,但却能形成更多的聚合服务器。

8.4.3　Shuffle 传输规模对聚合增益的影响

一个 MapReduce 作业有时包含几百甚至上千个 Map 和 Reduce 任务,因此需要评估上述多种子图构造方法在不同规模的 Shuffle 传输下获得的性能指标。由于测试平台的硬件资源受限,难以在其上执行大规模的字数统计作业,因此选择大规模模拟实验进行评估。具体而言,为获得包含 m 个发送端和 n 个接收端的 Shuffle 传输,其中,$m=n=50 \times i, 1 \leqslant i \leqslant 30$,我们创建了一个模拟的字数统计作业。该作业使用 Hadoop 内置的 RandomTextWriter 为每个发送端提供 64MB 的输入数据。发送端到接收端的平均数据传输量被控制在 1MB。图 8-4 显示了 4 种性能指标随 Shuffle 传输成员数量(即 $m+n$)的变化规律,其中,BCube(8,5)中的服务器总数为 262144,这对于一般的数据中心而言已足够大。

从图 8-4(a)可知,在 $m=n$ 从 50～1500 的变化过程中,SRS 方法、斯坦纳树方法、Incast 方法和单播方法比现有不采用网内聚合的方法平均分别节省了 55.33%、55.29%、44.89% 和 34.46% 的网络流量。并且,$m=n$ 值越大,这些方法的性能优势越明显。同时,从图 8-4(b)可知,SRS 方法比单播和 Incast 方法总是使用更少的链路,进而使用的服务器和网络设备数量也更少。

如图 8-4(c)所示,随着 Shuffle 传输规模的逐渐增大,Incast 方法比单播方法形成更多的聚合服务器,从而有更多的机会来执行数据流的网内聚合。这也解释了为什么 Incast 方法总是能够产生更少的网络流量。在此基础上,SRS 方法尽可能多地重用了代价最小的 Incast 树,从而比 Incast 方法占用更少的聚合服务器和链路,如图 8-4(c)和图 8-4(b)所示。除此之外,如图 8-4(d)所示,在各种规模的 Shuffle 传输配置下,SRS 方法都能够大幅降低接收端输入数据的大小,从而减少作业 reduce 阶段的时延。

综上所述,基于 SRS 和 Incast 的方法能够很好地适用于任意规模的 Shuffle 传输,且与单播等其他方法相比占用的数据中心资源及网络带宽更少。

8.4.4　聚合率对聚合增益的影响

此前我们曾假设经聚合后得到的新数据流的大小等于输入数据流大小的最大值。也就是说,所有输入流的主键集合是其中最大输入流主键的子集。本节将在更通用的 Shuffle 传输条件下评估基于 SRS 的方法。

考虑一般 Shuffle 传输中发送给同一个接收端的 s 个数据流,令 f_i 表示第 i 个数据流的大小($1 \leqslant i \leqslant s$);$\delta$ 表示任意多个数据流之间的聚合率,$0 \leqslant \delta \leqslant 1$,则

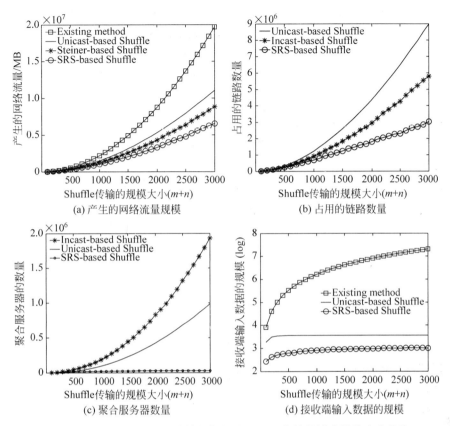

(a) 产生的网络流量规模

(b) 占用的链路数量

(c) 聚合服务器数量

(d) 接收端输入数据的规模

图 8-4　BCube(8,5)中 4 种性能指标随 Shuffle 传输规模递增的变化规律

这 s 个数据流经聚合后获得的新数据流的大小为

$$\max\{f_1,f_2,\cdots,f_s\}+\delta\times\Big(\sum_{i=1}^{s}f_i-\max\{f_1,f_2,\cdots,f_s\}\Big)$$

显然，无论此前 8.2 节的理论分析，还是上述的仿真评估都是建立在 $\delta=0$ 的基础上，此时数据流的网内聚合将获得最大的增益。但若 s 个数据流中任意两个数据流都不共享(key,value)键值对中的 key，则 $\delta=1$。在这种情况下，s 个数据流间的网内聚合将不能带来任何增益。在实际应用中，δ 的这两种极端取值都很少出现，因此需要在 $0\leqslant\delta\leqslant1$ 这种更通用情形下评估提出的网内聚合方法。

具体而言，我们以 BCube(8,5)网络互联结构为背景，在 δ 取值从 $0\sim1$ 的变化过程中分别评估基于 SRS、单播和其他 Shuffle 聚合子图构造方法所生成的网络流量。从图 8-5 可知，基于 SRS 的方法总是产生更少的网络流量。假设

随机变量 δ 的取值遵循均匀分布,则与其他两种方法相比,基于 SRS 的方法在 Shuffle 传输的两种设置下分别节省了约 28.78% 和 45.05% 的网络流量,如图 8-5(a)和图 8-5(b)所示。上述实验结果说明,无论 Shuffle 传输的规模如何设定,SRS 方法在聚合率 δ 的通用设置下总能取得更好的效果。

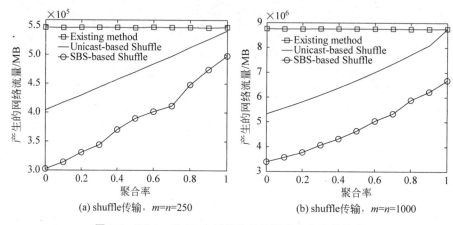

(a) shuffle传输, $m=n=250$ (b) shuffle传输, $m=n=1000$

图 8-5 BCube(8,5)内网络流量随聚合率变化的情况

针对更通用的 Shuffle 传输场景,我们进一步比较了 SRS 方法在是否采取网内聚合操作的两种情况下,二者在对应 MapReduce 作业的完成时间方面的差别。从图 8-6 可以看出,当聚合率接近 1 时,两种方法的完成时间一样,因为此时已不存在数据流的网内聚合机会。随着聚合率的逐渐降低,采取网内聚合操作的 SRS 方法在 Shuffle 和 reduce 阶段的完成时间要远远少于不采取网内聚合操作的 SRS 方法。

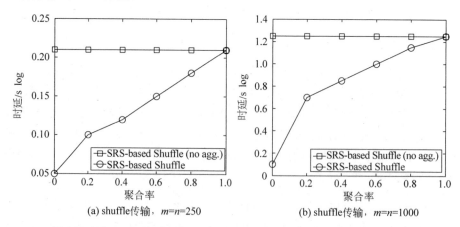

(a) shuffle传输, $m=n=250$ (b) shuffle传输, $m=n=1000$

图 8-6 BCube(8,5)内 Shuffle 和 Reduce 阶段时延随聚合率变化的情况

8.4.5　数据包中 Bloom 滤波的大小

在支持数据流网内聚合的 3 种转发模式中,本章更倾向于采用基于数据包内 Bloom 滤波的转发模式。该转发模式的缺点在于 Bloom 滤波的假阳性误判以及数据包中引入 Bloom 滤波域造成的额外开销。对于任意 Shuffle 传输的一个数据包,我们发现只要满足公式(8-3)的约束条件,则数据流在沿着基于 SRS 的 Shuffle 聚合子图转发的整个周期内都不会发生假阳性误判,进而不会造成假阳性误转发。

以 BCube$(6,k)$互联结构为背景,表 8-2 反映了不同 k 值下数据包内为 Bloom 滤波域所分配的空间大小。可以看到,随着 k 值的增加,Bloom 滤波所需存储空间也随之扩大,从而造成额外附加流量的增加。但从总量上看,即便在数据中心内服务器数量达到 279936 时,数据包内携带 Bloom 滤波造成的附加流量也才仅为 10 字节。

表 8-2　数据包内 Bloom 滤波域占用的最小空间(bits)

	$k=2$	$k=3$	$k=4$	$k=5$	$k=6$	$k=7$
Bits(m)	<19	19	38	58	79	102
BCube$(6,k)$	216	1296	7776	46656	279936	1679616

参考文献

[1] Condie T, Conway N, Alvaro P, et al. MapReduce online[C]. In: Proc. of the 7th USENIX NSDI. San Jose, 2010, 313-328.

[2] Guo C, Lu G, Li D, et al. BCube: a high performance, server-centric network architecture for modular data centers[J]. ACM SIGCOMM Computer Communication Review, 2009, 39(4): 63-74.

[3] Chowdhury M, Zaharia M, Ma J, et al. Managing data transfers in computer clusters with orchestra[J]. ACM SIGCOMM Computer Communication Review, 2011, 41(4): 98-109.

[4] Chen Y, Ganapathi A, Griffith R, et al. The case for evaluating MapReduce performance using workload suites[J]. In: Proc. of the 19th IEEE/ACM MASCOTS. Singapore, 2011, 390-399.

[5] Guo D, Wu J, Chen H, et al. The dynamic bloom filters[J]. IEEE Transactions on Knowledge and Data Engineering, 2010, 22(1): 120-133.

[6] Broder A, Mitzenmacher M. Network applications of bloom filters: a survey[J]. Internet Mathematics, 2005, 1(4): 485-509.

[7] Kou L, Markowsky G, Berman L. A fast algorithm for Steiner trees[J]. Acta Informatica (Historical Archive), 1981, 15(2): 141-145.

第 9 章
不确定关联性 Incast 的协同传输管理

虽然第 7 章和第 8 章已经详细论述了关联性流量 Incast 和 Shuffle 的网内聚合问题，但是仅仅考虑了这类问题产生之后的情况，即每条数据流在数据中心内的发送端与接收端位置已经确定不变。然而，很多数据中心应用面临计算节点和存储节点选择的多样性，不同的选择方案会导致对应的 Incast 表现出不同的发送端和接收端。这类关联性流量被定义为不确定性 Incast，与确定性 Incast 流量相比，其有机会获取更大的数据流网内聚合增益。本章首先深入剖析了不确定性 Incast 流量的网内聚合问题，并设计了相应的协同传输方法以获取尽可能大的数据流网内聚合增益，包括为 Incast 的各条数据流初始化发送端和构造 Incast 聚合树两个环节。数据流发送端初始化的目标是令初始化后的全体发送端形成最少数目的群组，从而每个群组输出的数据流在传输的下 1 跳网络设备上即可被全部聚合为一条新数据流。为了充分利用初始化环节产生的这种优势，本章提出了两种 Incast 聚合树的构建算法。实验结果表明，从减少网络流量和节省网络资源的角度来看，不确定性 Incast 传输要优于确定性 Incast 传输。

9.1　引言

关联性流量的网内聚合指的是将原本在接收端执行的聚合操作推送到网络传输环节执行。通过对一组关联性流量的传输路径进行协同设计,进而在流量交汇的网络设备上按照计划预期实现关联性流量的网内缓存和网内聚合,从而多项数据流被聚合为一个新的数据流继续在网内传输。从前两章的讨论可知,关联性数据流的聚合操作可大幅度减少整个传输环节造成的流量总和,节约数据中心的网络资源。在第 7 章讨论 Incast 传输的网内聚合问题时,任意 Incast 传输所包含的诸多关联性流量的发送端和接收端的位置是确定不变的,我们称这种方式为确定性 Incast 传输。在确定性 Incast 传输过程中,全体流量均按照设计的 Incast 最小代价聚合树进行协同传输,并通过在聚合节点上进行对应流量的缓存和聚合实现网内聚合的增益。

然而,在很多时候,Incast 传输的相关配置信息事先并不可知。很多数据中心应用面临着计算节点和存储节点选择的多样性问题,不同的选择方案会导致产生的 Incast 传输表现出不同的发送端和接收端。事实上,对于 Incast 传输而言,发送端和接收端所在的服务器并不需要特别地加以设置,满足一定约束条件的服务器均可作为发送端和接收端。以 Google 的文件系统为例,在该系统中文件被分成固定大小的块,每一块会被复制到多个块服务器上,默认情况下共有 3 个副本。为了获取数据局部性访问的优势,一个 Map 任务会被尽量调度到存储其输入数据的 3 台服务器中的某一台。这导致 Incast 传输面临着发送端的多样性问题,也就是说,发送端所在服务器的选择变得非常灵活。对于一项包含 m 条数据流的 Incast 传输而言,其 m 个发送端的选择面临 3^m 种可能的组合。类似地,接收端所在服务器的选择也会非常灵活。对于这种发送端和接收端都不能确定的 Incast 传输,我们将其定义为不确定性 Incast 传输,其比此前所说的确定性 Incast 传输更加具有通用性。在不确定性 Incast 传输中,每条数据流发送端的不确定性意味着它可以是一个发送端集合而不是某个唯一确定的发送端。与确定性 Incast 流量相比,这种传输方式有更多机会可直接降低每个 Incast 传输造成的网络流量。

本章的目标在于将关联性流量的网内聚合思想运用于不确定性 Incast 传输,进而最小化完成该 Incast 传输所造成的网络流量。在实际应用中,一个不确定性 Incast 传输需要被转化为任何可能的确定性 Incast 传输。这一组可能的确定性 Incast 传输可获得的网内聚合增益表现出很大的差异性。解决不确定性 Incast 传输网内聚合的一种简单方法是：采用第 7 章提出的网内聚合方法，将其运用于每种可能的确定性 Incast 传输，并从中选出网内聚合增益最佳的聚合树。然而，考虑到为单个确定性 Incast 传输找到最小 Incast 聚合树是 NP 难问题，因此这种方法的计算复杂度非常高，相当于求解一组规模很大的 NP 难问题。因此，此前提出的确定性 Incast 传输的网内聚合方法都无法适用于解决不确定性 Incast 的传输问题。

基于以上分析，本章为不确定性 Incast 传输提出全新的两阶段网内聚合方法，从而直接减少所造成的网络流量。在第 1 阶段，我们首先将不确定发送端的初始化选择问题建模为发送端最小化分组（minimal sender group，MSG）问题。一个不确定性 Incast 传输内，每条数据流从一组潜在的发送端中初始化选择一个发送端。全体数据流的最佳发送端形成一系列彼此不相交的分组，且每个分组内的发送端服务器互为 1 跳邻居。通过这种办法，无论接收端的位置如何选择，源自同一分组的数据流都可在某个 1 跳的邻居服务器上进行聚合，从而在传输过程中尽可能早地降低后续流量传输。在本章，我们提出两种有效的方法来解决 MSG 问题，分别为单维 MSG 方法（SD-based）和多维 MSG 方法（MD-based）。

在每条数据流的最佳发送端被选定并且接收端被随机初始化后，我们在第 2 阶段考虑如何在这些确定性的发送端和接收端之间构建 Incast 最小代价聚合树。第 7 章提出的 Incast 聚合树构建方法，由于不能充分利用 MSG 初始化方法的内在良好性质，从而导致无法获得最大的网内聚合增益。本章针对该问题提出了两种近似算法，分别是阶段间和阶段内算法。这两种算法能够高效地构建出网内聚合增益显著的 Incast 聚合树，部分原因在于其能充分利用多维 MSG 初始化方法产生的发送端分组结果。

本章的最后我们将通过原型系统以及大规模仿真实验验证上述方法的效果。实验结果表明，本章提出的方法能够对任意不确定性 Incast 传输实现网内聚合，从而显著减少所造成的网络流量传输，并降低对数据中心网络资源的消耗。在 Incast 最小代价聚合树构造方面，与面向确定性 Incast 传输的 IRS 方法相比，本章提出的阶段内和阶段间构造方法分别节省了 33.85% 和 27% 的流量。不难看出，阶段内方法比阶段间方法可获得更好的网内聚合效果。进一步地，如果对 Incast 传输的发送端和接收端在数据中心内的分布方式加以优化，则能降低更多的网络流量。

9.2　不确定性 Incast 传输的网内聚合问题

本节中,我们首先对不确定性 Incast 传输问题进行定义和阐述,然后对 Incast 数据流的聚合效果进行度量,最后讨论不确定性 Incast 传输的网内聚合问题。

9.2.1　不确定性 Incast 传输问题

令图 $G=(V,E)$ 代表数据中心,其中,V 为点集,E 为边集。图中的点 v 代表数据中心内的交换机或服务器,边 (u,v) 代表点 u 到 v 之间存在的连线,其中 $u,v\in V$。

如第 7 章和第 8 章所论述,MapReduce、Dryad、Pregel、Spark 等大规模分布式计算系统普遍存在大量计算阶段间的 Incast 传输,其大量的中间数据交互使得内部网络带宽日益成为数据中心的瓶颈之一。文献[1,2]针对关联性的 Incast 和 Shuffle 传输提出了一些优化传输方案,但是这些方法的共同出发点是解决确定性的 Incast 传输,即需要事先知道各条数据流的发送端和接收端的位置。

事实上,在大部分的 Incast 传输中每条数据流的发送端并非只能固定于某个位置。只要满足一定的约束条件,许多服务器都具备担当该数据流发送端的条件。如前所述,由于数据中心的文件系统采用了副本策略。在 Map 阶段,每项 mapper 任务可以被调度到其输入数据所在的某个块服务器,该服务器正是该 mapper 任务输出数据流的发送端位置。为便于表述,我们假设每条数据流都有 3 个发送端服务器可以选择。对于一项包含 m 条数据流的不确定性 Incast 传输而言,其 m 个发送端的初始化面临 3^m 种可能的组合。在 Reduce 阶段,reducer 可能会被调度到整个数据中心内任意空闲的服务器,从而可以更加灵活地为不确定性 Incast 传输选择接收端。基于以上分析可知,Incast 传输的每个发送端和接收端往往都指代某台服务器集合,而不是唯一确定的某台服务器。定义 9.1 将给出不确定性 Incast 传输的正式定义。

定义 9.1　不确定性 Incast 传输由 m 条数据流组成,每条数据流的不确定发送端分别表示为 $s_1,s_2,\cdots,s_m$,其共同接收端为 R。其中,不确定性发送端 s_i 表示服务器集合 S_i 中的任意一个成员都可以选为第 i 条数据流的发送端。同时,这 m 条数据流的共同接收端也存在不确定性,很多服务器都可被选为数据流的接收端。

从上述定义不难看出,一旦 m 条数据流的发送端和接收端被确定,则不确定性 Incast 传输问题退化为确定性 Incast 传输问题,在本章后续部分简称为 Incast 传输问题。但若只是发送端或者接收端被确定,则将得到弱不确定性 Incast 传输问题。

9.2.2　确定性 Incast 传输中的数据流网内聚合

对于数据中心的任意一项 Incast 传输,通过对其全体数据流进行网内聚合可以显著地减少网络流量,进而有效节省网络资源。具体而言,我们需要在图 $G=(V,E)$ 上构造一个 Incast 聚合树来融合从全体发送端到同一接收端的诸多单播路径。从各个发送端发出的数据流会各自沿着该 Incast 聚合树的某条路径抵达相同的接收端。当前,很多数据中心互联结构都能确保任意两个节点间存在多条等价路由路径,因此这两个节点间的数据流可以从中任选一条路径进行路由。对于含有 m 条数据流的 Incast 传输,如果每条数据流都有 α 条等价路由,则可以为其构造出 α^m 个可选的 Incast 聚合树。不同聚合树实施网内聚合后,可以获得的聚合增益存在很大差异。为了从中选出最佳的 Incast 聚合树,我们需要定义一个指标来衡量各个 Incast 树的网内聚合增益。

在第 2 章中,我们将数据中心的现有互联结构分为多种类型,其中最典型的是以交换机为核心的互联结构以及以服务器为核心的互联结构。在上述两类互联结构下实施 Incast 传输的网内聚合时,各自的 Incast 聚合树对聚合节点的选择和使用方式各不相同,因此在计算 Incast 聚合树的整体代价时需要分别对待。

在 BCube 等以服务器为核心的互联结构中,Incast 聚合树中的节点代表普通的商用服务器和交换机。普通服务器作为具备可编程能力的数据平面,可以支持数据包的网内缓存和网内预处理。但是,普通交换机难以支持可编程数据平面。因此,只有某个节点代表服务器且至少两条数据流在该点交汇时,该节点才能作为聚合节点。聚合节点能够对多个输入的数据流进行聚合,并产生一个新的数据流来转发。通常假设聚合节点输出数据流的大小等于其全体输入数据流大小的最大值,而非聚合节点的输出数据流的大小为其输入数据流大小的总和。

虽然在以服务器为核心的数据中心中,我们将普通交换机作为非聚合点来看待,但在 Fat-Tree 等以交换机为核心的数据中心中出现了一些新型的交换机,它们已经具备承担聚合节点的资源和能力。此时,Incast 聚合树中的非叶节点代表一台交换机,当多个数据流在此处交汇时其可以作为聚合节点。而全体叶节点则代表通用服务器,只是发送和接收数据流,不能担任聚合节点。

在介绍清楚两种数据中心类型对聚合节点的不同选取方法后,我们考虑一种通用指标来衡量一棵 Incast 聚合树的代价。具体而言,针对一棵 Incast 聚合树,以所有节点的输出数据流大小的总和作为其代价的度量指标。

为了便于表述,我们假设每个发送端输出的数据流都相等,均为 1MB。从而在计算 Incast 聚合树的代价时,聚合节点的输出流量大小为 1,非聚合节点的输出流量大小为其输入流量的个数。如果一棵 Incast 聚合树不采用网内聚合机制,则所有的点都是非聚合点。一棵 Incast 聚合树的聚合增益被定义为不采用网内聚合机制时的代价与采用网内聚合机制时的代价之差。

9.2.3　不确定性 Incast 传输中的数据流网内聚合

本章的基本出发点是:运用关联性数据流的网内聚合机制,从而最小化完成一项不确定性 Incast 传输造成的网络流量。由于可以灵活选择发送端和接收端,所以一项不确定性 Incast 传输可以被看作是大量可能的 Incast 传输。而对于任意一项 Incast 传输,最小代价 Incast 聚合树问题旨在从图 $G=(V,E)$ 中找到一个能覆盖全体 Incast 节点的连通子图,并且花费的代价最小。在 BCube 这种链路密集的数据中心互联结构中,该问题已被证明是 NP 难问题。因此,不难理解在 BCube 中为一项不确定性 Incast 传输寻找最小代价聚合树会更加复杂,也是 NP 难问题。

不失一般性,我们选用 BCube 结构来论述不确定性 Incast 传输的网内聚合问题。从拓扑层面来看,BCube(n,k) 可被抽象为 $k+1$ 维 n-ary 的广义超级立方体。任意两台服务器 $x_k x_{k-1} \cdots x_1 x_0$ 和 $y_k y_{k-1} \cdots y_1 y_0$ 互为第 j 维的 1 跳邻居,当且仅当二者的标识符在第 j 维上不同。这样的两台服务器在 BCube(n, k) 结构中与标识符为 $y_k \cdots y_{j+1} y_{j-1} \cdots y_1 y_0$ 的交换机直接相连。从广义超级立方体的概念不难发现,任意服务器在任意维度上均有 $n-1$ 个 1 跳的邻居服务器。若两台服务器的标识符在 j 个维度上不同,则二者的海明距离为 j 跳。如图 9-1 所示,服务器 v_0 和 v_{15} 的标识符分别为 00 和 33,二者的标识符在两个维度上不同,因此它们之间的汉明距离为 2 跳。

下一节中我们将设计一套近似算法来为由 m 条数据流组成的不确定性 Incast 传输在线构造聚合树。这些算法充分利用了数据中心互联结构的拓扑性质,主要包含两个连续的处理阶段。第 1 阶段是不确定发送端的初始化。如果每条数据流都有 3 种可选的发送端,则该不确定性 Incast 传输需要从 3^m 种发送端初始化方案中选出最优的一种。在此基础上,第 2 阶段旨在提出聚合增益最优的 Incast 聚合树构造方法,同时该方法的效果不受接收端初始化结果的影响。

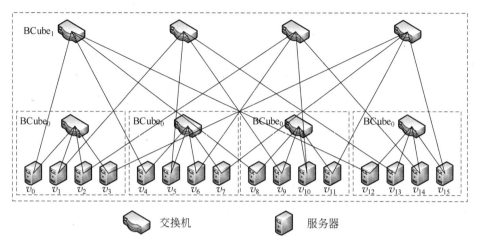

图 9-1　BCube(4,1)互联结构的示意图

尽管本章以 BCube 互联结构为背景研究不确定性 Incast 的传输问题,但是所提出的方法同样适用于以服务器为核心的其他互联结构。在以交换机为核心的互联结构中,如果 FBFLY[3] 和 HyperX[4] 互联机构中使用具有可编程数据平面的新型交换机,则本章提出的方法仍然适用。其原因在于,这两种互联结构和 BCube 类似,本质上在不同程度上模拟实现广义的超级立方体结构。

9.3　不确定性 Incast 传输的聚合树构造方法

对于任意不确定性 Incast 传输,我们首先分析网内聚合增益的多样性问题,接着提出两种不确定发送端的初始化方法。最后,我们提出了两种高效的 Incast 聚合树构建方法,其能充分利用发送端初始化导致的最小化分组方面的优势。需要注意的是,不论接收端选择何种初始化方法,按照这些方法构造出的 Incast 聚合树都能获得很好的聚合增益。

9.3.1　网内聚合增益的多样性

在实际应用中,包含 m 条数据流的不确定性 Incast 传输会被初始化为某种确定性的 Incast 传输。具体方法是:从 3^m 种发送端的初始化方案中选择其一,并同时指派一个共同的接收端。不难发现,一个不确定性 Incast 传输会被初始化为很多种确定性的 Incast 传输,而且在运用网内聚合机制时获得的网内聚合增益存在很大差异,对应的 Incast 聚合树的代价存在多样性。为了加深理解,我们用图 9-2 所示的示例进行说明。

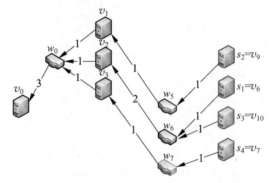

(a) 代价为 14、链路数为 11 的 Incast 聚合树

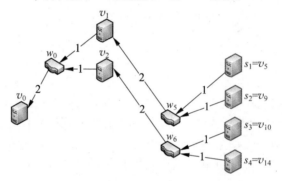

(b) 代价为 12、链路数为 9 的 Incast 聚合树

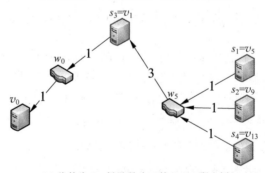

(c) 代价为 8、链路数为 6 的 Incast 聚合树

图 9-2　BCube(4,1)结构中,不确定性 Incast 传输的多种 Incast 聚合树

考虑 BCube(4,1)中的不确定性 Incast 传输,$\{s_1, s_2, s_3, s_4\}$是其 4 个不确定性发送端,而共同的接收端为 v_0。假设每个发送端都可以从几个候选服务器中选择,例如 $s_1 \in \{v_2, v_5, v_6\}$, $s_2 \in \{v_9, v_{10}, v_{15}\}$, $s_3 \in \{v_1, v_{10}, v_{11}\}$, $s_4 \in \{v_7, v_{13}, v_{14}\}$。图 9-2(a)展示了发送端服务器设为$\{s_1 = v_6, s_2 = v_9, s_3 = v_{10}, s_4 = v_7\}$的情况,对应的 Incast 聚合树占用了 11 条链路且代价为 14。此时,初

始化后的全体发送端被划分为 3 组,分别是 $\{v_9\}$,$\{v_6,v_{10}\}$,$\{v_7\}$。图 9-2(b)展示了发送端设为 $\{s_1=v_5,s_2=v_9,s_3=v_{10},s_4=v_{14}\}$ 的情况,对应的 Incast 聚合树占用了 9 条链路且代价为 12。此时,初始化后的全体发送端被分为 2 组,分别是 $\{v_5,v_9\}$ 和 $\{v_{10},v_{14}\}$。图 9-2(c)展示了发送端设为 $\{s_1=v_5,s_2=v_9,s_3=v_1,s_4=v_{13}\}$ 的情况,对应的 Incast 聚合树占用了 6 条链路且代价为 8。此时,全体发送端被分为 1 组 $\{v_1,v_5,v_9,v_{13}\}$。

从上面的示例可以看出,发送端的不同初始化方案会产生不同的发送端分组,同一分组输出的数据流在经过 1 跳传输后会被网内聚合。因此,发送端分组的数目越少,造成的网络流量也就越少。为了最小化网络流量,我们倾向于寻找一种最佳的发送端初始化方案,使得全体发送端形成尽可能少的分组。在这种情况下,数据流可以在传输阶段尽可能早地经历网内聚合,从而达到节省网络资源的目的。这一事实促使我们研究不确定性 Incast 传输的发送端最小化分组 MSG 问题。

9.3.2　不确定性 Incast 传输中发送端的初始化问题

在为不确定性 Incast 传输进行发送端初始化时,最简单、最直接的方法是为每条数据流从多个候选服务器中随机选择其中之一。如图 9-2 所示,这种随机方法并不能保证选择出对于构建代价最小 Incast 聚合树而言最佳的发送端。为了能够获得最大的网内聚合增益,我们提出了 Incast 传输的发送端最小化分组问题。

定义 9.2　对于包含 m 条数据流的不确定性 Incast 传输,发送端最小化分组问题(MSG)是指:对每条数据流从候选服务器集合中选出一个确定的发送端服务器,同时 m 条数据流的确定性发送端能够被划分为最小数目的分组。

显然,选用的划分方法对于最小化分组问题至关重要,它决定了每个数据流如何选出确定的发送端。为了充分发挥数据流网内聚合的优势,我们期望从同一分组中发出的数据流在经过 1 跳传输后可在相同聚合点进行聚合,从而大幅度降低产生的网络流量。我们将这一设计需求阐述为定义 9.3。

定义 9.3　对于 BCube(n,k) 中的任意节点集合,在满足下面两个约束条件的情况下可对其进行分组:①任意两个分组无交集,即没有共同的节点;②每个分组内的节点互为 1 跳邻居。

对于 BCube(n,k) 中的一个发送端集合,我们定义一组分组符号(routing

symbol)$e_j \in \{0,1,\cdots,k\}$。从这$k+1$个分组符号中任选一个e_j之后,则可据此将全体发送端划分为一系列分组,每个分组内的发送端彼此互为e_j维上的1跳邻居。也就是说,在每个分组内的发送端的标识符仅在e_j维存在差异,在其他维度上都相同。不难发现,属于同一个分组的服务器共享一个距离为1跳的邻居服务器,它们的数据流会在这个共同的邻居服务器上进行聚合操作。采用这种划分方法产生的分组满足定义9.3中的约束条件。

至此,我们可以根据分组符号对给定的Incast传输的全体发送端进行分组,并比较不同分组符号下对应的分组情况。能够使分组数最少的分组符号为首选的最佳分组符号,这一过程可被简化为下述算法来加以描述。

对于任意分组符号e_j,我们提取每个发送端的标识符中除e_j维之外的其他部分。提取出的新标识符用于命名一个分组,当前的发送端将被加入这个分组中。当全体发送端按照这个过程处理完毕后,即可被逐一划分到对应的分组中。上述处理过程的计算开销正比于发送端的数目m。由于需要从$k+1$个分组符号中选出最佳的分组符号,整个过程的时间复杂度为$O(m \times k)$。

对于不确定性Incast传输而言,上述的划分方法并不适用于解决最小化发送端分组的问题。原因就在于每个数据流的发送端服务器可以是发送端集合中的任意一个。一种思路是对不确定性Incast传输对应的3^m种确定性Incast传输都采用上述方法进行分组,然后从中选取分组数最少的一种。对于不确定性Incast传输而言,这种分组方法的时间复杂度为$O(m \times k \times 3^m)$,因此不能在多项式时间内求得最优解。为此,我们提出如下近似算法来逼近最优解。

1. 单维MSG初始化方法(SD-based MSG)

对于不确定性Incast传输而言,逐一运用$k+1$个分组符号中的每一个分组符号对全体数据流的候选服务器集$S_i (1 \leqslant i \leqslant m)$的并集进行划分。在算法9-1中,函数Partition(S, e_i)给出了实现细节。我们可以比对所有分组符号进行分组的结果,进而能够得到使分组数最少的分组符号。不失普遍性,我们假定最佳分组符号为e_0。但是根据分组符号e_0推导出的分组结果并不能直接用于解决不确定性Incast的MSG问题。原因在于这些分组涵盖了每条数据流的所有候选服务器。因此,我们在分组之后还需要进行必要的数据清洗,如算法9-1中函数Cleanup()所示,其目标是使每条数据流只有一个候选服务器出现在最终的分组中。

我们首先将分组按照所含元素多少进行降序排列,然后进行相关处理。对于第 1 个分组中的每个元素 $node_0$，考察是否 S_i $(1{\leq}i{\leq}m)$ 包含该元素。如果结果为真，则将 S_i 中除 $node_0$ 以外的其余元素删除。这种方法可以使不确定的 S_i 变为确定的某个发送端。另外，那些从 S_i 被删除的元素在发送端的分组结果中也应该被对应删除。如果不存在某个 S_i $(1{\leq}i{\leq}m)$ 包含 $node_0$，则 $node_0$ 也将从发送端分组结果中删除。对处于第 2 位及之后的其他分组，也执行同样的操作。最终将产生一个满足定义 9.3 的发送端分组结果，即每条数据流只有 1 台服务器作为发送端。下面我们将研究算法 9-1 的时间复杂度。

算法 9-1　单维 MSG 初始化方法

要求：在 BCube(n,k) 中，给定含有 m 条数据流的不确定性 Incast 传输。
　　　　其中，每条数据流的发送端服务器集合是 S_i $(1{\leq}i{\leq}m)$。

1：令集合 S 是全体 $S_1,\cdots,S_m$ 的并集。

2：令 Lgroups 代表 S 的划分结果，初始为空。

3：**for** $i=0$ to k **do**

4：　　　 $e_i{\leftarrow}i${i 代表分组符号}

5：　　　 Tgroups$\leftarrow$**Partition**(S, e_i)

6：　　　 **if** Lgroups 为空 或者 $|$Tgroups$|<|$Lgroups$|$ **then**

7：　　　　 Lgroups$\leftarrow$Tgroups

8：　　　 **end if**

9：**end for**

10：返回 **Cleanup**(Lgroups)的输出。

　　　Partition(S, e_i)

1：**while** S 包含发送端服务器，其标识符为 $x_k\cdots x_1 x_0$ **do**

2：　　　 将该服务器加入标识符为 $x_k\cdots x_{i+1}x_{i-1}\cdots x_0$ 的分组。

3：**end while**

4：返回结果分组。

　　　Cleanup(Lgroups)

1：将 Lgroups 中的分组结果按照基数大小进行降序排列。

2：**for** $i=0$ to $|$Lgroups$|$ **do**

3：　　　 考虑 Lgroups 中的第 i 个分组，对其中的每个节点 $node_0$ 进行判断。若发送端集合 S_j $(1{\leq}j{\leq}m)$ 包含 $node_0$，则将 S_j 中 $node_0$ 以外的元素都删除。每个从 S_j 中被删除的节点 $node_0$，同时也要在发送端的全部分组结果中被逐一删除。

4：**end for**

定理 9.1   单维 MSG 初始化方法的时间复杂度为 $O(m^2 + m \times k)$。

证明：算法 9-1 由两阶段组成，包括划分阶段和清洗阶段。在划分阶段，$Partition(S, e_i)$ 的时间复杂度为 $O(m)$，它至多处理 $3 \times m$ 个发送端服务器。而从 $k+1$ 个分组符号中寻找到最佳分组符号的时间复杂度为 $O(m \times k)$。在清洗阶段，对分组进行排序的复杂度为 $O(m^2)$，因为在最糟糕情况下分组数最多为 $3 \times m$ 个。对分组执行清洗函数时，需要对任意一对分组进行比对，因此其时间复杂度为 $O(m^2)$。因此，整个算法的时间复杂度为 $O(m^2 + m \times k)$。定理得证。   □

2. 多维 MSG 初始化方法（MD-based MSG）

尽管单维 MSG 初始化方法比随机选择的方法要有效得多，但是单维 MSG 算法并没有充分利用数据中心拓扑结构的如下特点。

第一，每台服务器 $node_0$ 可能会出现在不同数据流的候选发送端服务器集合 S_i 中，即不同的集合 $S_i (1 \leqslant i \leqslant m)$ 可能会出现交集。这种情况在实际应用中常常发生，因为一台服务器可以同时为多个任务提供数据服务。为此，它可以被调度用于执行多项任务，而这些任务输出的数据流其实可以在本地直接进行聚合。这将会使数据中心内流量的网内聚合增益更大，而且能够节省更多的网络资源。因此，在算法 9-1 的划分阶段，这类服务器节点应该以高优先级被相关的 S_i 选中。

第二，在某一分组符号 e_0 的引导下，全体候选服务器的集合可以被划分为最少的分组。但是，这种划分结果在历经清洗操作以后可能不再是最少的分组。也就是说，在划分阶段某个分组符号并没有获得最少的分组，在历经清洗操作以后可能会使其分组数变为最少。而且，依据某个分组符号所得的某些仅包含单个成员的孤立分组，可能在其他分组符号下其成员互为 1 跳邻居。例如，BCube(4,1) 中，在分组符号 e_1 下，$\{v_0\}$ 和 $\{v_{12}\}$ 是两个独立的分组，但在分组符号 e_0 下可以得到一个 $\{v_0, v_{12}\}$ 分组。

为了充分利用上述两点性质，我们设计了算法 9-2，它由 3 个环节组成，分别是预处理、划分以及清洗。

预处理操作的出发点正是为了充分利用好上述第 1 个性质。给定 m 条数据流的发送端候选服务器集 $S_1, \cdots, S_m$，我们首先需要统计各台服务器在这些集合中出现的频次。这可以通过遍历每个候选服务器集合的成员来实现，其时间复杂度为 $O(m)$，因为集合 $S_1, \cdots, S_m$ 的成员数量之和最多为 $3 \times m$。对于出现次数大于 1 的服务器 $node_0$，那些包含 $node_0$ 的 S_i 仅需要保留 $node_0$。这一操作

的时间复杂度为 $O(m^2)$，因为 $node_0$ 最多只需与 $m-1$ 个候选服务器集合进行比对，同时频次超过 1 的 $node_0$ 最多有 $3 \times m$ 个。

为了充分利用好上述第 2 个性质，算法 9-2 需要对原有的划分和清洗方法进行重新设计。在划分阶段，对 $S_1, \cdots, S_m$ 的并集分别使用每个分组符号 e_i（$0 \leqslant i \leqslant k$）进行划分。Lgroups 记录了所有分组符号下划分的分组结果，其包含的分组数目最多为 $3k \times m$，因为单个分组符号下最多可以产生 $3 \times m$ 个分组。因此，我们可以得出，算法 9-2 的划分操作的时间复杂度为 $O(k \times m)$。

算法 9-1 和算法 9-2 的清洗方法不同，其原因在于划分阶段的输出结果不同。在最开始，Lgroups 中的分组按照所含成员个数进行降序排列。因为要对最多 $3k \times m$ 个分组进行两两比较排序，因此它的时间复杂度是 $O(k^2 \times m^2)$。

对已经排好序的分组，最大分组里的任意节点 $node_0$ 可能会同时出现在其他 k 个分组，因为 Lgroups 包含了相同的服务器集合在 $k+1$ 个分组符号下的全部划分结果。因此，需要把 $node_0$ 从第 1 个分组以外的其他分组中删除。我们进一步判断各个数据流的候选服务器集 S_j（$1 \leqslant j \leqslant m$）是否包含节点 $node_0$。如果包含，则从对应的服务器集 S_j 中删除其余全部成员，从而使该不确定发送端变为确定性发送端。与此同时，从 S_j 中删除的每个节点也应当从其他包含它的分组中删除。如果没有发现任何候选服务器集包含节点 $node_0$，则 $node_0$ 应当从当前分组中删除。对排列中的后续其他分组，逐一运用上述方法进行处理。这种递归方法最终会产生尽可能少的分组，且满足定义 9.3 的要求。定理 9.2 给出了多维 MSG 初始化方法的时间复杂度。

算法 9-2　多维 MSG 初始化方法

要求：在 BCube(n, k) 中，给定含有 m 条数据流的不确定性 Incast 传输。
　　　　其中，每条数据流的发送端服务器集合是 S_i（$1 \leqslant i \leqslant m$）。

1：对输入执行 **Pre-process** 函数
2：令集合 S 是全体 $S_1, \cdots, S_m$ 的并集。
3：令 Lgroups 代表 S 的划分结果，初始为空。
4：**for** $i = 0$ to k **do**
5：　　　$e_i \leftarrow i${i 代表分组符号}
6：　　　将 **Partition**(S, e_i) 的结果加入到 Lgroups 中
7：**end for**
8：**Cleanup**(Lgroups)
9：返回 Lgroups

Pre-process$(S_1, \cdots, S_m)$

1: **for** $i=0$ to m **do**

2:　　　对 S_i 中的任意节点 $node_0$，如果其在 $S_j(i \neq j)$ 中也出现，则 S_i 和 S_j 会保留 $node_0$，并将其他节点全部删除

3: **end for**

Cleanup$(Lgroups)$

1: 将 Lgroups 中的分组结果按照基数大小进行降序排列。

2: **for** $i=0$ to $|Lgroups|$ **do**

3:　　　对于 Lgroups 中的第 i 个分组中的任意节点 $node_0$，需要将其从其他分组中删除。

4:　　　如果某个集合 $S_j (1 \leqslant j \leqslant m)$ 包含 $node_0$，则其最终将只保留 $node_0$。

5:　　　所有从 S_j 中删除的节点同时也需要从 Lgroups 的其余分组中被删除，进而可以确保 Lgroups 和集合 S 的一致性。

6: **end for**

定理 9.2　多维 MSG 初始化方法的时间复杂度为 $O(k^2 \times m^2)$。

证明：算法 9-2 由 3 个阶段组成。在预处理阶段，最多对 $3 \times m$ 台服务器在 $m-1$ 个集合中进行检查，因此，其时间复杂度是 $O(m^2+m)$。在划分阶段，需要调用 $k+1$ 次 Partition(S, e_i) 函数，而 Partition(S, e_i) 函数的时间复杂度为 $O(m)$，所以划分阶段的时间复杂度为 $O(k \times m)$。在清洗阶段，排序操作的时间复杂度为 $O(k^2 \times m^2)$。在 Cleanup$(Lgroups)$ 函数中，第 3 行代码所表示的操作要从至多 $3k \times m$ 个分组中删除至多 $3m$ 个节点，其时间复杂度为 $O(k \times m^2)$。第 4 行代码表示要更新相关的集合 S_i，为此要将最多 $3m$ 个节点和 m 个集合进行比对，因此其时间复杂度为 $O(m^2)$。第 5 行代码表示要删除节点，为此要在最多 $3k \times m$ 个分组中对最多 $3m$ 个节点进行比较，因此其时间复杂度为 $O(k \times m^2)$。因此，第 3 阶段清洗操作的时间复杂度为 $O(k^2 \times m^2)$。基于以上分析，3 个阶段的整体时间复杂度为 $O(k^2 \times m^2)$。定理得证。　　□

9.3.3　不确定性 Incast 的聚合树构造方法

发送端服务器的上述初始化方法能够确保每条数据流都仅选择 1 台服务器作为其发送端。这些被选出作为发送端的服务器被划分为一系列分组 G_1，$G_2, \cdots, G_\beta$。至此，不确定性 Incast 传输问题被转化为全体发送端确定而接收端不确定的 Incast 传输问题。

在任意选定一个接收端后，我们分析所得确定性 Incast 传输可获得的数据流

网内聚合增益。假设 Incast 传输的接收端为 R，发送端集合为 $S = \{s_1, s_2, \cdots, s_\alpha\}$。根据定义 9.3 可知，这些发送端的分组结果为 $G_1, G_2, \cdots, G_\beta$。需要注意的是，发送端服务器集合的势 α 很可能小于数据流的总数目 m，这是因为有些服务器可以同时担任多条数据流的发送端。因此，在全体数据流的发送端候选服务器集合序列 $S_1, \cdots, S_m$ 中，我们将每台服务器 s_i 出现的次数记为 c_i。

对于上述 Incast 传输，我们的目标是在图 $G - (V, E)$ 中构造出一棵覆盖其全体成员的最小代价 Incast 聚合树，使得全体数据流都能沿着聚合树结构进行传输，并最终抵达接收端 R。如第 7 章所述，在很多数据中心内构建出代价最小的 Incast 聚合树是一个 NP 难问题。为此，我们为其设计一种高效的近似构建算法，其将充分利用不确定性发送端在初始化阶段的独特选择结果。

上述 Incast 传输的聚合树结构是一个从全体发送端到接收端的至多 $k+2$ 层有向图，其中接收端 R 位于阶段 0，而发送端 $s_i (1 \leqslant i \leqslant \alpha)$ 位于阶段 j 当且仅当其是接收端的 j 跳邻居。在上述扩展过程中对于任意分组 $G_i (1 \leqslant i \leqslant \beta)$，它与接收端 R 的距离有如下性质：

(1) 如果 $|G_i| = 1$，则该分组的唯一服务器位于阶段 j，且是发送端的 j 跳邻居。

(2) 如果 $|G_i| > 1$，则该分组中的服务器在某个维度上相互之间都是 1 跳邻居。这些服务器中最多有一个是接收端的 $j-1$ 跳邻居，而其他服务器则是接收端的 j 跳邻居。因此，该分组的服务器要么全部位于阶段 j，要么跨阶段 $j-1$ 和阶段 j。

不难发现，在上述扩展过程中，每个分组的成员关系仍然被完整地保留了下来。但是仅将这些服务器映射到多级有向图中，还不足以构造出 Incast 聚合树结构。我们还需要为每个阶段识别出最少数量的额外服务器，并选择出用于互连跨阶段服务器的交换机。如前文所述，一对跨阶段的邻居服务器共同连接于某台交换机，其标识符可以从这两台服务器的标识符推算而得。为此，本章仅仅关注各个阶段其他额外服务器的选择问题。

为每个阶段识别出最少数量的额外服务器是解决最小代价 Incast 聚合树构造问题的一种高效近似方法。对每个阶段而言，其额外使用的服务器数量越少，则向下一阶段输出的数据流数量越少。原因在于，来自上一阶段的数据流会在本阶段相应的节点上进行聚合，并且每个节点的聚合结果是输出 1 条数据流。该问题则转化为，为阶段 j 尽可能多的服务器在阶段 $j-1$ 找到一个共同的邻居服务器。这种方法可以使出现在阶段 $j-1$ 的服务器数量显著减少。

我们将从阶段 $k+1$ 开始寻找阶段 k 的额外服务器集合，以此类推，直到阶段 1。阶段 $k+1$ 只包括分组 $G_1, G_2, \cdots, G_\beta$ 中距离接收端 $k+1$ 跳的分组。这些分组按照其所含成员的数目从大至小进行排序，并且按照该排序依次处理。

对于包含多台服务器的分组，即 $|G_i|>1$，分组内服务器的标识符仅在一个维度上不同，即在分组符号 e_i 对应的维度。我们提出了阶段间聚合（inter-stage aggregation）的设计思想，即把源自阶段 $k+1$ 上同一分组的数据流发送至阶段 k 的相同邻居服务器进行聚合。该邻居服务器可以通过分组符号 e_i 唯一确定。具体而言，该邻居服务器与分组 G_i 中全体服务器的标识符只在 e_i 维不同，而在 e_i 维的标识与接收端在 e_i 维的标识相同。推算出的邻居服务器可以存在于分组 G_i 中，也可以不属于该分组。如果属于分组 G_i，则将其映射到阶段 k；否则，将其补充到阶段 k。

对于仅包含一台服务器的分组，即 $|G_i|=1$，此时该分组缺乏对应的分组符号 e_i。分组内唯一的服务器沿着 k 个维度都存在阶段 k 上的 1 跳邻居服务器。如果该发送端为阶段 k 随机选择其中之一作为邻居服务器，其产生的 Incast 聚合树并不是最佳结果。一种合理的方法是发送端在为下一阶段选择邻居服务器时，优先考虑那些也担任发送端的服务器。这样，源自分组 G_i 的唯一数据流和邻居服务器产生的数据流可以实现阶段间聚合。但在很多情况下，单一分组在下一阶段的备选邻居服务器都不是 Incast 的发送端，则这种阶段间的聚合效果就无法实现。

为此，我们针对这种情况设计了一种阶段内聚合（intra-stage aggregation）方法，让源自同一阶段的某些数据流在同阶段的某些服务器上实现流量聚合。考虑阶段 $k+1$ 上某个分组中存在的唯一成员服务器 node$_0$，相同阶段的其他服务器中可能存在其某个维度上的 1 跳邻居，而且该邻居处于一个包含多个成员的分组中。在这种情况下，node$_0$ 不再需要将其数据流发送至下一阶段，而只需要转发给相同阶段内某个邻居服务器。被选中的邻居服务器将输入数据流和产生的本地数据流在当前阶段 $k+1$ 上进行聚合。

对于阶段 $k+1$ 上一个孤立的服务器，如果其既无法实现上述的阶段间聚合也无法获得阶段内聚合，则选用相同阶段最大分组使用的分组符号来引导其选择阶段 k 的邻居服务器。考虑到发送端的某些分组结果也可能出现在阶段 k，因此阶段 k 上的服务器集合由两部分组成，分别是已经存在的某些发送端服务器以及根据阶段 $k+1$ 推算出来的应该在下一阶段新增的服务器。

我们可以直接将上述方法依次运用于阶段 $k, k-1, \cdots, 1$，但是另外两种特殊的设计考虑有助于进一步减少 Incast 聚合树的传输代价。第一,算法 9-2 将全体发送端服务器进行了分组,在某阶段新追加的服务器如果与该阶段某个分组内的所有成员都是 1 跳邻居,则可以将这个新服务器直接加入该分组。第二,全体不能被归入现有分组的新增服务器,可以根据算法 9-2 被划分为新的分组。最终 $k+2$ 个阶段上的服务器和相邻阶段的必要链路共同构成一个不确定性 Incast 的聚合树。我们称这种方法为基于分组的聚合树构建算法,所构成的树为基于分组的 Incast 聚合树。

定理 9.3 在 BCube(n,k) 互联结构中,对于有 m 个不确定发送端和 1 个接收端的不确定性 Incast 传输,基于分组的 Incast 聚合树构建方法的时间复杂度是 $O(m^2 \times (\log N)^2)$,其中,$N = n^{k+1}$ 是 BCube(n,k) 中的服务器总数。

证明:首先,我们使用算法 9-2 来解决 MSG 问题,其时间复杂度为 $O(k^2 \times m^2)$。算法 9-2 的运算结果是使得所有不确定的发送端变为确定的发送端,并且将全体已经确定的发送端划分为最少的分组。基于分组的聚合树构建算法从阶段 $k+1$ 到阶段 1 进行递归调用。在每个阶段 $i(1 \leqslant i \leqslant k+1)$ 上,作为发送端的服务器和新追加的服务器数量之和肯定不超过 m。我们尝试将一些孤立的服务器加入已有的分组时,其时间复杂度是 $O(m^2)$。最后,我们为阶段 i 上的每个分组或者孤立的服务器生成阶段 $i-1$ 上的邻居服务器,其时间复杂度是 $O(m)$。考虑到要在最多 $k+1$ 个阶段上进行上述计算,所以构造出 Incast 聚合树的时间复杂度是 $O(k \times (m^2 + m))$。因此,基于分组的 Incast 聚合树构建方法的整个时间复杂度是 $O(k^2 \times m^2)$。定理得证。　　□

9.4　性能评估

9.4.1　评估方法和实验设置

在评估不确定性 Incast 传输获得的网内聚合效果之前,首先需要模拟实现采用 BCube(n,k) 互联结构的数据中心。实验采用以太网连接的 10 台物理服务器,这些物理服务器共提供 100 台虚拟机(VMs)。其中一台虚拟机作为控制节点,其余虚拟机容纳一系列虚拟的 BCube 节点(virtual BCube node,VBN)。每个 VBN 具备数据流的网内缓存和处理能力,因此可支持 Incast 传输的网内聚合。

为了模拟实现不确定性 Incast 传输,实验中使用了类似于 Hadoop 内置的字数统计作业。这个作业会在全体 VBN 层面进行调度,进而依靠 VBN 执行大量类似 Map 和 Reduce 的任务。对于每个要被处理的文件块,它会被有选择地部署在 3 个 VBN 上。对于每个作业来说,从这些不确定的 Map 任务到每个确定的 reduce 任务之间构成了一系列不确定性 Incast 传输。其原因在于,每个 Map 任务可以被调度到存储其输入文件块的 3 个 VBN 中的任意一个。在完成每个 map 任务的初始化后,两阶段之间交互的每个数据流被控制为 10MB。

通过与确定性 Incast 传输的网内聚合效果相比,我们从 4 个方面来论述不确定性 Incast 传输的内在优势。这 4 个方面的性能指标分别是:产生的网络流量、占用的链路数、发送端服务器的个数以及发送端的分组个数。实验将不确定发送端的两种初始化选择方法与最小代价 Incast 树的两种构建算法组合使用,为同一个不确定性 Incast 传输产生多种类型的聚合树。不确定发送端的初始化采用 3 种方法,分别是基于 SD 的方法(单维 MSG 初始化方法)、基于 MD 的方法(多维 MSG 初始化方法)以及随机初始化方法。Incast 树的构建过程也采用 3 种方法,分别是阶段内聚合算法、阶段间聚合方法以及 IRS 聚合方法。IRS 方法在第 7 章中被提出用于解决确定性 Incast 传输的网内聚合问题。

另外,我们还评估了 4 种重要因素对本章提出方法的性能影响,分别是 Incast 传输的规模、数据中心的规模、关联性数据流的聚合率以及 Incast 成员的分布模型。

9.4.2　Incast 传输规模对聚合增益的影响

在实际应用中,一个 MapReduce 作业往往包含有上百个甚至上千个 Map 任务。为了测试本章所提算法的可扩展能力,我们在 BCube(8,4)上配置了一系列不确定性 Incast 传输。对于每个不确定性 Incast 传输,其不确定发送端的数目从 100 到 4000 递增(步长为 100),而其唯一的接收端是确定的。

在为每个不确定性 Incast 构建出聚合树后,我们对产生的网络流量和占用的链路数进行统计。我们选定多维初始化方法作为发送端的初始化方法,图 9-3 中绘出了相关结果。从图中可以看出,我们提出的阶段内聚合算法和阶段间聚合算法较之 IRS 算法在网络流量上分别节省了 33.85% 和 27%。其中,阶段内聚合算法在两种性能指标方面都要明显优于其他两种算法。事实上,如果发送端初始化阶段使用单维初始化方法,会获得相似的实验结论。

根据上述结果,我们选定阶段内聚合算法作为构建 Incast 聚合树的首选算法,然后比较不同发送端初始化方法带来的性能差异。从图 9-4(a)和图 9-4(b)可以看出,就产生的网络流量和占用的链路数量而言,多维初始化方法和单维初始化方法都要优于随机选择的初始化方法。

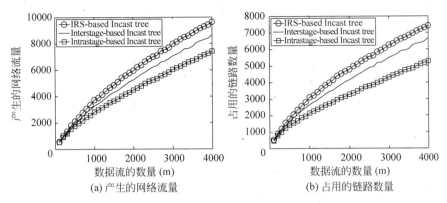

图 9-3　BCube(8,4)中,两种性能指标随不确定性 Incast 传输的数据流数量的变化趋势

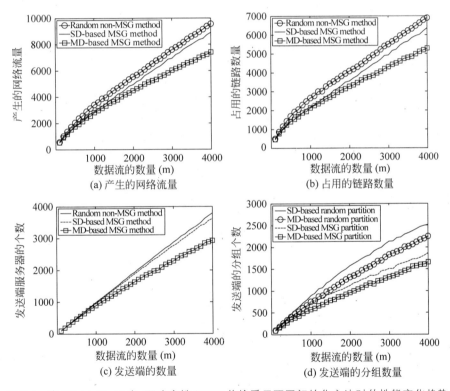

图 9-4　在 BCube(8,4)中,不确定性 Incast 传输采用不同初始化方法时的性能变化趋势

图 9-4(c)和图 9-4(d)进一步揭示了多维初始化方法和单维初始化方法具有的优势。一是,这两种方法所使用的发送端数量要明显少于随机初始化方法。事实上,我们的方法在选择发送端服务器时考虑到了多条数据流共享相同发送端的情况。二是,这两种算法在对发送端服务器进行初始化时对服务器进

行了最小化分组,从而使得数据流可以在本地服务器或者在 1 跳邻居服务器上
进行聚合,由此减少了网络流量。尽管使用随机初始化方法后也可以对初始化
结果进行分组,但由图 9-4(d)可以看出其产生的分组数要明显多于我们的
方法。

不难发现,在使用阶段内聚合算法构建 Incast 聚合树时,选用不同的发送
端初始化方法所获得的最终性能差异很大。具体来说,使用多维初始化方法和
单维初始化方法产生的网络流量和随机初始化方法相比,分别减少了 22.6%
和 16%。同时,占用的链路数量也分别减少了 29% 和 20%。占用的链路数越
少,则意味着 Incast 聚合树占用的服务器和网络设备越少。值得注意的是,多
维初始化方法带来的聚合增益要比单维初始化方法更为明显,因此在发送端服
务器的初始化阶段,应优先考虑多维初始化方法。

9.4.3　数据中心规模对聚合增益的影响

在对不同的 Incast 聚合树构造算法进行比较之后,我们进一步评估数据中
心的规模对不确定性 Incast 传输网内聚合的影响。为此,我们模拟实现了不同
规模的数据中心互联结构 BCube$(8,k)$,其中 $k \in \{3,4,5,6,7\}$,发送端服务器
为 1000 台,接收端是被随机选出的。我们采用阶段内聚合算法来构建 Incast
聚合树,在 3 种发送端初始化方法下,可构建出完全不同的 Incast 聚合树。

从图 9-5 可知,3 种不同 Incast 聚合树的网络流量和链路数量随着数据中
心规模的扩大而同步变大。从图中可以看出,当 $k<5$ 时,多维初始化方法要明
显优于其他两种算法。当 $k \geqslant 5$ 时,3 种发送端初始化方法下聚合树的性能近
似。其原因在于,BCube$(8,5)$ 包含 262144 台服务器,导致不确定 Incast 传输
的发送端的分布范围非常广泛和稀疏,使得本章提出的两种 MSG 初始化方法
的分组作用被弱化。图 9-5(c)和图 9-5(d)对此现象给出了进一步说明。在 k
超过 5 时,给定某个不确定性 Incast 传输之后,3 种发送端初始化方法所产生
的发送端服务器个数和发送端的分组数都是近乎相等的。

9.4.4　聚合率对聚合增益的影响

为了便于表述,前文中的分析认为多个关联性数据流聚合后的大小为输入
数据流的最大值,但是这种假设并不完全成立。为此,本小节我们将考虑不确
定性 Incast 传输中聚合率的变化对提出的聚合树构造方法的影响。

假设不确定性 Incast 传输包含 s 条数据流,令 f_i 表示第 i 个数据流的大小
$(1 \leqslant i \leqslant s)$;$\delta$ 代表任意数量的关联性数据流的聚合率,$0 \leqslant \delta \leqslant 1$,则 s 个数据流

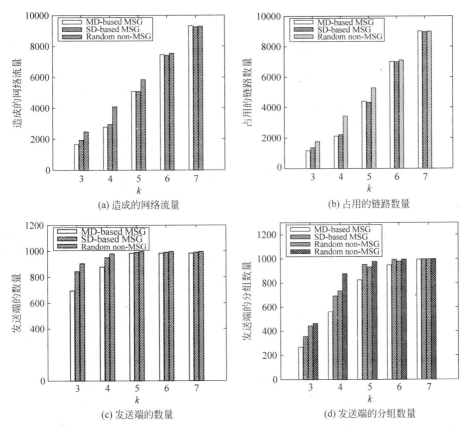

图 9-5　采用不同初始化方法时,4 种指标随数据中心规模增大的变化趋势

经聚合后获得的新数据流的大小为

$$\max\{f_1,f_2,\cdots,f_s\}+\delta\times\left(\sum_{i=1}^{s} f_i-\max\{f_1,f_2,\cdots,f_s\}\right) \qquad (9\text{-}1)$$

此前的分析过程都是建立在 $\delta=0$ 的基础上,此时数据流的网内聚合将获得最大的增益。相反,$\delta=1$ 表示 s 个数据流中任意两个数据流都不共享(key,value)键值对中的 key,因而对这些数据流网内聚合将不能带来任何的增益。在实际应用中 δ 的这两种极端取值都很少出现。因此我们考虑 $0\leqslant\delta\leqslant0.8$ 的情况,并研究上述聚合树构造方法在配合多维初始化方法或随机初始化方法时的性能。

从图 9-6 中可以看到,当 $\delta\leqslant0.8$ 时,阶段内聚合算法总是优于其他两种算法,同时多维初始化方法要优于随机初始化方法。若随机变量 δ 的取值遵循均匀分布,则在两种发送端初始化方法下,阶段内聚合算法要比 IRS 算法平均减少了约 35%和 33%的网络流量。此外,无论采用何种发送端的初始化方法,我们提出的阶段内聚合算法都要显著优于其他两种算法。

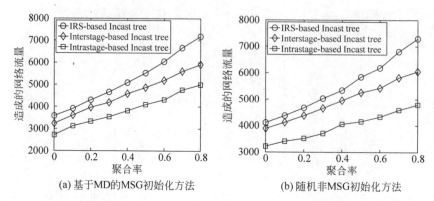

(a) 基于MD的MSG初始化方法   (b) 随机非MSG初始化方法

图9-6   在3种聚合树构建方法和2种初始化方法组合下,网络流量随聚合率的变化趋势

9.4.5   Incast 成员的分布对聚合增益的影响

在此前的分析和实验中,一项不确定性 Incast 传输的全体成员可以分布在整个数据中心内,即发送端和接收端的位置在数据中心内服从随机分布模型。这种随机分布会使不确定性 Incast 传输占用更多的网络资源,产生更多的网络流量。在本节,我们对此前的多维 MSG 初始化方法和阶段内聚合算法进行扩展,使不确定性 Incast 传输的成员分布符合一定的规则。

此问题的关键在于找出 BCube(n,k) 的最小子网 BCube(n,k_1),使得不确定性 Incast 传输的所有服务器都能在该子网中满足约束条件。在这种情况下,全体候选发送端服务器与接收端的最大海明距离是 k_1+1,即二者的标识符最多在 k_1+1 个维度上不同。在 BCube(n,k_1) 中构建的 Incast 聚合树最多有 k_1+1 个阶段。理论上,与之前在整个 BCube(n,k) 中实施不确定性 Incast 传输相比,它占用了更少的数据中心资源并产生了更少的网络流量。

为此,我们在 BCube$(8,k)$ 中进行了一系列不确定性 Incast 传输的仿真实验,其中,$3 \leqslant k \leqslant 7$,发送端服务器均为 1000 台。在不同 k 值下,对不确定 Incast 传输的成员分别采用随机分布和可控分布模型,并在此基础上分别采用多维 MSG 和随机两种初始化方法,同时采用推荐的阶段内聚合方法构造出 Incast 聚合树。从图 9-7 可知,在可控分布模型下聚合树的两个性能指标保持在相对稳定的水平,而且不论采用何种初始化方法,可控分布模型总是比随机分布产生更好的效果。但是,随机分布模型下的两个性能指标都随着 k 取值的变大而递增。换句话说,在随机分布模型下,当 k 大于 5 时多维初始化方法和随机初始化方法的性能逐渐趋同。

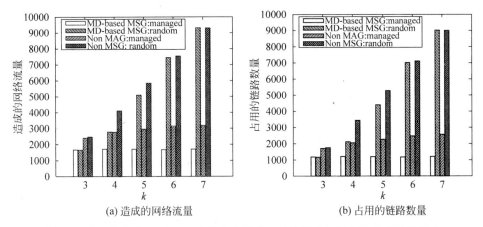

(a) 造成的网络流量　　　　　　　　(b) 占用的链路数量

图 9-7　在不同规模下，Incast 成员分布模型对最终聚合树可得聚合增益的影响

　　在不确定性发送端分别使用多维初始化方法和随机初始化方法时，可控分布模型与随机分布模型相比，其最终的 Incast 聚合树平均减少了 53％和 42％的网络流量。这一结果表明，我们所提出的发送端服务器初始化方法和 Incast 聚合树构建方法在可控分布模型下能够实现更大的增益。

9.4.6　接收端不确定产生的影响

　　在先前设计 Incast 聚合树的构建方法时，我们并不特意初始化不确定性接收端以挑选出最佳接收端，这主要基于下面两个方面的考虑：①在不确定性 Incast 的发送端被初始化后，从众多可选的接收端中找出最佳接收端带来的计算开销很大；②本章提出的基于分组的 Incast 树构建方法对接收端的选择并不敏感。为了证明第 2 个观点，我们开展了两组实验。在第 1 组实验中，数据流条数分别是 100、500、1000，而接收端的候选服务器有 100 台。在第 2 组实验中，数据流条数分别是 2000、3000、4000，而接收端的候选服务器有 1000 台。

　　从图 9-8 中可以看出，在不确定性 Incast 传输的不同设置下，接收端的不同选择对完成该 Incast 传输造成的网络流量影响很小。表 9-1 给出了不确定性 Incast 传输在包含不同数据流数量的情况下，尝试使用大量接收端之后 Incast 传输造成的网络流量样本的均值和标准差。可以看出，当不确定性 Incast 的数据流增加到 4000 条时，样本点的标准差仍然很小。因此，我们可以推断：本章提出的不确定发送端的初始化方法和 Incast 聚合树的构建方法能够很好地应对接收端不确定的问题，也就是说，我们可以随机选取任意一个接收端。

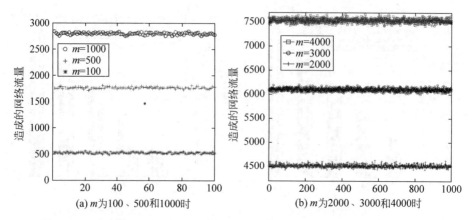

(a) m为100、500和1000时　　(b) m为2000、3000和4000时

图 9-8 不确定性 Incast 选用不同的接收端时所造成的网络流量曲线变化平稳

表 9-1 不同实验配置下，接收端的多样性选择所产生的网络流量的均值和标准差

	$m=100$	$m=500$	$m=1000$	$m=2000$	$m=3000$	$m=4000$
μ	521.3	1764.7	2796.3	4518.2	6101.8	7535.7
σ	13.23	18.8	19.19	31.05	32.87	41.62

参考文献

[1] Chowdhury M, Zaharia M, Ma J, et al. Managing data transfers in computer clusters with orchestra[J]. ACM SIGCOMM Computer Communication Review, 2011, 41(4): 98-109.

[2] Guo D, Xie J, Zhou X, et al. Exploiting efficient and scalable Shuffle transfers in future data center networks [J]. IEEE Transactions on Parallel and Distributed Systems, 2015, 26(4): 997-1009.

[3] Abts D, Marty MR, Wells PM, et al. Energy proportional datacenter networks[C]. In: Proc. of the 37th ACM ISCA. Saint-Malo, 2010, 338-347.

[4] Ahn JH, Binkert N, Davis A, et al. HyperX: topology, routing, and packaging of efficient large-scale networks[C]. In: Proc. of the ACM/IEEE SC. Portland, 2009.

第 10 章
关联性流量 Multicast 的协同传输管理

多播协议(Multicast)的出发点是从一个相同发送端将相同的内容传输给一组接收端,进而有效节约网络带宽并降低发送端的负载。数据中心的分布式文件系统为每个数据块提供多个副本,此时传统的 Multicast 面临发送端的多样性问题,不再依赖于某个唯一选定的发送端,同时每个接收端只需从其中一个发送端获得发送内容。本章关注如何使这种发送端不确定性的多播所产生的网络传输代价尽可能小,并提出了对应的链路代价最小多播森林(minimum cost forest, MCF)模型。确定性 Multicast 的方法已经不适用于 MCF 这个 NP 难问题,为此本章提出了两种近似比为(2+ε)的 MCF 近似算法,分别是 P-MCF 和 E-MCF。本章在 3 种类型的数据中心互联结构(随机网络、随机正则网络以及无标度网络)中对 MCF 问题进行了仿真评估,也开展了小规模的实验。实验结果说明,3 种网络互联结构下不确定性 Multicast 的 MCF 都比确定性 Multicast 的最小斯坦纳树要占用更少的网络链路资源。

10.1 引言

从同一个网络节点向多个网络节点逐一分发相同数据往往占用大量带宽,因为发送端需要针对每个接收端发起一项单播传输。为解决这一难题,业界提出了多播传输协议,其能有效降低对带宽的消耗,同时也降低了发送端的工作负载。其根本原因在于,通过复用一棵多播树避免不断地从源头向各个接收端传输相同的内容。尽管多播协议的优势非常显著,但在互联网上部署多播协议仍然面临许多障碍。直到最近,多播协议才在 IPTV 网络[1]、企业网和数据中心等网络中得到了一些部署和应用[2-4]。

软件定义网络(software-defined networking,SDN)[5] 为网络资源管理和网络应用创新提供了一种灵活的网络架构。在把网络的控制面和数据面分离之后,控制器负责为整个网络提供一个可编程的控制面。控制器通过北向接口接收用户关于网络资源和网络功能的请求,并且对底层的物理网络进行全局性管理。用户的请求会被转换为一系列针对网络资源的控制策略,再通过南向接口将控制策略下发给网络设备,对应的网络设备据此更新自己的流表。因此,SDN 的出现为部署灵活的网络协议和创新的网络应用提供了很好的机会,例如流量工程、节能路由、多播协议等。但是,SDN 场景下的多播协议仍然缺乏足够的关注和研究。

在现有的多播路由方法中,协议无关组播(protocol independent multicast,PIM)[2] 的应用最为广泛,它采用最短路径树来连接发送端和接收端。PIM 方法的不足之处在于:从每个接收端到发送端的最短路径彼此之间互相独立,难以尽可能多地共用一些链路。因此,这种多播路由协议无法将占用的网络链路数量最小化,进而不能显著降低多播传输造成的网络开销。为此,不少多播方面的研究关注于解决斯坦纳最小树问题(Steiner minimum tree,SMT)[6]。这一 NP 难问题旨在最小化一项多播传输对应多播树中的链路数目。虽然 SMT 方法比 PIM 方法更进了一步,但是由于计算复杂度高和分布式部署困难等原因仍然没有在实际网络中采用[7]。随着 SDN 技术的出现和发展,在网络中实践各种多播协议逐渐成为可能。

上述多播路由方法都要求事先获得足够丰富的先验知识,例如每项多播传输的发送端位置必须确定。我们将这种多播传输称为确定性多播。但是,很多情况下,多播传输的先验知识并不一定事先确定。也就是说,多播传输的发送端并没有必要一定位于某个固定的位置,只要满足多播传输的实际需求即可。这种情况主要归因于数据中心内普遍使用的内容副本机制[8],其出发点是提高网络应用的高效性和鲁棒性。实际上,如果需要把同一个文件传输给多个接收端,该多播传输的发送端理论上可以选择该文件的任何副本。由于发送端的选择存在多样性,才导致出现了不确定性多播传输问题。

本章关注软件定义网络中的不确定性多播传输问题。根据一组确定的接收端和网络拓扑结构,不确定性多播需要构造出一个森林结构,确保每个接收端沿着该森林仅能抵达一个发送端,但是不同的接收端可能会抵达不同的发送端。本章提出的不确定性多播是一种更通用的多播传输模式,而确定性多播只是一种特殊形态。本章的目标是为不确定性多播提出多播森林的构造方法,进而最小化执行该不确定性多播的传输代价。与斯坦纳最小树问题相比,为不确定性多播发现最小代价森林(minimum cost forest,MCF)则面临着更严峻的挑战。因为 MCF 可以灵活选用潜在的发送端,进而对路由选择和形成的传播森林产生影响。对于这样一个 NP 难问题,一种直观的方法是将不确定多播具体化为一系列确定性多播,这些确定性多播各自对应一个唯一的发送端。在这些确定性多播中,代价最小的 SMT 会被选为该不确定性多播的 MCF。但是,这种方法由于要求解一系列 NP 难的 SMT 问题,因此受限于太高的计算复杂度。另外,基于不确定性发送端的 MCF 的传输代价可能会比上述的最佳 SMT还要低。因此,此前针对确定性多播的各种处理方法都不适用于解决本章提出的不确定多播问题。

为了高效解决上述 MCF 问题,我们提出了两种近似比为$(2+\varepsilon)$的近似求解方法,分别是 P-MCF 和 E-MCF。这些方法仅仅使用部分发送端,建立可抵达全体接收端的路由路径。在构建这些路由路径的过程中会尽可能地共用一些节点和链路,以便降低所得 MCF 的整体代价。我们首先在小规模 SDN 平台上实现了 MCF,随后在随机网络、正则网络以及无标度网络中开展了大规模仿真工作,评估不确定性多播和确定性多播的整体性能。实验和仿真结果显示:不确定性多播的 MCF 比任何对应的 SMT 都占用更少的网络链路,进而产生更少的网络代价。

10.2　相关工作

针对多播传输,许多研究工作关注于构造满足不同约束的多播树结构。SMT 问题提出了一个被广泛认同的多播树构造目标,即连通全体多播组成员的链路总量应该最小。针对 SMT 问题,学术界已经提出了很多算法来逼近最优解。文献[9]提出了一种运算速度快而且高效的$(2+\varepsilon)$近似算法,其基本思想是用最小生成树(MST)结构来近似求解 SMT 问题。最近提出的多种基于贪婪策略的近似算法都获得了更小的近似比,比如 1.746[10],1.693[11],1.55[12]。这些方法都比此前的$(2+\varepsilon)$近似算法具有更高的时间复杂度。文献[12]提出的算法获得了 1.55 的近似比,但是由于采用多轮迭代运算很难在可接受的时间内被终止,因此时间复杂度太高。另外,在大规模网络中需要迭代的轮次往往不可预测。虽然快速 SMT 算法不能获得最佳的近似比,但比其他算法仍然大大节省了运算时间。因此,它比其他算法更适合于大型多播成员组和大规模网络的场景。但是,这样高效的 SMT 算法仍然不适用于本章提出的 MCF 问题,因为每个多播组引入了多个可选的发送端。

由于巨大的计算开销和分布式部署面临的挑战[7],现有网络并没有采用上述多播算法和协议。当前,SDN 技术的运用为灵活部署网络协议提供了很好的机遇,这也使得实现新型多播协议成为可能。例如,文献[13]提出在 SDN 控制平面上部署一个网络虚拟化应用,以便简化多播请求的管理和多播树的统一管理问题[14]。此外,文献[13]提出了一种 SDN 中的可靠多播路由算法,称为 RAERA。给定任何多播组,它能构造一个最短路径的可靠多播树。通过这种方式,当多播传输发生故障时,每个接收端可以在原有的接收路径中至少找到一个可靠的恢复节点来获取数据。RAERA 建立了一种可靠性关联的多播树,大大提高了现有多播协议的可靠性。

与本章工作最相关的研究工作是文献[16]提出的多源多播,其从多个发送端将相同的内容分发给一组多播接收端。对于网络中并存的每个多播实例,MMForest 算法在追求最大剩余带宽的目标下,建立多播森林来连通所有接收端和发送端。实际上,MMForest 是基于现有的 Widest-Path 森林算法而设计的,它优先选择那些剩余容量更高的链路和路径。这意味着不同多播实例不得不协同计算各自的 MMForests。

在多播实例大量并存的场景下,MMForest 方法只是侧重于优化网络的剩余带宽。与之相反,本章提出的 MCF 问题旨在最小化每个多播实例消耗的网络资源。由于使用最小数量的链路和消耗尽可能少的网络带宽,当更多的多播实例共存于网络时,MCF 问题可以进一步提高剩余带宽的水平。此外,如果将 MMForest 的基本思想用于解决本章提出的 MCF 问题,则其性能表现并不好。根本原因是其基本思想与简单的多播树构造方法类似。即,每个接收端在连通到全体发送端的路径中,选择一个剩余带宽最大的路径,然后合并各个接收端所选择的路径。显然,这种方法失去了各个路径共享尽可能多的链路的机会。

10.3 不确定性多播问题

我们首先展示有关不确定性多播的重要观测结果,然后正式提出不确定性多播问题的形式化定义,最后给出了数学建模。

10.3.1　多播传输的观测结果

多播传输旨在向一组接收端分发相同的内容。与单播传输相比,多播传输的优势不仅在于有效节省了带宽消耗,且能显著降低发送端的工作负载。连接全体接收方和发送方的多播树的总代价被广泛用于度量多播传输的性能。如果不考虑网络链路代价的多样性,多播树的代价很大程度上依赖于占用的链路数量。为了最小化多播树的代价,很多近似方法已被提出为任意多播传输构造斯坦纳最小树[17]。

如前所述,很多情况下多播传输的发送端并非固定不变。由于数据中心内普遍使用内容副本机制,一项文件的任意副本都可以作为多播传输的发送端。对于相同的一组接收方而言,多播传输的代价与发送端的选取紧密相关。选择不同发送端产生的多播路由会形成不同的斯坦纳最小树,而它们的总链路代价也不同。

图 10-1 展示了具有相同接收端和不同发送端的多种多播传输结构。图 10-1(a)给出了一个随机网络的拓扑结构,其中的三角形节点代表潜在的内容发送端,它们都存有相同的内容副本。方形节点代表内容接收端,圆形节点表示网络中的转发节点。图 10-1(b)和图 10-1(c)展示了 s_1 和 s_2 分别担任唯一发送端时的多播树结构。不难发现,发送端为 s_1 的多播树使用 17 条链路,而发送端为 s_2 的多播树则使用 16 条链路,虽然此时 s_1 也作为转发节点参与了多播路由。

这些观测结果促使我们关注具有不确定性发送端的多播传输,也就是不确定性多播问题。如上所述,一个不确定性多播可以被初始化为一系列确定性多播,这些确定性多播都使用不同的发送端。我们进一步为每个确定性多播构造 SMT 结构。在这些诸多 SMT 结构中,代价最小的 SMT 可被选出用于支持该不确定性多播。

只要满足某些约束条件,一个多播的数据发送端可以不必限制在特定位置。这是因为在各种不同的网络里,为了改善网络的健壮性和使用效率,广泛使用的内容副本没有限制数据发送端的位置,这允许任何一个副本作为多播传输的数据发送端。因此,任何副本都可以参与多播路由,并且多播路由不再是一棵树而是一组树。用不同的副本作为数据发送端可以构建不同的多播路由,它们的代价也表现出多样性。显然,如图 10-1(c)所示的多播树比图 10-1(b)所示的多播树代价更低。但是我们发现从中选择的代价最小的 SMT 并不一定是最好的选择。更高效的多播传输可能会出现多于一个发送端同时参与进来

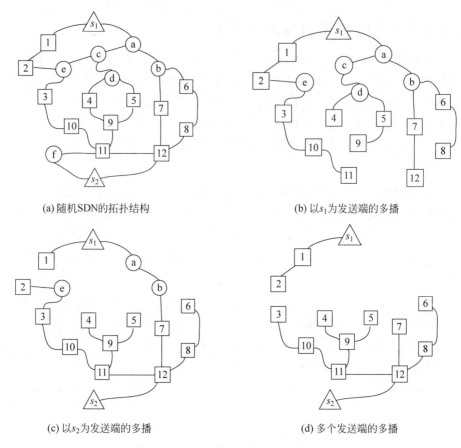

(a) 随机SDN的拓扑结构　　　　　　　　(b) 以s_1为发送端的多播

(c) 以s_2为发送端的多播　　　　　　　　(d) 多个发送端的多播

图 10-1　带有接收端集合的多播路由示例

的情况。例如，图 10-1(d)所示的多播传输结构仅仅使用 12 条链路，因而比独立使用s_1和s_2作为发送端时的 SMT 代价都低。但是，针对确定性多播的各种解决方法都无法获得这种更理想的多播传输结构。

10.3.2　不确定多播问题的定义

对于不确定性多播而言，接收端被允许访问任何潜在的发送端，而不是确定地访问某一个发送端，因此具有进一步降低多播传输代价的设计空间。本章的目的在于充分利用多个发送端带来的好处，从而最小化不确定性多播的传输代价。

令 $G(V,E)$ 抽象表示一个网络，其中 V 和 E 分别表示节点集合和边集合。每个节点代表一台交换机或服务器，而每条边 e 代表一条链路。每条链路被赋予一个代价参数,一个不确定性多播传输的代价被记为其所使用链路的代价总合。我们在定义 10.1 中给出了不确定多播问题的形式化定义。

定义 10.1　给定一组确定性接收端 $D \in V$ 和不确定性发送端的集合 $S \in V$。不确定性多播旨在从集合 S 的部分甚至全部发送端将共同内容发送给集合 D 中的全体接收端,其中的约束条件是每个接收端仅能抵达其中一个发送端。

不确定性多播是多播传输的更通用模式。实际上,当发送端集合 S 仅包含一个成员时,其等价于传统的确定性多播。

定义 10.1 并没有就每个接收端 $d \in D$ 如何为其选择发送端制定任何限定。因此,即便在 $|S| > 1$ 的场景中,如果全体接收端选择任意 $s \in S$ 作为共同的发送端,则不确定性多播也会演变为一个确定性多播。显然,发送端集合 S 的不同选用策略直接制约了不确定性多播的最终传输代价。因此,我们在定义 10.2 中提出了最小代价森林 MCF 问题,并据此最大可能地降低不确定性多播的传输代价。

定义 10.2　给定一个不确定性多播,MCF 问题旨在构造满足如下两个约束的多播森林结构。首先,每个接收端 $d \in D$ 仅同任意一个发送端 $s \in S$ 保持连通。其次,多播森林所选用链路的代价之和最小。

根据上述定义,我们可以推断 MCF 不一定要求使用全部的发送端。任何一对 s_1 和 s_2 如果出现在 MCF 中,彼此之间应该互相孤立,也就是不可连通。否则,一些接收端可能会连通至多个发送端,从而增加了 MCF 的代价。不难发现,图 10-1(c)所示的多播传输结构并不理想,因为两个发送端 s_1 和 s_2 之间存在一条可达路径,这在 MCF 中引入了一些不必要的额外链路,从而增加了 MCF 的代价。综上所述,如果集合 S 中有 α 个发送端出现在一个不确定性多播的 MCF 中,则该 MCF 由 α 个彼此孤立的树结构组成,而且每棵树的根节点是 α 个发送端中之一。

如前所述,当发送端集合只包含一个成员时,一个不确定性多播等价于一个确定性多播。此时,MCF 问题的求解等价于构造一个 SMT,而 SMT 问题是 NP 难问题。MCF 问题中的发送端可以灵活选用,这使得 MCF 问题比 SMT 问题面临更大的挑战。

定理 10.1　给定一个不确定性多播,其发送端集合为 S 而接收端集合为 D,计算出对应的 MCF 是一个 NP 难问题。

证明:证明 MCF 问题是 NP 难的基本思路是:将已知的 NP 难问题 SMT

通过一个多项式时间的转换过程归约为 MCF 问题。我们首先考虑不确定性多播的 SMT 问题,即寻找出能连通集合 S 和 D 全体成员的最小代价多播树。显然,目前无法在多项式时间内求得该 SMT 问题的最优解。注意到最优 SMT 中存在 $|S|^2$ 对发送端的组合,而且每一对发送端之间在最优 SMT 中仅存在一条路由路径。这样,两个发送端之间的路由路径包含至少一条冗余链路。一条链路被称为冗余链路,当且仅当将其从 SMT 中移除后每个接收端仍然能抵达至少一个发送端。例如,图 10-1(c) 中的两条链路 $a{\rightarrow}b$ 和 $s_1{\rightarrow}a$ 是冗余链路。因此,一个不确定性多播的 SMT 问题可以被转换为对应的 MCF 问题,只要将最优 SMT 中的全体冗余链路从中移除。在多项式时间内移除完冗余链路之后,剩余的链路形成一个多播森林,其中每个接收端仅可以抵达一个发送端。因此,不确定性多播的 MCF 问题是 NP 难问题,定理得证。　　　　□

10.3.3　混合整数线性规划建模

针对 MCF 问题,我们进一步提出一个混合整数线性规划(mixed integer linear programming, MILP)模型。

令 N_v 表示节点 v 在图 G 中的所有邻居节点的集合,节点 u 属于集合 N_v 当且仅当 $e_{u,v}$ 是一条从 u 到 v 的邻边。如前所述,S 表示不确定多播中所有可能的发送端,D 表示接收端的集合。最终产生的最小代价森林 F 需要确保: 对于任意接收端 $d{\in}D$ 而言,都只存在一个发送端 $s{\in}S$,而且二者之间在 F 中存在唯一的路由路径。为了实现这一目标,我们在问题中引入如下二元变量。令 $\omega_{d,s}$ 表示接收端 d 是否选择一个发送端 s 作为其数据源。也就是说,当 $\omega_{d,s}{=}1$ 时存在一条从 d 到 s 的路径。此时,令二元变量 $\pi_{d,u,v}$ 表示边 $e_{u,v}$ 是否位于从接收端 d 到发送端 s 的路径上。令二元变量 $\varepsilon_{u,v}$ 表示边 $e_{u,v}$ 是否出现在产生的多播森林 F 中。直观来看,我们应当找到从每个接收端 d 到唯一发送端 s 的路径,从而有 $\omega_{d,s}{=}1$。这条路径的每条边 $e_{u,v}$ 都满足 $\pi_{d,u,v}{=}1$。从全体接收端到至少一个发送端的路由路径合并后,可以为不确定性多播实现预期的多播森林 F。

上述 MCF 问题的目标函数被如下定义:

$$\min \sum_{e_{u,v}\in E} \varepsilon_{u,v} \times c_{u,v}$$

其中,权重 $c_{u,v}$ 表示边 $e_{u,v}$ 的代价。

为了发现 $\varepsilon_{u,v}$,我们定义的 MILP 问题受限于如下约束条件。这些约束条件显示地表述了不确定性多播的路由原则。

$$\sum_{s \in S} \omega_{d,s} = 1, \quad \forall d \in D \tag{10-1}$$

$$\sum_{v \in N_s} \pi_{d,s,v} = 1, \omega_{d,s} = 1, \quad \forall d \in D, \exists s \in S \tag{10-2}$$

$$\sum_{u \in N_d} \pi_{d,u,d} = 1, \omega_{d,s} = 1, \quad \forall d \in D, \exists s \in S \tag{10-3}$$

$$\sum_{v \subset N_u} \pi_{d,u,v} = \sum_{v \in N_u} \pi_{d,v,u} = 1, \omega_{d,s} = 1,$$

$$\forall d \in D, \exists s \in S, \forall u \in V, u \neq d, u \neq s \tag{10-4}$$

$$\pi_{d,u,v} \leqslant \varepsilon_{u,v}, \quad \forall d \in D, \exists s \in S, \forall e_{u,v} \in E \tag{10-5}$$

针对每个接收端 $d \in D$，第 1 个约束条件确保每个接收端存在唯一对应的发送端 $s \in S$，而且二者之间在多播森林 F 中存在一条路由路径。公式(10-2)、公式(10-3)以及公式(10-4)则从其他角度限定了如何寻找从接收端 d 到其发送端 s 的路径。更确切地说，对于任意接收端 d，发送端 s 是其路由路径的源头。公式(10-2)意味着从 s 到其全体邻居节点的邻边中，只需要选择一条邻居边 $e_{s,v}$ 即可，从而 $\pi_{d,s,v} = 1$。与此同时，其能确保从 s 到 d 存在唯一的路由路径。产生的多播森林 F 如果存在多个发送端，则任意两个发送端都相互孤立。另一方面，每个接收端 d 都是多播传输的一个终点，公式(10-3)确保只需选中一个邻居节点 u 到 d 的邻边，从而有 $\pi_{d,u,d} = 1$。此外，对于图 G 中的任意其他节点 u，我们可以从公式(10-4)推断节点 u 处于从 s 到 d 的路由路径中，或者不在该路径上。如果节点 u 在该路由路径上，则其必然在该路径中存在节点 u 的一条入边，从而有二元变量 $\pi_{d,v,u} = 1$。另外，在该路径中存在节点 u 的一条出边，从而有二元变量 $\pi_{d,u,v} = 1$。如果节点 u 不在该路由路径上，则 $\pi_{d,v,u}$ 和 $\pi_{d,u,v}$ 都为 0。需要注意的是，根据目标函数，只针对一个邻居节点 v 设置 $\pi_{d,v,u} = 1$，目的在于最小化产生的多播森林的代价。公式(10-5)所示的最后一项约束旨在找到输出的多播森林 F 路由，也就是 $\varepsilon_{u,v}$。如果边 $e_{u,v}$ 位于至少一对发送端和接收端的路由路径上，即 $\pi_{d,u,v} = 1$，则 $\varepsilon_{u,v}$ 的取值必须为 1。最终输出的多播森林 F 是从所有接收端到其对应发送端的路由路径的合并结果。

10.4　MCF 的高效构建方法

对于任意的不确定性多播传输，本章首先设计了最小代价森林 MCF 的近似构造算法 P-MCF。在此基础上，本章提出了一种更高效的构造算法 E-MCF。

10.4.1 近似构造算法 P-MCF

如前所述,为不确定性多播传输构造出 MCF 是 NP 难问题,无法在多项式时间内求得最优解。因此,本章专注于设计高效的构造算法来逼近最优解[18]。

如前所述,不确定多播可以被初始化为一系列确定性多播,而代价最小的 SMT 会被选为该不确定性多播的 MCF。但是,这种方法由于要求解一系列 NP 难的 SMT 问题,进而受限于太高的计算复杂度,而且不一定能获得最佳的效果。总体来看,由于引入了不确定的诸多发送端,现有的 SMT 问题的近似算法都不适用于本章提出的 MCF 问题。为此,本章首先提出一种适用于不确定多播的 MCF 构造新方法,称为 P-MCF。算法 10-1 给出了详细的构造过程。

算法 10-1　P-MCF( )

输入：给定一个无向图 $G=(V,E)$,输入一个不确定性多播,其中 D 表示接收端集合,而 S 表示发送端集合。

1：根据无向图 G、集合 D 以及集合 S,构建出完全图 $G_1=(V_1,E_1)$；

2：根据完全图 G_1,计算出最小生成树 T；

3：在最小生成树 T 中删除一些边得到 T_1,至此所有的发送端都相互隔离开来；

4：将 T_1 的每条边替换成图 G 中的最短路径,得到最小多播森林 F。如果某个发送端的度为 0,则将其从多播森林 F 中移除。

令无向图模型 $G=(V,E)$ 抽象表示一个具体的物理网络。令 S 和 D 分别表示任意不确定多播的发送端和接收端集合。根据无向图 G 和两个节点集合 S 和 D,我们首先推导一个完全图 $G_1=(V_1,E_1)$,其中,V_1 是发送端集合 S 和接收端集合 D 的并集,E_1 是 V_1 中任意一对节点之间边连接的集合。本质上来看,完全图 $G_1=(V_1,E_1)$ 是一个全连通图。对于每条边 $\{v_i,v_j\}\in E_1$,$d(\{v_i,v_j\})$ 表示这条边的代价,本章中表示图 G 中节点 v_i 到节点 v_j 的最短路径长度。也就是说,图 G_1 中的每条边对应于 G 中的一条最短路径。

然后,我们根据图 $G_1=(V_1,E_1)$ 构造出最小生成树 T_1,确保 V_1 中任何一对节点在 T 中仅通过一条路径相互连接。因此,不确定性多播的全体发送端在这棵树 T 中也都保持互相连通。但是如我们在上一节中所讨论的,如果 MCF 中出现多个发送端,那么任何两个发送端之间都应该不连通。因此,树 T 中任何一对相互连通的发送端都需要被断开,那么将二者间路径的最大代价边移除即可。如果在该路径上存在多条这样的邻边,只需从中任意选择一条边移除即可。这一过程面临的最大挑战在于选择断开那些原本连通的发送端的顺序。

因此,我们记录每一对发送端的连通路径上代价最大的邻边,并且把这些边按照代价进行降序排序。至此,可以从树 T 中删除排序后的第 1 条边,然后对序列中其余边进行排序更新。这一过程不断重复,直到更新后的 T_1 不再包含任何连通的发送端。最后,从树 T_1 中移除那些完全孤立的节点,并用图 G 中对应的最短路径替换 T_1 中的每条边,最终为对应的不确定多播形成一个最小代价森林 F。

图 10-2(a)给出了小规模随机网络中的一个不确定性多播,其中可能的发送端集合为 $S=\{s_1,s_2,s_3\}$,接收端集合为 $D=\{1,2,3,4,5,6,7\}$。图 10-2(b)显示了一个由所有的发送端和接收端形成的完全图的最小生成树 T。图 10-2(c)显示了从最小生成树 T 中删除两条边 $\{s_2,2\}$ 和 $\{s_3,7\}$ 之后的树结构 T_1。需要注意的是,在断开两个发送端的过程中我们可以去除不同邻边,例如删除边 $\{s_1,6\}$ 和 $\{s_1,1\}$ 也可以起到相同的效果。图 10-2(d)表示为该不确定性多播生成的 MCF,其占用 11 条链路。

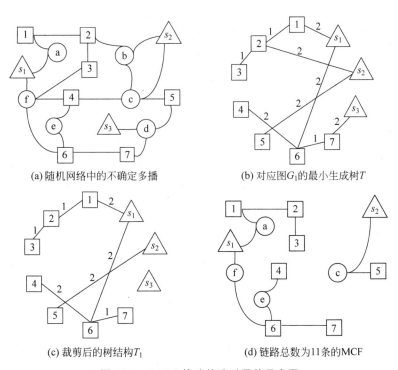

(a) 随机网络中的不确定多播　　　　　　(b) 对应图 G_1 的最小生成树 T

(c) 裁剪后的树结构 T_1　　　　　　　(d) 链路总数为 11 条的 MCF

图 10-2　P-MCF 算法构造过程的示意图

定理 10.2　对于网络 G 中的任意不确定性多播,用 P-MCF 计算出的 MCF 获得的近似比是 $2+\varepsilon$。

证明：令集合 P 表示发送端集合 S 和接收端集合 D 的并集。$T(P)$ 表示针对该不确定性多播通过 P-MCF 方法生成的 MCF。$T(P)$ 比最小生成树 $\mathrm{mst}(P)$ 使用更少的链路，因为 $T(P)$ 是 $\mathrm{mst}(P)$ 中删除一些边之后计算所得。因此可以推断出 $T(P)$ 的代价小于 $\mathrm{mst}(P)$ 的代价，即 $|T(P)| \leqslant |\mathrm{mst}(P)|$。令 $\mathrm{smt}(P)$ 表示连通集合 P 中全体节点的斯坦纳最小树，其使用的链路数量比 $\mathrm{mst}(P)$ 要少，这是因为共享使用部分链路的原因[12]。$\mathrm{smt}(P)$ 中存在一个记为 T_E 的欧拉环，其将 $\mathrm{smt}(P)$ 的每条边都遍历了两次。斯坦纳树问题的距离函数符合三角不等式的运算规则。任何欧拉环的代价都小于对应最小生成树的代价。因此，$2|\mathrm{smt}(P)| \geqslant |T_E| \geqslant |\mathrm{mst}(P)| \geqslant |T(P)|$[19]。令 opt 表示该不确定多播的最优 MCF。如果 opt 中添加了 d 条额外的边以连接 opt 中原本不连通的各棵树，则获得一个新的树结构 T'。树 T' 使用的链路总量是 $|\mathrm{opt}| + d$，并超过了 $\mathrm{smt}(P)$ 使用的链路数量。因此，我们有 $2(\mathrm{opt} + d) \geqslant 2\mathrm{smt}(P) \geqslant \mathrm{mst}(P) \geqslant T(P)$。本章提出的 P-MCF 方法的近似比是 $\dfrac{T(P)}{\mathrm{opt}} \leqslant 2 + \dfrac{2d}{\mathrm{opt}}$。在大多数实际网络中，$d$ 和 opt 的比值 ε 远小于 1。定理得证。　□

证明 P-MCF 方法的近似比之后，我们进一步分析其时间复杂度。在算法之初，在图 G 和两个节点集合 S 和 D 的基础上，为了构造出完全图 G_1，我们需要计算出 $(|S| + |D|)^2$ 条最短路径，而计算其中一条最短路径的时间复杂度是 $O(V^2)$[19]。因此，产生完全图 G_1 的时间复杂度是 $(|S| + |D|)^2 \times |V|^2$[20]。然后，从完全图 G_1 中找到最小生成树 T 的时间复杂度是 $O((|S| + |D|)^2)$[20]。在 T 中发送端之间的路由路径上，找到并移除最大代价边的最坏时间复杂度是 $O(|S|)$。因此，P-MCF 方法的总体时间复杂度是 $(|S| + |D|)^2 \times |V|^2$。

10.4.2　近似构造算法 M-MCF

虽然 P-MCF 方法已经能够为不确定性多播构造出不错的 MCF，但是仍然有改善和提高的设计空间。本节我们设计了一种更有效的近似算法 E-MCF。其基本思想源自于对 MCF 中出现的共享节点的观察和有益启发。E-MCF 和 P-MCF 的最大区别在于从图 G 构造完全图 G_1 的环节。在获得完全图 G_1 之后，两种方法的后续环节相同。

定义 10.3　共享节点被定义为 MCF 中那些从发送端到接收端的最短路径上频繁出现的中间节点。

在 E-MCF 方法中，完全图 G_1 不仅包含接收端集合 D 和发送端集合 S 中的全部成员，而且还引入了一些共享节点。这些额外的共享节点有助于找到那些在构造最小生成树 T 时的交汇邻边。如果最小生成树 T 中不选用这些共享节点,则需要使用更多邻边,而这些边在从发送端到接收端的路径上难以被共享使用。下文中将首先揭示关于 MCF 中共享节点的一些观察结果,然后探讨如何识别出这些共享节点。

1. MCF 中共享节点的观察结果

在此前提出的 P-MCF 方法中,完全图 G_1 的节点集只包含了不确定性多播的全体发送端和接收端。因此,很难辨别完全图 G_1 中哪些边或路径出现在最小生成树 T 时会更容易被共享使用。我们发现,如果一些共享节点被追加到完全图 G_1,那么构造出的最小生成树和最终的 MCF 都会有很大改善,这是因为,更多邻边和路径会被共享使用。导致的结果是不确定多播的总传输代价会被极大地降低。

将共享节点 f 和 c 加入到之前构建的完全图 G_1 之后得到如图 10-3(a)所示的最小生成树,其显然和图 10-2(b)所示的最小生成树有很大差异。该最小生成树中 3 个发送端之间存在通路,在通过移除部分链路将三者割裂开后得到如图 10-3(b)所示的新结构。不难发现,其中有更多的链路在一些节点处交汇和聚合。将图 10-3(b)所示的树结构中的每条边替换为原始图 G 中的最短路径后,可以得到如图 10-3(c)所示的 MCF。该 MCF 使用 9 条链路,代价小于图 10-2(d)所示的 MCF。

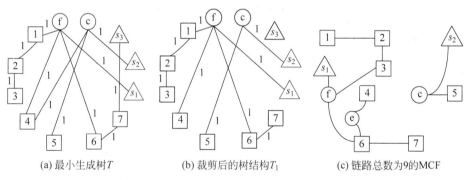

(a) 最小生成树 T　　　　(b) 裁剪后的树结构 T_1　　　　(c) 链路总数为 9 的 MCF

图 10-3　对不确定性多播采用 E-MCF 方法计算 MCF

受上述观测结果的启发,E-MCF 会将一些被多链路共享的节点引入到完全图 G_1 的设计中来。这样,更多以较高概率交汇的邻边会被加入到完全图 G_1。最后,输出的 MCF 使用更少的链路,进而降低了总代价。

2. 如何识别共享节点

如上所述,E-MCF 方法中共享节点扮演着非常重要的角色,但却缺乏有效

的方法从图 G 中为不确定性多播找出潜在的共享节点。为此,我们提出算法 10-2 来解决这一难题。

在算法 10-2 中,函数 ShortestPath 的主要功能是计算图 G 中任意两个节点之间的最短路径。需要注意的是,从接收端到发送端的最短路径,以及各个接收端之间的最短路径都需要被计算和保存。但是不需要计算发送端之间的最短路径,因为凡是连通的发送端都最终会被隔离开。至此,我们从计算所得的每条最短路径中提取出全部中间节点,并通过 IntermediateNode 函数计算每个中间节点被其他最短路径共享使用的频次。函数 IsConnected(u,v) 主要被用来判断节点 u 是否与节点 v 连通。如果某个中间节点在上述过程中的统计频次超过预设的上界,则被选定为共享节点。本章约定该上界为 3,更科学、合理的上界设定还需要结合网络配置和不确定性多播的配置进行细致的研究。

算法 10-2 识别共享节点

输入:给定一个无向图 $G=(V,E)$,输入一个不确定性多播,其中,仅有 D 表示接收端集合,而 S 表示发送端集合。

1: $P' \leftarrow \varnothing, L \leftarrow \varnothing$

2: **for** $\forall s_i \in S$ **and** $\forall d_j \in D$ **do**

3:     $L \leftarrow$ ShortestPath(s_i, d_j)

4: **for** $\forall d_i \in D$ **and** $\forall d_j \in D$ **and** $d_i \neq d_j$ **do**

5:     $L \leftarrow$ ShortestPath(d_i, d_j)

6: **for** $\forall l_i \in L$ **do**

7:     Candidate $\leftarrow$ IntermediateNode(l_i)

8: **for** $\forall u \in$ Candidate **do**

9:     NumberofNeighbor $\leftarrow 0$

10:     **for** $\forall v \in$ Candidate **and** $u \neq v$ **do**

11:         **if** IsConnected(u,v) **then**

12:             NumberofNeighbor $\leftarrow$ NumberofNeighbor$+1$

13:     **if** NumberofNeighbor>3 **then**

14:     $P' \leftarrow u$

例如,通过比较图 10-2(b)和图 10-3(a),我们可以清楚地看到节点 f 和 c 是两个交汇点和分支点。如果这两个节点被包含到完全图 G_1 中,则有可能汇聚更多邻边。此外,共享节点应该尽可能多地连接到一些候选节点,从这些候选节点发出的数据流会在某个共享节点立即聚合。

3. E-MCF 方法的分析

如前所述,本章提出的 P-MCF 和 E-MCF 方法的区别只在于完全图 G_1 的构建环节。如图 10-3 所示,E-MCF 方法的特殊设计能够非常有效地降低不确定性多播的传输代价。图 10-3(a)显示,在新的完全图 G_1 的基础上计算出的最小生成树 T,其包含的节点有 $\{1,2,3,4,5,6,7,s_1,s_2,s_3,f,c\}$。显然,两个共享节点 f 和 c 也被包含在完全图 G_1 中。为了断开两个发送端之间的连接,边 $\{c,4\}$ 和 $\{s_3,7\}$ 要从 T 中移除后获得如图 10-3(b)所示的结果 T_1。T_1 中的每条边被替换为完全图 G 中对应的最短路径,我们可以得到如图 10-3(c)所示的MCF 路由结果,其总链路代价是 9。

定理 10.3　对于 $G=(V,E)$ 中的任意不确定性多播,E-MCF 方法比 P-MCF 方法更有效。

证明:P-MCF 方法首先构造出包含不确定多播全体发送端和接收端的完全图 G_1,然后计算 G_1 的最小生成树 T_1。注意到 T_1 的每条边对应于图 G 中的一条最短路径。我们记录 T_1 中各个边对应的最短路径的中间节点,那些频繁出现的中间节点被选为共享节点。在 E-MCF 方法中,这些被选出的共享节点会被加入到完全图 G_1 中,从而获得一个全新的完全图 G_2 和对应的最小生成树 T_2。我们证明,由于引入了共享节点,T_2 可能会比 T_1 展示出更小的总权重。

如果加入一个共享节点 v,T_1 中的一些边会根据以下两种情况进行改变。对于 T_1 中的每个节点 u,T_2 会考虑是否要加入新边 $e_{u,v}$。

(1) 对于 T_1 中节点 u 的一条边 $e_{u,w}$,如果 G 中相应的最短路径经过共享节点 v,那么 T_2 会优先使用两条边 $e_{u,v}$ 和 $e_{v,w}$ 来代替原来邻边 $e_{u,w}$。这个替换过程不会增加 T_2 的总权重,因为 $e_{u,w}$ 的权重等于 $e_{u,v}$ 和 $e_{v,w}$ 的权重之和。如果节点 u 在 T_1 中的其他边,如 e_{u,w_1} 和 e_{u,w_2} 与边 $e_{u,w}$ 拥有相同的性质,T_2 会用两条边 $e_{u,v}$ 和 e_{v,w_1} 替代边 e_{u,w_1},用两条边 $e_{u,v}$ 和 e_{v,w_2} 替代边 e_{u,w_2}。显然,边 $e_{u,v}$ 会被不断地共享使用,从而降低了 T_2 的总权重。

(2) 如果节点 u 的邻边都不满足第 1 种情况,令边 $e_{u,w}$ 表示节点 u 权值最高的邻边。如果边 $e_{u,w}$ 比边 $e_{u,v}$ 的权值要高,则 T_2 就会采用权值低的边 $e_{u,v}$ 而不用边 $e_{u,w}$。如此一来,T_2 的总权重就会减小这两个边的权值之差。相反,如果边 $e_{u,w}$ 的权值小于边 $e_{u,v}$ 的权值,则 T_2 即便已经使用了共享节点 v,其仍然会继续采用边 $e_{u,w}$。

总的来看,使用 E-MCF 方法得到的 T_2 比用 P-MCF 方法得到的 T_1 的总权重要小。定理 10.2 已经证明 P-MCF 方法获得的近似比是 $(2+\varepsilon)$,因此 E-MCF 方法也会获得不低于 $(2+\varepsilon)$ 的近似比。定理 10.3 得证。　　　□

讨论完 E-MCF 方法的性能之后,我们进一步分析其时间复杂度。在算法之初,我们需要在图 G 中计算所有接收端到发送端以及接收端之间的 $\left(|S| \cdot |D| + \dfrac{|D| \cdot |D-1|}{2}\right)$ 条最短路由路径。已知一条最短路由路径的计算时间复杂度是 $O(|V|^2)$[19],因此构建完全图 G_1 的时间复杂度是 $O\left(\left(|S| \cdot |D| + \dfrac{|D| \cdot |D-1|}{2}\right) \times |V|^2\right)$。另外,从图 G 中找到共享节点的时间复杂度是 $O(|V|)$。从 G_1 计算最小生成树 T 的复杂度是 $O(|S| + |D| + |\text{SharedNode}|^2)$,其中,SharedNode 表示共享节点的集合。最后,为了从最小生成树 T 中移除一些边,还需要找到每对发送端路径上的最大权值边。在最糟糕的情况下,T 的每条边都需要被检查,那么造成的时间复杂度是 $O(|S| + |D| + |\text{SharedNode}| - 1)$。总的来说,E-MCF 方法的时间复杂度是 $O\left(\left(|S| \cdot |D| + \dfrac{|D| \cdot |D-1|}{2}\right) \times |V|^2\right)$。

10.5　性能评估

我们首先介绍如何在一个真实的软件定义网络中实现不确定性多播。然后,基于小规模实验评价不确定多播的性能。最后,在不同的网络环境下通过大规模仿真实验对不确定多播的性能进行评估。

10.5.1　SDN 环境下不确定多播的实现

我们在真实的软件定义网络中运行了面向确定性多播的 SMT 算法以及本章针对不确定性多播提出的方法。我们用到了 16 台 OpenFlow 交换机和被广泛使用的 RYU 控制器。首先对实验平台的数据面和控制面功能进行具体介绍。

(1) 数据面——我们的测试平台包含 16 台 ONetSwitch20[21] 制式的 OpenFlow 交换机。这种交换机提供 4 个 1GBps 的数据转发端口和一个 1G 的控制端口。每台 ONetSwitch20 采用了 Zynq SOC 芯片还有其他硬件设备来实现高速数据包交换。我们选择 ONetSwitch20 作为测试环境,是因为其能灵活支持流表的管理和自定义。这些 OpenFlow 交换机被连接为一个随机网络,每台交换机的剩余数据端口会用于接入计算节点。图 10-2(a)展示了我们测试平台的拓扑结构,其中所有计算节点都被省略,只保留了交换机之间的连接。在这一节,我们分别变换发送端和接收端的数目,并将它们连接到不同的交换机。

为了便于表述,在后续章节中当提到不确定性多播或者确定性多播的发送端节点和接收端节点时,即指代发送端和接收端对应的主机所连接的交换机节点。

(2) 控制面——我们在测试平台上部署了 RYU 控制器[22],该控制器的灵活性足以很好地支持多播路由。我们在 RYU 控制器上实现了 3 种多播路由算法的控制应用,分别是 SMT、E-MCF 和 P-MCF。控制器的首要目标是为任何多播请求生成和维护 SMT,并为任意不确定多播请求生成和维护 MCF。第 2 项任务是将产生的 SMT 和 MCF 部署到物理的 SDN 网络,并且符合 OpenFlow 规范[23]的要求。另外,对交换机而言,数据包的转发过程应该是透明的,不需要其判断一个数据包是否属于多播数据流。一种简单的方法是为不同的多播会话配置唯一的特殊地址,并且针对该多播数据流配置转发流表。每一条多播流表项的 instruction 域都有多个 actions,可以允许数据包复制之后从不同端口转发。一旦某个多播数据流的包匹配上这个流表项,就可以根据多播数据流的操作将数据包从多个端口转发出去。针对多播数据流的流表项如表 10-1 所示。

表 10-1 多播流表的表项

Match	Actions
multicast address	output: port1 output: port2

10.5.2 基于小规模实验的性能评价

我们使用网络拓扑结构如图 10-2(a)所示的测试平台开展实验,对本章提出的不确定性多播和传统的多播传输进行评价和比较。在实验过程中,网络拓扑保持不变,但是对不确定多播的发送端数目或者接收端数目会进行调整。

在实验过程中,我们不仅评估了不确定多播算法 P-MCF 和 E-MCF 方法,而且同时考虑了面向传统多播的经典 SMT 方法。给定一个不确定多播,从其发送端集合中随机选取一个后可以得到一个确定性多播,然后运用 SMT 方法求得多播传输结构。实验采用了两种主要的性能指标,分别是占用的链路数目和多播数据流的完成时间(flow complete time,FCT)。实验约定发送端传输 10MB 大小的文件,并且同时记录面向每个接受端的数据流的最短完成时间、最长完成时间以及平均完成时间。

1. 发送端数目的影响

我们随机选取并固定 7 台交换机,每台接入一个计算节点担任不确定性多播的接收端。在此基础上,将不确定性多播的发送端数目从 2 增加到 6。图 10-4 反映了 3 种不同算法产生的多播传输结构的性能指标变化情况。

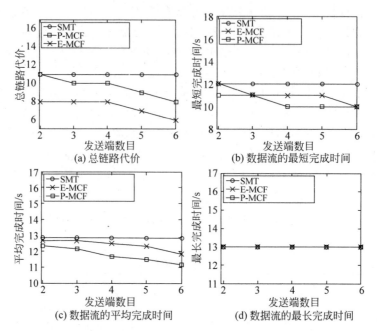

图 10-4 实验平台中将不确定性多播的接收端数目固定为 7 时,发送端数目的
变化对链路代价和 FCT 的影响趋势

图 10-4(a)显示,在发送端数目递增的过程中,E-MCF 方法能获得比传统 SMT 更小的代价。这一结果证明了不确定多播的可行性和有效性。随着接收端数目的增加,不确定性多播的好处也越来越显著。此外可以看到,无论发送端数目如何,E-MCF 方法总是比 P-MCF 方法产生代价更小的 MCF。

图 10-4(b)和图 10-4(c)反映了 E-MCF 和 P-MCF 的最短 FCT 和平均 FCT 都比传统的 SMT 方法要好。此外,P-MCF 方法在这两个性能指标方面的表现要好于 E-MCF 方法。原因在于 P-MCF 总是倾向于选择最短路径,在 3 种算法中,P-MCF 选出了最多的从接收端到就近发送端的最短路径。不确定性多播的最长 FCT 由最后一个接收端从某个发送端接收完数据的时延决定,因此,其直接决定着多播用户的体验。在上述小规模测试平台中,这 3 种算法产生的多播传输结构表现出相似的最长完成时间,如图 10-4(d)所示。

另外,无论不确定性多播有多少可用的发送端,对于传统的 SMT 方法而言,只需要使用其中一个固定的发送端即可。出于这个原因,SMT 方法的性能指标不会随着发送端数量的增加而发生变化。但是发送端数目越大,P-MCF 和 E-MCF 方法的性能表现越好。综合来看,这 3 种算法中 E-MCF 方法最佳,因为其造成的链路代价最小且其 FCT 指标也比较低。

2. 接收端数目的影响

为了评估接收端数目对相关算法解决不确定性多播问题的性能影响,我们随机固定两个发送端,但是令接收端的数目从 3 增加到 9。类似地,对于传统 SMT 问题而言,只需要选择其中一个发送端即可。图 10-5 显示了接收端数目的增加对 3 种路由算法性能的影响,具体表示为上述 4 种性能指标的变化情况。

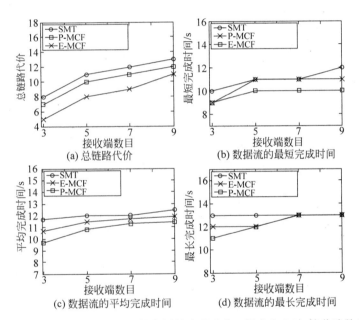

图 10-5　实验平台中将不确定性多播的发送端数目固定为 2 时,接收端数目的
变化对链路代价和 FCT 的影响趋势

图 10-5(a)反映了 3 种算法的总链路代价随着接收端数目的增加而逐渐上升。同时,E-MCF 和 P-MCF 方法总是比 SMT 方法产生更少的链路代价。图 10-5(b)~图 10-5(d)分别反映了 3 种算法下多播传输结构的最短 FCT、平均 FCT 和最长 FCT。不难看出,不论接收端的数目如何,P-MCF 方法在 3 种 FCT 性能指标方面表现最佳。另一方面,如图 10-5(a)所示,E-MCF 方法相对而言输出的多播传输结构的总代价最小,且 3 种 FCT 性能指标也较低。

10.5.3 基于大规模仿真的性能评价

考虑到实验平台规模的限制,我们还开展了大规模仿真来评价 3 种方法的性能。大规模仿真工作在网络拓扑结构、不确定性多播的参数配置以及选用的评价指标方面与小规模实验都有所差异。具体而言,我们先后在交换机层面的随机网络、正则网络和无标度网络环境下对不确定多播的性能进行了仿真测试。

1. 大规模仿真的参数设置

上述小规模测试床的实验结果已经佐证了不确定多播的内在优势,同时证实 E-MCF 方法在总链路代价方面优于 P-MCF 和 SMT 方法。在这一节,我们通过大规模网络仿真来评价这 3 种方法的性能表现,从而佐证提出的两种MCF 方法同样适用于大规模网络和大规模的不确定性多播。当配置仿真环境时,假设每条链路确保无丢包的数据传输,主要关注多播传输的链路代价和最长的传输时延,而传输时延通常表示为路径的跳数。

在 3 种网络拓扑中,正则网络意味着网络中全体节点的度是相同的。在每种网络拓扑中,我们分别让网络规模从 1200 台交换机增加到 2800 台,让不确定性多播的发送端数量从 3 个增加到 21 个、接收端的数量从 500 增加到 1000。如果每台交换机连接 4 台服务器,那么服务器规模为 4800~10000。考察的性能指标有两个,分别是多播传输结构的总链路代价以及发送端和接收端之间的最长路由跳数。

2. 随机网络中的仿真评估

我们首先在大规模随机网络下测量 E-MCF、P-MCF 和 SMT 方法的性能。首先考虑不同网络规模下,由 10 个发送端和 300 个接收端组成的不确定性多播。然后分别调整不确定性多播的发送端数目和接收端数目,并评估相关算法的性能。

网络规模的影响 图 10-6 显示了当我们增加随机网络的交换机数量时,3种算法的链路代价和最大路由跳数的变化情况。从图 10-6(a)可以推断,传统多播的 SMT 方法在 3 种算法中产生最大的链路代价。当网络规模增大到2800 台交换机时,为不确定性多播提出的 P-MCF 和 E-MCF 方法能够更显著地降低总链路代价。更准确地分析显示,E-MCF 可在传统 SMT 的基础上降低 39.23% 的总链路代价。图 10-6(b)显示在 3 种算法中 P-MCF 的最大路由

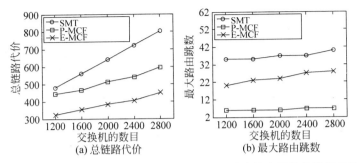

图 10-6　随机网络拓扑下,交换机数目增加对不确定性多播性能指标的影响

跳数最小,这是因为任何接收端都优先选择连接到就近的发送端。

　　虽然 P-MCF 比 E-MCF 在最长路由跳数方面有较大的优势,但是在链路代价方面 E-MCF 比其他两种方法的优势更显著,且传统 SMT 造成的链路代价最大。总体来看,针对相同的不确定性多播,无论随机网络的规模如何变化,E-MCF 方法始终产生最小的链路代价。

　　发送端数目的影响　在包含 2000 台交换机的随机网络中,首先为一个不确定性多播设定 300 个固定的接收端。如图 10-7(a)所示,随着不确定性多播发送端数目的增加,传统多播的 SMT 占用的链路数目保持在非常稳定的水平,因为传统多播的 SMT 只使用其中一个发送端。在此变化过程中,E-MCF 总是比 P-MCF 和 SMT 占用更少的链路。此外,在发送端数目从 3 增加到 21 的过程中,新增的发送端对于进一步降低总链路代价的贡献并不显著。实验结果同时说明:不确定性多播引入 3 个发送端后的效果已经非常显著。图 10-7(b) 显示,P-MCF 方法总是比其他两种方法能够获得更低的路由跳数,这意味着全体接收端可以更早地从发送端接收完数据。总体来看,E-MCF 不仅比传统多播的 SMT 方法降低了路由跳数,而且还产生了最小的链路代价。

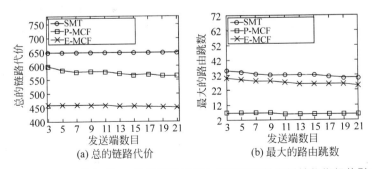

图 10-7　随机网络拓扑下,发送端数目增加对不确定性多播性能指标的影响

　　接收端数目的影响　在包含 2000 台交换机的随机网络中,首先为一个不确定性多播设定 10 个固定的发送端。如图 10-8 所示,为不确定性多播引入更多接收端会显著增加总链路代价,同时,最大的路由跳数也相应增加。此外,我们提出的 E-MCF 和 P-MCF 两种算法在两种性能指标方面都比传统多播的SMT 方法要好。总体来看,E-MCF 方法带来的总链路代价最小,而且其最大的路由跳数也在可接受的范围内,因而具有很好的扩展性。

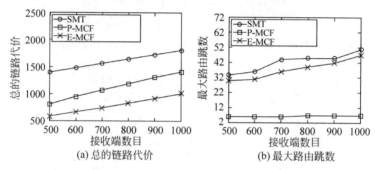

(a) 总的链路代价　　　　(b) 最大路由跳数

图 10-8　随机网络拓扑下,接收端数目增加对不确定性多播性能指标的影响

3. 正则网络中的仿真评估

　　为了证实不确定性多播的有效性并不仅限于随机网络,我们在随机网络之外分析正则网络下 3 种多播算法的性能。正则网络的规模被设定为从 1200 台交换机逐渐增加到 2800 台交换机。在每种规模设定的情况下,创建包括 10 个发送端和 300 个接收端的不确定性多播。针对该不确定性多播,分别采用 P-MCF、E-MCF 以及传统多播 SMT 方法构造各自的多播传输结构。如图 10-9(a)所示,3种方法产生的多播传输结构的总链路代价随着网络规模的扩展而逐渐增大。此外,无论网络规模大小,E-MCF 和 P-MCF 产生的多播传输结构的链路代价均小于传统多播的 SMT,而且 E-MCF 比 P-MCF 在降低总链路代价方面效果更好。

　　其次,我们在包含 2000 台交换机的正则网络中选择 300 个固定节点作为不确定性多播的接收端。在此基础上,令发送端的数目从 3 增加到 21,并评价3 种多播传输结构的性能指标的变化情况。从图 10-9(b)可知,多个发送端的不确定性多播无论采用 E-MCF 还是 P-MCF 算法,其造成的链路代价都小于采用单个发送端的 SMT。另一方面,不确定性多播的发送端数目超过 3 个后,引入更多发送端对降低总链路代价的效果不够明显。可以看出,随着发送端数目的持续增加,E-MCF 和 P-MCF 方法的总代价会缓慢减少,但是 E-MCF 的整体性能总是好于 P-MCF 和 SMT。

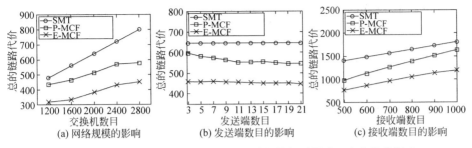

图 10-9 在正则网络中,不确定性多播性能指标受影响因素变化的影响

最后,我们在包含 2000 台交换机的正则网络中选择 10 个固定节点作为不确定性多播的发送端。在此基础上,将接收端数目从 500 逐渐增加到 1000。图 10-9(c)显示了在此过程中,3 种算法产生的多播传输结构的总链路代价的变化情况。不难看出,各种传输结构的总链路代价都随着发送端的规模扩展而有所增加,但是,E-MCF 算法造成的总链路代价总是比 P-MCF 和 SMT 方法要小。

4. 无标度网络中的仿真评估

互联网的拓扑结构在某种程度上符合无标度网络模型。因此,本节进一步在无标度网络下开展仿真评估工作,分析 3 种算法为同一不确定性多播产生的多播传输结构的性能。

首先,我们构建不同规模下的无标度网络,其中,交换机数目从 1200 增加到 2800。在网络规模的每种设定下,我们随机选择 10 个节点作为不确定性多播的发送端,选择 300 个节点作为其接收端。然后测量 E-MCF、P-MCF 和传统 SMT 针对该不确定性多播产生的多播传输结构的总链路代价。实验结果如图 10-10(a)所示,总体上来看,3 种多播传输结构的总链路代价都随着网络规模的扩大而有所增长。此外,从中还可以明显看出,仅有单个发送端的 SMT 多播的链路代价增加得最快。在网络规模达到 2800 台交换机时,300 个发送

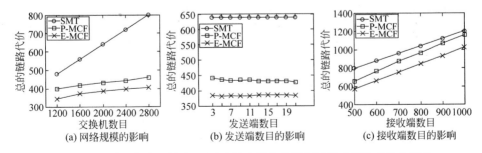

图 10-10 在无标度网络中,不确定性多播性能指标受影响因素变化的影响

端的 SMT 需要用到 800 条链路。相比之下,E-MCF 和 P-MCF 输出的多播传输结构的总链路代价增加得很慢,而且 E-MCF 方法的性能表现一直最好。

其次,在包含 2000 台交换机的无标度网络中,选择 300 个固定节点作为不确定性多播的接收端。在此基础上,令发送端的数目从 3 个逐渐增加到 21 个,并评价三种多播传输结构的性能指标的变化情况。图 10-10(b)报告了实验结果,不难发现,多播传输结构 SMT 的总链路代价不受发送端数目变化的影响。P-MCF 和 E-MCF 造成的总链路代价在发送端数目增加时逐渐降低,但是 E-MCF 的性能表现总是好于其他两种方法。另外,当发送端超过 3 个以后,使用更多的发送端对 P-MCF 和 E-MCF 的性能影响不再显著。

最后我们进一步评估接收端数目的变化对 3 种算法性能的影响。具体而言,在包含 2000 台交换机的无标度网络中,选择 10 个固定节点作为不确定性多播的发送端。在此基础上,令接收端数目从 500 逐渐增加到 1000,并评价 3 种多播传输结构的性能指标的变化情况。如图 10-10(c)所示,由于引入更多的接收端,3 种算法产生的多播传输结构都需要使用更多的链路。但是,本章提出的 E-MCF 方法在性能表现方面总是比其他两种方法要好。

综上所述,本章提出的 P-MCF 和 E-MCF 算法在随机网络、正则网络和无标度网络中都具有很好的适用性,都能显著降低不确定性多播传输的链路代价。另外,E-MCF 算法受网络拓扑、网络规模、发送端数目和接收端数目的影响较小,而且总是产生比 P-MCF 和 SMT 方法更少的链路代价。

参考文献

[1] Mahimkar AA, Ge Z, Shaikh A, et al. Towards automated performance diagnosis in a large IPTV network[J]. ACM SIGCOMM Computer Communication Review, 2009, 39(4): 231-242.

[2] Li D, Li Y, Wu J, et al. ESM: efficient and scalable data center multicast routing[J]. IEEE/ACM Transactions on Networking(TON), 2012, 20(3): 944-955.

[3] Li D, Xu M, Liu Y, et al. Reliable multicast in data center networks[J]. IEEE Transactions on Computers, 2014, 63(8): 2011-2024.

[4] Guo D, Xie J, Zhou X, et al. Exploiting efficient and scalable shuffle transfers in future data center networks [J]. IEEE Transactions on Parallel & Distributed Systems, 2015, 26(4): 997-1009.

[5] Kreutz D, Ramos FMV, Esteves Verissimo P, et al. Software-defined networking: a comprehensive survey[J]. Proceedings of the IEEE, 2015, 103(1): 14-76.

[6]　Robins G，Zelikovsky A. Tighter bounds for graph Steiner tree approximation[J]. SIAM Journal on Discrete Mathematics，2005，19(1)：122-134.

[7]　Shen SH，Huang LH，Yang DN，et al. Reliable multicast routing for software-defined networks[J]. 2015，181-189.

[8]　Chun BG，Wu P，Weatherspoon H，et al. Chunkcast：an anycast service for large content distribution[C]. In：Proc. of the 5th International IPTPS. Santa Barbara，2006.

[9]　Kou L，Markowsky G，Berman L. A fast algorithm for Steiner trees[J]. Acta Informatica，1981，15(2)：141-145.

[10]　Robins G，Zelikovsky A. Improved Steiner tree approximation in graphs[C]. In：Proc. of the 11th ACM-SIAM SODA. 2000，770-779.

[11]　Karpinski M，Zelikovsky A. New approximation algorithms for the Steiner tree problems[J]. Journal of Combinatorial Optimization，1997，1(1)：47-65.

[12]　Huang LH，Hung HJ，Lin CC，et al. Scalable Steiner tree for multicast communications in software-defined networking[J]. arXiv preprint arXiv，2014.

[13]　Zhang S，Zhang Q，Bannazadeh H，et al. Routing algorithms for network function virtualization enabled multicast topology on SDN[J]. IEEE Transactions on Network and Service Management，2015，12(4)：580-594.

[14]　Gu W，Zhang X，Gong B，et al. A survey of multicast in software-defined networking[C]. In：Proc. of the 5th ICIMM. Hohhot，2015.

[15]　Shen SH，Huang LH，Yang DN，et al. Reliable multicast routing for software-defined networks[J]. 2015，181-189.

[16]　Chen YR，Radhakrishnan S，Dhall S，et al. On multi-stream multi-source multicast routing[J]. Computer Networks，2013，57(13)：2916-2930.

[17]　Robins G，Zelikovsky A. Minimum Steiner tree construction[J]. In：The Handbook of Algorithms for VLSI Phys. Design Automation. 2009，487-508.

[18]　Zheng X，Cho C，Xia Y. Content distribution by multiple multicast trees and intersession cooperation：optimal algorithms and approximations[J]. Computer Networks，2015，83：5857-5862.

[19]　Du D，Ko KI，Hu X. Design and analysis of approximation algorithms. Higher Education Press，2011，62.

[20]　Zhong C，Malinen M，Miao D，et al. A fast minimum spanning tree algorithm based on K-means[J]. Information Sciences，2015，295：1-17.

[21]　ONetSwitch[EB/OL].[2016-01-18]. http://www.meshsr.com/product/onetswitch20

[22]　RYU Controller Tutorial[EB/OL].[2016-01-18]. http://sdnhub.org/tutorials/ryu/

[23]　McKeown N，Anderson T，Balakrishnan H，et al. OpenFlow：enabling innovation in campus networks[J]. ACM SIGCOMM Computer Communication Review，2008，38(2)：69-74.

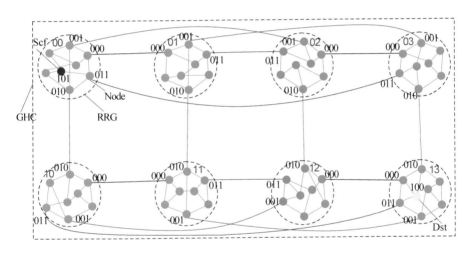

图 5-2 $R3(G(2,4),3\text{-RRG})$ 混合结构的示意图